新物理中的 B 介子衰变及 CP 破坏

陈建宾　著

东北大学出版社
·沈　阳·

图书在版编目（CIP）数据

新物理中的 B 介子衰变及 CP 破坏 / 陈建宾著.
沈阳 : 东北大学出版社, 2025. 6. -- ISBN 978-7-5517-3781-4

Ⅰ. O572. 33; O572. 21

中国国家版本馆 CIP 数据核字第 2025G67H82 号

出 版 者：东北大学出版社
地址：沈阳市和平区文化路三号巷 11 号
邮编：110819
电话：024-83683655（总编室）
024-83687331（营销部）
网址：http://press.neu.edu.cn
印 刷 者：辽宁一诺广告印务有限公司
发 行 者：东北大学出版社
幅面尺寸：185 mm×260 mm
印　　张：7.5
字　　数：160 千字
出版时间：2025 年 6 月第 1 版
印刷时间：2025 年 6 月第 1 次印刷
责任编辑：刘乃义
责任校对：曲　直
封面设计：潘正一
责任出版：初　茗

ISBN 978-7-5517-3781-4　　定　价：78.00 元

目　录

第 1 章　绪论

◆◇ 1.1　粒子物理简介

自古以来，关于世界的组成一直都是人们不断思考的重要问题。在科学并不发达的古代，人们的认识局限于肉眼所见的尺度上，对世界的认识也只是停留在归类和划分的层面。随着科技水平的发展，人们对物质组成的了解逐渐深入到不可见的微观尺度。古希腊的德谟克里特(Democritus)在哲学层面上认为世间万物都是由肉眼不可见的“原子”组成的。这种观点认为原子是组成万物的基本组分，不可再分。然而，此时提出的“原子”还只是一个概念，它既没有实验观测的基础，更没有完备的理论，但在观念上却突破了宏观物质和肉眼可见的尺度。

关于物质的组成，具有现代意义的进步是 1869 年门捷列夫提出的化学元素周期律。在总结了已知各种元素的基础上，门捷列夫归纳出各种元素的内在联系和规律性，进而得到了著名的化学元素周期律。各种元素之间存在的周期性规律暗示了原子是有内部结构的，正是原子内部结构的周期性决定了其化学性质的周期变化。人们关于物质微观组成的认识由此步入科学时代。19 世纪末，阴极射线的研究逐渐成为热点，后来进一步证实了这种看不见的射线是由一种带负电荷的粒子组成的。汤姆孙(Joseph John Thomson)在 1897 年测定了阴极射线粒子的电荷质量比，得到了这种粒子的质量，它所带的电荷是一个最小单位，其他粒子的电荷只能是这个数值的整数倍，这种粒子后来被命名为“电子”。随后，伦琴(Wilhelm Conrad Röntgen)对 X 射线的研究以及贝克勒尔(Antoine Henri Becquerel)及居里夫妇(Marie Curie and Pierre Curie)对放射性的发现表明原子是有内部结构的，从而打破了原子不可再分的观念。1909 年，卢瑟福(E. Rutherford)用 α 粒子轰击金属箔片实验，在对实验结果进行详细分析之后，卢瑟福提出了原子结构模型，即原子的中心有一个尺度上远小于原子的“核”，原子核带有正电荷，带负电的电子围绕着原子核运动。但是这个模型立即就引发了与电磁学理论的激烈冲突。按照传统概念，电子在围绕原子核做圆周运动时会不断辐射能量，最终将坠入原子核，这样的模型有着先天的不稳定性。

同时期经典物理面临的其他危机，例如黑体辐射和光电子效应，共同促进了量子理论的诞生。1900 年，普朗克(Planck)在解决黑体辐射问题时提出了能量量子化假说，由此打开了量子时代的大门。爱因斯坦(Albert Einstein)的光量子假说也进一步稳固了量子理论，而且通过光电效应证明了光的粒子性。1913 年，玻尔在解决原子稳定性问题时提出了原子的玻尔模型，建立了原子的能级假说。此后，卢瑟福在用 α 粒子轰击氮原子实验中发现了转化产物中有质子，而中子假说则于 1919 年由查德威克(James Chadwick)在用 α 粒子轰击硼与氟的实验中提出，并由居里夫人的女儿伊雷娜·约里奥·居里(Irène Joliot-Curie)及其丈夫弗雷德里克·约里奥·居里(Frederic Joliot-Curie)在用 α 粒子轰击铍的实验中发现。随着中子的发现，质子、中子和电子组成的原子理论模型步入成熟。

1933 年，安德森在观测云室照片的时候首次发现了一种带正电的电子，这正是此前狄拉克(Dirac)在研究电子相对论时预言的粒子。正电子的发现证实了反物质的存在，此后人们又逐渐发现了许多其他粒子的反粒子。同年，泡利(Pauli)为解释 β 衰变过程中的能量守恒问题，提出中子衰变为质子的同时释放出一种尚未发现的末态粒子。这种粒子与已知各种粒子之间的相互作用很弱，因此在实验上很难发现，后来这种粒子被命名为中微子[1]。在忽略中微子质量的情况下，它们只参与弱相互作用。

随着加速器技术的进步，粒子物理从 20 世纪 50 年代开始快速发展，越来越多的亚原子粒子被发现，例如 K 介子、Λ 粒子，等等。这些新粒子不仅种类繁多，而且性质各异。为了解释这些新粒子的基本属性与相互作用，人们提出了各种各样的理论模型。1964 年，盖尔曼(Gell-Mann)和乔治·茨威格(George Zweig)分别独立地提出了强子结构的夸克模型[2-4]。至 1995 年顶夸克最终被发现，夸克的六味三色理论趋于完善。夸克之间通过交换胶子进行相互作用。强相互作用、弱相互作用、引力作用和电磁相互作用共同构成了世间万物各种相互作用的基础。目前已知的各种微观粒子之间只存在这四种基本的相互作用，或四种基本作用力。各种粒子的基本属性及其相互作用的研究共同构成了现代粒子物理的理论核心。为了更深入地理解这些基本相互作用，人们一直致力于统一这些力。20 世纪 60 年代，格拉肖(Glashow)、温伯格(Weinberg)和萨拉姆(Salam)三位科学家提出的电弱统一理论[5-7]，把弱相互作用和电磁相互作用统一了起来。电弱理论不仅成功解释了弱相互作用和电磁相互作用的各种现象，并且预言了几种新的粒子。提出这一理论的三位科学家也因此荣获 1979 年诺贝尔物理学奖。1983 年，人们在实验中发现了理论中预言的粒子，进一步证明了电弱理论的正确性。然而强相互作用与电弱作用之间存在着作用尺度和强度上的巨大差异，这使得强相互作用很难与电弱理论统一起来。此外，由于引力在力的性质上与其他相互作用存在差异，并且相对微弱，因此引力至今也无法与其他三种力统一起来，但是建立完整的大统一理论仍旧是粒子物理的重要目标之一。

目前，粒子物理中最成功的理论是被称为标准模型的理论。它涵盖了所有已知的基本粒子，并成功解释了强、弱、电磁相互作用。2012 年 7 月 4 日，欧洲核子中心的 ATLAS 与 CMS 两个组分别宣布，他们在实验中发现了一种新的粒子，其性质与标准模型预言的希格斯粒子高度相似。随着实验数据的进一步积累，LHC 最终于 2013 年确认之前发现的粒子即希格斯玻色子。至此，标准模型所预言的所有基本粒子都在实验中得到了证实，这标志着标准模型的巨大成功。

◆◇ 1.2　标准模型框架

标准模型是一套关于组成物质的基本粒子的理论，它成功解释了强、弱及电磁这三种基本相互作用。从 20 世纪中期到 20 世纪末，标准模型是在众多实验和理论研究者的共同努力下逐步构建起来的。作为粒子物理学中最成功的基础理论，标准模型是人们深入研究基本粒子的基础。本节将对标准模型的规范对称性、基本粒子属性与分类、希格斯机制等给出简单介绍。

在标准模型理论中，按照粒子的自旋是否为半整数可分为费米子和玻色子。费米子具有半整数的自旋，满足泡利不相容原理。玻色子具有整数自旋，满足玻色-爱因斯坦统计。费米子和玻色子都是标准模型中的基本粒子，共同构成了基本粒子的世界。

按照相互作用的不同，费米子又分为夸克和轻子。夸克一共有 6 种[8]。其中，上、粲和顶夸克带有+2/3 电荷，而下、奇和底夸克的电荷则为-1/3。除了电荷，夸克最特别的性质是它们还带有色荷。色荷共分三种，可任意标示为“蓝”“绿”“红”，每一个夸克都带一种色，不同颜色的夸克之间通过交换胶子发生强相互作用。唯象上要求夸克是色禁闭的[9]，就是说夸克不能单独存在，必须与其他夸克一起组成色单态。例如，两个夸克组成的介子或者三个夸克组成的强子。夸克所携带的电荷、色荷以及弱自旋使得夸克可以参与电磁、强、弱三种相互作用。

标准模型中除夸克之外的六个费米子不具有色荷，称作轻子。其中，电子(e)、缪子(μ)和陶子(τ)带有一个单位的负电荷，它们都参与电磁相互作用；另外三个不带电荷的粒子称为中微子，分别为电子中微子(ν_e)、缪子中微子(ν_μ)和陶子中微子(ν_τ)。在标准模型框架下，中微子既没有色荷也没有电荷，标准模型认为中微子的质量为 0，它们只参与弱相互作用，在实验室中也很难发现它们。

夸克和轻子通常可以分为三代，每一代费米子的质量都要比前一代同类费米子更重。第一代费米子的质量最小，它们无法衰变为更低质量的粒子，因此自然界中存在的稳定物质一般都是由这类粒子组成的。

玻色子具有整数自旋，在标准模型中玻色子负责传递各种力。不同的玻色子分别传递着强、弱和电磁相互作用。光子在带有电荷的粒子之间传递电磁相互作用，它的静止质量为0。W^+，W^-和Z玻色子则在不同味道的粒子之间传递弱相互作用。它们都有质量，并且Z玻色子的质量大于$W^\pm$。$W^\pm$玻色子只和左手粒子及其右手反粒子发生弱相互作用。由于$W^\pm$带有一个单位的电荷，因此$W^\pm$同样参与电磁相互作用。中性的Z玻色子则只参与弱相互作用。在不同色荷的粒子之间传递强相互作用的是八个胶子。由于胶子携带有效色荷，因此胶子之间也可以发生强相互作用。胶子及其相互作用由量子色动力学描述。

希格斯玻色子是标准模型预言的一个基本粒子。在建立标准模型的过程中，各粒子起初都是无质量的，这显然与事实不符。为了让标准模型的粒子获得质量，希格斯提议了一种新的粒子，后被称为希格斯粒子。标准模型的各种粒子通过和希格斯场发生相互作用来获得质量。由于希格斯粒子在质量起源上起着重要的作用，因此被很多人称作“上帝粒子”。希格斯粒子的质量非常重，一旦产生很快又会衰变为其他更轻质量的粒子，因此只有非常高能量的对撞机才有可能发现希格斯粒子的存在。自2010年开始，欧洲核子中心的大型强子对撞机就开始了对希格斯粒子的探测，费米实验室的兆电子伏特加速器(Tevatron)在2011年关闭之前也同样致力于希格斯粒子的探测研究。最终，希格斯粒子在欧洲核子中心的大型强子对撞机上被发现。

为概括标准模型的所有基本粒子，图1.1列出了标准模型中三代费米子和传递它们之间相互作用的规范玻色子，并标记了它们的基本属性。图1.2则描绘了标准模型中各粒子之间相互作用的关系图。

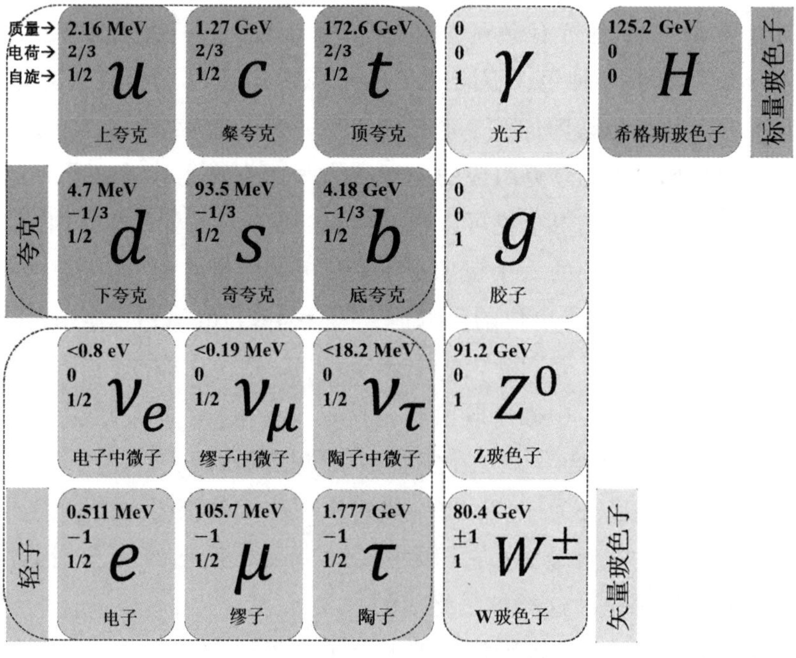

图1.1　标准模型的基本粒子

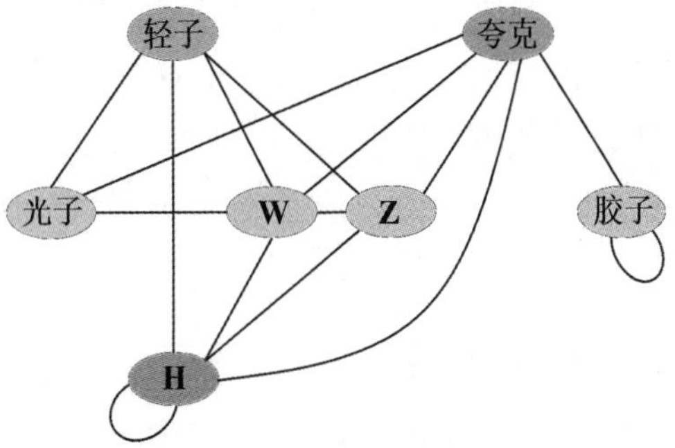

图 1.2　标准模型中各粒子之间相互作用关系图

基本粒子的属性与相互作用是粒子物理研究的两个基本方面。粒子的属性与分类一般可以在实验中直接测量，而它们的相互作用模式则需要构建更为系统的理论框架。对称与守恒是人们在构建基本粒子相互作用理论时首先考虑的重要方面。根据诺特定理，任意的连续对称性都对应了一个守恒量。为了保证各种被大家普遍接受的守恒律，需要描述相互作用的基本理论满足一定的对称性，即需要满足一定的规范不变性。

规范不变性是现代粒子物理学的一个基本原则。由于这种对称性，前面提到的四种基本相互作用才得以发生。为了得到规范对称，通常先保证拉氏量在作特定的对称变换之后是不变的。这些对称性往往反映了一定的守恒律，通过这些变换，人们可以得到一些守恒量。由于这些守恒量不因时间和地点的改变而变化，因此粒子物理的理论无论在局域还是整体规范变换下都是不变的。规范变换一般可以表示为如下形式：

$$\psi \rightarrow \boldsymbol{U}\psi \tag{1.1}$$

这里的变换矩阵 $\boldsymbol{U}$ 是幺正的，所以这类对称叫作 $U(1)$ 规范对称。整体规范变换的表达式如下：

$$\psi \rightarrow \mathrm{e}^{\mathrm{i}\theta}\psi \tag{1.2}$$

其中，θ 是一个与时空坐标无关的实数。因此，整体规范变换在时空各点上都是一样的，它对费米子的波函数产生一个简单的相位平移。自由费米子的运动方程由下面的拉氏量来得到：

$$\mathcal{L}_{free}=\overline{\psi}(\mathrm{i}\gamma^{\mu}\partial_{\mu}-m)\psi \tag{1.3}$$

此处，ψ 是费米旋量。容易看出，拉氏量的形式在作整体规范变换后保持不变。因此整体规范变换不过是物理规律不因时间和空间的改变而改变的一种等价表述。

与整体规范变换不同，局域规范变换满足如下变换关系：

$$\psi \rightarrow \mathrm{e}^{iq\theta(x)}\psi \tag{1.4}$$

这里的参数 θ 是时空坐标的函数，其中时空坐标统一为 $x=(x,\ t)$。因此，在局域规范变换下，对费米子波函数的相位变换依赖时空坐标。由于局域规范变换并不能保证狄拉克拉氏量保持不变，不过通过引入场A_μ，人们可以得到局域规范不变的拉氏量。局域规范变换对相变换的空间距离没有限制，这要求引入的场在空间上是无限大的，因此这个场需要是无质量的。事实上，这个场就是长程电磁场。为保证拉氏量是局域规范不变的，拉氏量中的常微分应替换为协变微分$D_\mu=\partial_\mu+\mathrm{i}qA_\mu$。这样，上面的拉氏量需要改写为

$$\begin{aligned}\mathcal{L}&=\bar{\psi}(\mathrm{i}\gamma^\mu D_\mu-m)\psi\\&=\bar{\psi}(\mathrm{i}\gamma^\mu\partial_\mu-m)\psi-qA_\mu\bar{\psi}\gamma^\mu\psi\\&=\mathcal{L}_{free}-J^\mu A_\mu\end{aligned}\tag{1.5}$$

这样的拉氏量具有局域规范变换下保持不变的性质。电磁场在局域规范变换下的变化为$A_\mu\to A_\mu+\partial_\mu\theta(x)$，因此，拉氏量在局域规范变换下的变化由电磁场$A_\mu$的变化抵消。

在引入了新的规范场后，很自然地要将其动量项加入到完整的拉氏量中，由此可以构建的规范不变的拉氏量为

$$\mathcal{L}_{QED}=\mathcal{L}_{free}-J^\mu A_\mu-\frac{1}{4}F^{\mu\nu}F_{\mu\nu}\tag{1.6}$$

这里，$F_{\mu\nu}$是电磁场的场强张量，其定义为

$$F_{\mu\nu}=\partial_\mu A_\nu-\partial_\nu A_\mu\tag{1.7}$$

这个拉氏量描述了狄拉克场和无质量的电磁场之间的相互作用。

以上仅是场论所需满足的一部分对称性。在标准模型中，完整的规范对称性可以用以下对称群表示：

$$G_{SM}=SU(3)_C\otimes SU(2)_L\otimes U(1)_Y\tag{1.8}$$

这里的$SU(3)_C$对应于量子色动力学，下标C表示量子色动力学中的规范传播子是八个胶子，它们只和带有色荷的胶子和夸克发生相互作用。剩下的$SU(2)_L\otimes U(1)_Y$群是由 Glashow、Weinberg 和 Salam 提出的电弱规范。下标L表示$SU(2)_L$规范场只和左手粒子产生相互作用，Y表示$U(1)_Y$规范场耦合满足弱荷与超荷的 Gell-Mann Nishijima 关系[10-12]：$Q=T_3+Y/2$。为了解释标准模型粒子质量来源，还需要一个复的标量双重态，称为希格斯场，这里用ϕ表示。希格斯场通过与规范场相互作用，使规范群产生如下破缺：

$$G_{SM}\to SU(3)_C\otimes U(1)_Q\tag{1.9}$$

这里，$U(1)_Q$是$SU(2)_L\otimes U(1)_Y$的一个子群。这样的对称破缺源自标量场ϕ具有非零的真空期望值：

$$\langle\phi\rangle=\begin{pmatrix}0\\ \gamma/\sqrt{2}\end{pmatrix}\tag{1.10}$$

标准模型中，完整可重整的拉氏量一般分为下面的几个部分[13-16]：

$$\mathcal{L}_{SM}=\mathcal{L}_{kinetic}^{f}+\mathcal{L}_{kinetic}^{H}+\mathcal{L}_{kinetic}^{G}+\mathcal{L}_{pot}^{H}+\mathcal{L}^{Y} \tag{1.11}$$

其中，$\mathcal{L}_{kinetic}^{f}$表示标准模型中费米子部分的拉氏量，它既包含左手部分，也包含右手部分，具体形式为

$$\mathcal{L}_{kinetic}^{f}=\sum_{\psi_L}\overline{\psi}_L \mathrm{i}\gamma^{\mu}D_{\mu}\psi_L+\sum_{\psi_R}\overline{\psi}_R \mathrm{i}\gamma^{\mu}D_{\mu}\psi_R \tag{1.12}$$

此处，$\psi_L=(1-\gamma_5)\psi/2$ 表示左手同位旋双重态，而 $\psi_R=(1+\gamma_5)\psi/2$ 对应的是右手同位旋单态。为了保证规范变换不变，常微分∂_{μ} 需要替换为协变微分 D_{μ}：

$$D_{\mu}=\partial_{\mu}+\mathrm{i}gW_{\mu}^{i}\tau_i+\mathrm{i}\frac{g'}{2}B_{\mu}Y \tag{1.13}$$

其中，g 和 g'分别为 $SU(2)_L$ 和 $U(1)_Y$ 规范群的耦合常数，与这两个规范群对应的生成元分别为 τ_i 和 Y。

标准模型拉氏量的第二部分为标量希格斯场的动量项，具体形式为

$$\mathcal{L}_{kinetic}^{H}=(D_{\mu}\phi)^{\dagger}(D_{\mu}\phi) \tag{1.14}$$

规范场的动量项为

$$\mathcal{L}_{kinetic}^{G}=-\frac{1}{4}\sum_{i=1}^{3}F_{i}^{\mu\nu}F_{\mu\nu}^{i}-\frac{1}{4}B^{\mu\nu}B_{\mu\nu} \tag{1.15}$$

这里，$F_{\mu\nu}^{i}=\partial_{\mu}W_{\nu}^{i}-\partial_{\nu}W_{\mu}^{i}-g\,\epsilon^{ijk}W_{\mu}^{j}W_{\nu}^{k}$ 是 $SU(2)_L$ 群的反对称场强张量，ϵ^{ijk}为对应的群结构常数，而 $B_{\mu\nu}=\partial_{\mu}B_{\nu}-\partial_{\nu}B_{\mu}$ 是 $U(1)_Y$ 规范场强。通过对规范场的重定义，可以得到物理的光子场、中性和带电的规范场 Z^0 和 $W_{\mu}^{\pm}$：

$$\left.\begin{aligned}A_{\mu}&=\sin\theta_W W_{\mu}^{3}+\cos\theta_W B_{\mu}\\Z_{\mu}&=\cos\theta_W W_{\mu}^{3}-\sin\theta_W B_{\mu}\\W_{\mu}^{\pm}&=\frac{1}{\sqrt{2}}(W_{\mu}^{1}\mp \mathrm{i}W_{\mu}^{2})\end{aligned}\right\} \tag{1.16}$$

其中，θ_W 表示温伯格角，定义为

$$\sin\theta_W=\frac{g'}{\sqrt{g^2+g'^2}},\ \cos\theta_W=\frac{g}{\sqrt{g^2+g'^2}} \tag{1.17}$$

在自发破缺机制下，希格斯场的势能项可以具体表示为

$$\mathcal{L}_{pot}^{H}=\mu^2(\phi^{\dagger}\phi)+\lambda(\phi^{\dagger}\phi)^2 \tag{1.18}$$

这里，μ^2 和 λ 是自由参数。当 $\mu^2<0$ 时，标量场 ϕ 会导致非零的真空期望值 $|\phi|_{vac}=\nu/\sqrt{2}$，且 $\nu=\sqrt{-\mu^2/\lambda}$。这个真空期望值导致了对称性的自发破缺，这就是希格斯机制[17-19]。通过希格斯机制，希格斯粒子获得的质量为 $m_H=\sqrt{2\lambda\nu}$。

标准模型拉氏量的最后一项是汤川项，描述了费米子和希格斯场的耦合。它的一般形式为

$$\mathcal{L}^{Y}=\eta_{ij}^{D}\overline{Q}_{i,L}\phi D_{j,R}+\eta_{ij}^{U}\overline{Q}_{i,L}\widetilde{\phi}U_{j,R}+\eta_{ij}^{E}\overline{l}_{i,L}\phi E_{j,R}+h.c. \tag{1.19}$$

其中，$\widetilde{\phi}=i\tau_2\phi^*$ 和 $\eta_{ij}^{U,D,E}$ 分别与上、下夸克和轻子的质量相关，而 $Q_{i,L}$、$U_{j,R}$ 和 $D_{j,R}$ 分别表示左手双重态、右手的上类型夸克和下类型夸克。

◆◇ 1.3 标准模型的困难与新物理

尽管标准模型取得了巨大的成功，但它并不是一个包含宇宙万物的大统一理论。作为宇宙中最基本的四种相互作用之一，万有引力在宇宙形成和演化中起着重要的作用。相比其他三种基本作用力而言，引力非常微弱，并且在当前实验能标下，引力的性质与其他三种基本相互作用也显得非常不同，因此它尚未统一到标准模型中。其次，标准模型也没能提供暗物质的候选者，关于中微子振荡或中微子质量非零的事实，标准模型也未能给出合理解释。

实验中最早发现的与标准模型理论的偏离是中微子具有微小的质量。中微子是电中性的轻子，与带电轻子和夸克一样属于费米子，是构成物质世界的基本粒子。由于它不带电且只参与弱相互作用，因此在实验中非常难以观测。在早期的简单标准模型中，中微子质量被认为是严格非零的，而中微子振荡则需要它们有非零的质量。中微子振荡指不同“味道”的中微子在传播中可以自发地相互转换的现象。由于弱相互作用中宇称不守恒定律，并且参与弱相互作用的中微子都是左手的，所以人们无法像对待其他费米子那样，利用左右手分量与希格斯场的汤川耦合产生中微子质量。而 1998 年，日本超级神冈探测器在大气中微子实验中发现了中微子振荡，这与标准模型对中微子质量严格为零的预期存在根本矛盾。为解释中微子振荡，一般假设它们的质量本征态与味本征态不同。中微子在产生时处于相互作用本征态，是不同质量本征态的混合。在传播过程中，不同的中微子质量给出不同的演化因子，在一定距离外的测量结果显示出周期性的振荡规律。所以中微子振荡意味着中微子质量不能全部为零。对中微子振荡概率的测定是确定中微子质量及混合角的重要途径。目前，人们最为关心的是中微子质量的大小、不同代的混合角，以及它们究竟是 Dirac 还是 Majorana 属性的。针对这些问题，人们在标准模型基础上进行了许多尝试来引入中微子质量。目前最为流行的中微子质量产生机制就是跷跷板机制，因此在大部分新物理模型中都引入了不同版本的跷跷板机制。

人们对标准模型进行扩展的另一个重要动机是规范等级问题（Hierarchy Problem）。典型的电弱能标约为 100GeV，而普朗克能标则高达 10^{19}GeV，两者之间存在 17 个数量级的差距，这使得标准模型显得非常不自然。

除了中微子质量和规范等级等问题，标准模型还无法解释物质-反物质不对称的疑难，并且没有提供合适的暗物质候选粒子，更无法将引力这种基本相互作用统一起来。标准模型存在的一系列问题，意味着在标准模型之外必须存在超越标准模型的物理存在，这些新的理论常被称作新物理。

超对称模型是新物理中发展最早、被研究得最广泛的一类模型。这类模型在标准模型的基础上引入了费米子和玻色子之间的对称。在这种对称下，一个粒子和它的超对称伴的自旋相差 1/2，因此费米子的超对称伴是玻色子，玻色子的超对称伴是费米子。超对称理论认为所有已知的粒子都存在其超对称伴，然而由于超对称破缺，普通粒子的超对称伴非常重，因此目前的对撞机能量下很难发现这些粒子。尽管在实验上尚未发现超对称存在的直接证据，但是超对称完备的理论体系和对许多问题的完美解释使得它一直被广泛关注。

通过费米子与玻色子之间的对称性，超对称解决了标准模型的能级差问题，即电弱能标为何与普朗克能标之间有着十几个数量级的差异。标准模型中众多的发散问题在超对称模型中由于超对称伴的发散相消，使得超对称模型有着很好的重整化性质。此外，超对称模型在高能标下很好地将强、弱和电磁耦合强度统一起来，这对于推动大统一理论的发展有着积极的意义。超对称模型发展至今，已经取得了很大的理论进步，也发展出许多不同的版本，比如最小超对称模型（Minimal Supersymmetric Standard Model，MSSM）[20-23]、次最小超对称模型（Next-to-Minimal Supersymmetric Standard Model，NMSSM）[24-30]等。超对称模型引入的对称性是一种特殊的对称性，它将费米子和玻色子对应起来。除了这种特殊的对称性，有很多模型通过扩展对称群来扩充标准模型，这些模型认为，标准模型的对称群是更大的基本对称群的子群。在本书中，将重点讨论重子数和轻子数满足局域规范的一类超对称模型——BLMSSM，并在此模型中讨论 B 介子的稀有衰变和 CP 破坏。

对标准模型进行扩展的另一类重要模型是额外维。这类模型的时空背景不是通常的三维空间和时间所构成的四维时空，而是在三维时空外新增一个或者多个空间维度，构成更高维的时空背景。例如，早在 1921 年，Kaluza 就在尝试统一引力和电磁力时，将空间维度从三维空间扩展到四维空间，加上时间维度构成五维理论。1926 年，Klein 进一步提议第四个空间维度是一个半径很小的圆，粒子在这个弯曲的维度中运动就会回到起点，粒子在回到起点前所能走过的最大距离就是额外维的尺度大小。Kaluza-Klein 理论在统一引力和电磁力以及发展额外维理论上取得了很大的理论突破，但却和实验结果存在矛盾之处，因此这一理论逐渐淡出人们的视野。然而，随着标准模型的能级问题等越来越多地受到关注，大型强子对撞机（LHC）在实验方面也进展迅速，额外维的理论再次成为研究的热点。依照额外的维度中是否所有粒子都可以进入和传播，可以将额外维模型分为两类：Universal Extras Dimensions（简称 UED 模型[31-37]）和 Non-Universal Extras Dimensions（简称 NUED 模型[38-40]）。

UED 模型允许包括标准模型粒子在内的所有粒子在额外维中传播。所以 UED 模型中标准模型粒子存在 KK 激发态。这些 KK 态起源于额外维，但是在人们所存在的四维时空中表现为新的粒子。这些新的激发态粒子和对应的标准模型粒子非常相似，它们携带的额外维空间的动量在通常的四维时空中表现为质量，所以比对应的标准模型粒子更重。如果宇宙确实存在额外维，这些 KK 态粒子则是实验室证明 UED 理论的首个证据。UED 模型的所有粒子场都能感受到额外维空间的动量，动量守恒要求在基本相互作用顶角中 KK 数必须是守恒的。这也就是说，任何一个 KK 数的粒子都不能单独产生，而必须是成对出现的。这也就意味着 KK 态粒子对夸克和轻子的衰变没有树图贡献。

与 UED 模型不同的是，NUED 中并非所有粒子都可以存在于额外维空间中。作为一种 NUED 模型，大尺度紧致额外维模型（Large Extra Dimension，LED）（也叫作 ADD 模型），由 Nima Arkani-Hamed，Savas Dimopoulos 和 Gia Dvali[41-42] 提出。主要是为了解释引力相比其他相互作用力为何显得如此微弱。他们认为，在人们通常认知的四维时空之外存在紧致的 n 维额外空间。假设标准模型的粒子都是限制于通常的四维时空膜上，而引力可以在大尺度的额外维中传递。在增加了空间维度后，引力 F 与 $3+n$ 维空间存在关系：$F\propto(1+n)^{-1}$，因此，n 维空间的存在使得引力以幂次方的形式减弱，而标准模型粒子不能在额外维中传播，所以不管额外维的尺度多大，除引力之外的其他一切物理都和不存在额外维时完全一样。假设在额外维理论中，各相互作用统一于更基本的能标 M_*，人们测得的 4 维普朗克能标和 $n+4$ 维普朗克能标 M_p 则有关系式：$M_p^2=M_*^2\ V_n$，其中，$V_n=R^n$ 是额外维的空间体积，且各个额外空间维度具有相同大小的空间尺度 R。由此，如果额外维的空间尺度足够大，则 $n+4$ 维普朗克能标就可以相应地减小，LED 模型正是通过这种方式来统一普朗克能标与电弱能标之间的能级差的。由于目前的实验中并没有观测到任何与此类模型相关的效应，所以实验为 M_* 设定了下限：$M_*>1\text{TeV}$。当 $n+4$ 维普朗克能标和电弱能标统一于这个下限时，$M_*\sim m_{EW}$，则有

$$R\sim 10^{30/n-17}\times\left(\frac{1\text{TeV}}{m_{\text{EW}}}\right)^{1+2/n}(\text{cm}) \tag{1.20}$$

可见，额外维的尺度和额外维的数目相关，当 $n=1$ 时，$R\sim 10^{11}$；当 $n=2$ 时，R 减小为 0.2mm 的尺度。

上面所讨论的 LED 模型考虑的是通常的四维时空膜可以限制标准模型粒子，但却忽略了膜也可以携带能量。根据爱因斯坦的广义相对论，时空弯曲是由物质和能量引起的，因此膜所携带的能量也同样会引起时空的弯曲。为了解决这个问题，Lisa Randall 和 Raman Sundrum 提出了含有两个特殊膜的弯曲额外维模型，称为 RS 模型[43-44]。在这个模型中，四维闵可夫斯基时空被看作五维 anti-de Sitter（ADS_5）空间的一部分。第五维是半径为 r 的弯曲空间，通常用坐标 $\Phi\in[-\pi,\pi]$ 来标记。在本书中，将对这一模型给出详细介绍，在扩展的规范对称群 $SU(3)_C\otimes SU(2)_L\otimes SU(2)_R\otimes U(1)_X\otimes P_{LR}$ 下对 B 介子稀有衰变过程 $\overline{B}\to X_s\gamma$ 进行讨论。

综上所述，尽管标准模型被认为是目前最成功和精确的理论，但是在标注模型之外存在更基本的新物理已经被许多人所接受。本书将以弯曲额外维和重子数、轻子数满足局域规范对称的超对称模型为基础，分别讨论两类模型中的 B 介子稀有衰变，对 $\overline{B}\to X_s\gamma$ 分支比和 CP 破坏的解析计算、数值分析，以及对模型参数空间的限制进行详细讨论。

第 2 章　B 介子物理与 CP 破坏

◆◇ 2.1　B 介子物理基础

夸克模型是描述强子组成与强相互作用的理论框架。20 世纪 60 年代，人们在实验中发现了大量的强子。为了对这些粒子进行分类，并解释它们所表现的基本属性，物理学家逐步建立了夸克理论。

在对实验中发现的大量强子进行归类时，人们认识到强子表现出很强的内在对称性。例如，质子和中子虽然电荷不同，并且有微小的质量差别，但在强相互作用中表现出高度的相似性。类比自旋，人们引入了同位旋量子数，将质子和中子看作一种核子的两个不同状态。进一步引入超荷后，在同位旋与超荷构成的二维平面空间内，重子和介子可以排列成特定的对称图形。其中，介子可以按照八重态和单态方法排列，重子则分为八重态和十重态。数学上，这种对称结构可以用 $SU(3)$ 对称群描述。基于这些分类方法和对称性，盖尔曼和乔治·茨威格于 1964 年分别独立提出了夸克的概念。夸克被认为是强子内更小的“基本”组分，夸克及其反夸克组成了重子和介子，统称强子。重子由三个夸克或反夸克组成，而介子内则有一个夸克和一个反夸克。这些更基本的夸克在强相互作用下构成复合粒子，而传递强相互作用的规范粒子是胶子。

作为强子分类中重要的一部分，介子与重子相比结构相对简单，在实验观测中对其基本性质的了解也更为全面和精确，人们对其理论研究也更为深刻。π 介子是介子家族中最轻的粒子，也是人们最早提出和发现的介子。它由汤川秀树在解释强相互作用时提出，并由塞西尔·鲍威尔在实验中发现并证实。后来人们逐渐发现了更多的介子，例如 K 介子、η 介子、D 介子和 B 介子等。这里主要介绍 B 介子。

相比其他介子，B 介子质量较重，这主要是由于 B 介子含有一个 b 夸克，而另一个夸克则可以是 u, d, c 或 s。例如：$B^0=d\bar{b}$, $B^+=u\bar{b}$, $B_s^0=s\bar{b}$, $B_c^+=c\bar{b}$，这些介子的反粒子则由各自组分夸克的反夸克构成，例如：$\bar{B}^0=\bar{d}b$, $B^-=\bar{u}b$, $\bar{B}_s^0=\bar{s}b$, $B_c^-=\bar{c}b$。B 介子，尤其是中性 B 介子展现出显著的 CP 破坏，而 CP 破坏又是正反物质不对称的关

键因素。因此，B 介子物理是研究 CP 破坏的重要对象。

目前实验和理论上对 B 介子的讨论都达到了比较高的精度。实验方面，关于 B 介子的数据主要来自日本的 Belle、美国的 Babar、欧洲的大型强子对撞机和 LHCb 等。至今，人们已经积累了相当数量的产生和衰变数据，为精确检验标准模型和寻找新物理信号提供了实验基础，也使 B 物理成为当前高能物理研究的热门领域。

2.2　有效哈密顿方法

为了在理论上对 B 介子混合和衰变等过程进行解析计算，人们逐渐发展起有效哈密顿方法。在夸克层面，B 介子衰变是 b 夸克衰变为其他较轻夸克的过程。在电弱部分的费曼图中，衰变过程由规范玻色子 W、Z 主导，而 B 介子的能标则远小于电弱能标，即规范玻色子质量附近。在对这些重场积分后，强子化过程的短程作用可以等效为有效耦合，进而得到相应过程在低能区域的有效哈密顿。

有效哈密顿方法将强子衰变过程分为长程和短程两部分。夸克层面的衰变过程为短程效应，与 W、Z 玻色子相关。长程效应对应夸克强子化过程，这一过程的计算往往是复杂且困难的。以 B 介子衰变过程为例，有效哈密顿方法可以分为如下三个步骤。

首先，在完整理论框架计算完整振幅。对具体过程，首先需要考虑所有可能的费曼图，一般包含领头阶的树图和可能的圈图。结合费曼图和费曼规则，可以得到相关图的费曼振幅。对圈图，还需对圈动量进行积分，并选择合适的重整化方案消除发散。在对所有可能费曼图的贡献全部加在一起后，可以得到完全理论的完全振幅，可以表示为如下形式：

$$\mathcal{A}_{full}=\frac{G_F}{\sqrt{2}}\left[\sum_i V_{CKM}^i C_i(p^2)Q_i+o\left(\frac{p^2}{m_W^2}\right)+f\left(\frac{1}{\varepsilon}\right)\right] \tag{2.1}$$

其中，V_{CKM}^i是夸克耦合所对应的 CKM 矩阵元，G_F 是费米常数；算符 Q_i 是完全理论中自由夸克流或其他算符，例如形如$(\bar{q}_1 q_2)_{V+A}(\bar{q}_3 q_4)_{V+A}$的流-流算符，或描述强子过程的色流算子，以及电磁偶极矩算子；$C_i(p^2)$是相应算子的系数，若标记内部 W 玻色子传递的动量为 p^2，则完全振幅是此动量的函数，按 p^2/m_W^2 展开后，高阶项 $o(p^2/m_W^2)$在 $p^2 \ll m_W^2$ 近似下可以忽略；发散项$f(1/\varepsilon)$来自圈图，在采取适当的重整化方案后可以消除。经过重正化和适当近似，完全理论的衰变振幅可以简化为

$$\mathcal{A}_{full}=\frac{G_F}{\sqrt{2}}\sum_i V_{CKM}^i C_i(p^2)Q_i \tag{2.2}$$

其次，为了得到有效理论的费曼振幅，可以将完全理论费曼图中的 W 玻色子截断，两端用⊗替换。基于有效理论，费曼图可以解析得到相应的有效算子，经重整

化并取一定近似后可得到有效算子对特定过程的矩阵元$\langle O_i \rangle$。

最后，通过完全理论与有效理论的振幅在高能标$\mu = m_W$处相等得到高能标下的Wilson系数：

$$\mathcal{A}_{full} = \mathcal{A}_{eff} = \frac{G_F}{\sqrt{2}} \sum_i V_{CKM}^i C_i(\mu) \langle O_i \rangle \qquad (2.3)$$

由此得到的Wilson系数是较高的电弱能标$\mu = m_W$。为将其降低到B介子衰变的典型能标$\mu \sim m_b$，还需要用重整化群方程对其演化：

$$\frac{\mathrm{d}C_i(\mu)}{\mathrm{dln}\mu} = \gamma_{ij} C_j(\mu) \qquad (2.4)$$

其中，γ_{ij}是体现算符混合的重整化群矩阵。得到低能有效Wilson系数后，相应衰变过程的振幅即可表示为有效系数与有效算子矩阵元的形式。通过一定因子化方案得到相应算子矩阵元后最终得到衰变宽度和分支比。

◆◇ 2.3 Ward恒等式对$\overline{B} \to X_s \gamma$单圈图的简化

B介子稀有衰变过程$\overline{B} \to X_s \gamma$在夸克层面对应味道改变$b \to s\gamma$。在解析计算中需要考虑的费曼图包含了光子对外线夸克的修正。然而考虑到Ward恒等式，此类过程的贡献可以证明为零，因此在实际计算中可以忽略。

假设某个过程的外线光子动量为k，入射的n个粒子的动量分别为$p_i(i=1, \cdots, n)$，出射粒子的动量为$q_i(i=1, \cdots, n)$，则下述等式恒成立：

$$\begin{aligned} & k_\mu M^\mu(k; p_1, \cdots, p_n; q_1, \cdots, q_n) \\ &= Q \sum_i M_0(p_1, \cdots, p_n; q_1, \cdots, q_i - k, \cdots, q_n) - \\ & M_0(p_1, \cdots, p_i + k, \cdots, p_n; q_1, \cdots, q_n) \end{aligned} \qquad (2.5)$$

其中，M_0是去掉光子后的费曼图振幅。对实际的物理过程，外线粒子需满足在壳条件，由此不含光子的振幅M_0中含有不在壳的项，进而对S矩阵的贡献为零，导致$k^\mu M_\mu = 0$。因此，在对$\overline{B} \to X_s \gamma$过程计算时，可以直接忽略外线光子图的修正。

第 3 章　弯曲额外维

为了解决标准模型的能级问题，额外维模型通过引入新的空间维度来统一普朗克能标和电弱能标。在 LED 模型中，四维普朗克能标 M_p 和更基本的 $4+n$ 维普朗克能标 M_* 之间存在关系：$M_p^2=M_*^2\ V_n$，其中，$V_n=R^n$ 是额外维的空间体积。为了使普朗克能标和电弱能标相统一，额外维空间的尺寸需要足够大。然而，尽管紧致能标 $\mu_c \sim 1/V_n^{1/n}$ 远小于电弱能标，但实验中却没有看到额外维的任何信息。因此，Lisa Randall 和 Raman Sundrum 于 1999 年提出新的弯曲额外维理论模型，即 RS 模型。RS 模通过引入弯曲的时空度规来解决标准模型的能级问题。与其他模型不同的是，RS 度规认为人们所生存的四维时空是嵌入在一个五维的 anti-de Sitter 时空中，它含有一个指数形式的弯曲因子，乘在平直四维时空度规上，而第五维空间则是一个尺度为 r 的 $S_1/Z_2\times Z_2'$流形，用 $\phi\in[-\pi,\ \pi]$ 来表示。在 $\phi=0$ 和 $\phi=\pi/2$ 上存在两个特殊的膜，分别称作紫外(或普朗克)膜和红外(或 TeV)膜。接下来对 RS 模型作详细介绍。

3.1　Randall-Sundrum 模型

Randall-Sundrum(RS)模型是一个五维的额外维理论。这个理论认为，人们所生活的四维时空是五维 anti-de Sitter 空间的一个子空间。与平直额外维不同的是，RS 模型的度规表达式中含弯曲因子。

$$ds^2=e^{-2\sigma(\phi)}\eta_{\mu\nu}dx^\mu dx^\nu-r^2d\phi^2,\ \sigma(\phi)=kr|\phi| \tag{3.1}$$

其中，k 是具有普朗克能标的参数，x^μ 是通常的四维时空坐标，第五维坐标用 ϕ 表示，它的取值范围是 $\phi\in[-\pi,\ \pi]$。四维度规采用$\eta_{\mu\nu}=\mathrm{diag}(1,\ -1,\ -1,\ -1)$的形式。当第五维坐标分别取 $\phi=0$ 和 $\phi=\pi/2$ 时对应了五维时空的两个特殊超曲面，也称之为膜。其中，$\phi=0$ 的膜叫作紫外膜，和普朗克能标对应；$\phi=\pi$ 的膜叫作红外膜，对应电弱能标。假设参数 k 和 $1/r$ 具有普朗克能标M_{pl}的量级，并取 $kr\simeq 24$，则得弯曲因子为

$$\epsilon=\frac{\Lambda_{IR}}{\Lambda_{UV}}\equiv e^{-kr\pi/2}\simeq 10^{-16} \tag{3.2}$$

这个弯曲因子非常自然地解释了普朗克能标和电弱能标之间的能级差问题，同时，低激发态的质量标度可以设置为

$$\Lambda_{KK}\equiv k\epsilon=ke^{-kr\pi/2}=o(1\text{TeV}) \tag{3.3}$$

◆◇ 3.2 $SU(3)_c\times SU(2)_L\times SU(2)_R\times U(1)_X\times P_{LR}$规范

作为对标准模型的扩充，RS 模型中零模和 KK 态之间的混合不仅导致了可观测的费米子质量和对应的弱混合角[45-46]，还抑制了味道改变中性流（flavor-changing-neutral-current，FCNC）[47-48]的耦合。为了使模型能包含质量为 o(1TeV) 的轻 KK 态粒子，文献[49-50]的作者将对称群扩展为 $SU(3)_c\times SU(2)_L\times SU(2)_R\times U(1)_X\times P_{LR}$。

在 $SU(2)_L\times SU(2)_R\times U(1)_X\times P_{LR}$ 规范下，规范群 P_{LR} 将 $U(2)_L$ 和 $SU(2)_R$ 互换，这意味着五维耦合常数满足关系 $g_{5L}=g_{5R}=g_5$。紫外膜上的边界条件使局域规范群 $SU(2)_L\times SU(2)_R\times U(1)_X$ 破缺为标准模型规范群：

$$\begin{aligned}&W^{123}_{L,\mu}(++)\quad B_\mu(++)\quad W^{12}_{R,\mu}(-+)\quad Z_{X,\mu}(-+)\quad (\mu=0,1,2,3)\\&W^{123}_{L,5}(--)\quad B_5(--)\quad W^{12}_{R,5}(+-)\quad Z_{X,5}(+-)\end{aligned} \tag{3.4}$$

上面括号里第一个和第二个正负符号分别对应紫外膜和红外膜，其中，“+”表示 Neumann 边界条件，“-”表示 Dirichlet 边界条件。电弱对称自发破缺之前，具有(+，+)边界条件的零模场是无质量的，对应于标准模型的规范场。具有其他边界条件的粒子场则只包含质量非零的 KK 模。$SU(2)_R$ 规范场 $W^3_{R,M}$ 的第三分量和 $U(1)_X$ 规范场 $\widetilde{B}_M$ 可以用 $Z_{X,M}$ 和 B_M 表示为

$$W^3_{R,M}=\frac{g_5Z_{X,M}+g_{5X}B_M}{\sqrt{g_5^2+g_{5X}^2}},\ \widetilde{B}_M=\frac{-g_{5X}Z_{X,M}-g_5B_M}{\sqrt{g_5^2+g_{5X}^2}} \tag{3.5}$$

其中，$M=0,1,2,3,5$，g_{5X} 是 $U(1)_X$ 规范群的五维耦合常数。规范场拉氏量可表示为

$$L_{gauge}=G^{KM}G^{LN}\left(-\frac{1}{4}W^i_{KL}W^i_{MN}-\frac{1}{4}\widetilde{W}^i_{KL}\widetilde{W}^i_{MN}-\frac{1}{4}\widetilde{B}_{KL}\widetilde{B}_{MN}-\frac{1}{4}G^a_{KL}G^a_{MN}\right) \tag{3.6}$$

为了方便下面的分析，对五维场重新定义如下[51-53]：

$$\left.\begin{aligned} A_M &= \frac{\sqrt{g_5^2+g_{5X}^2}B_M+g_{5X}W_{L,\,M}^3}{\sqrt{g_5^2+2g_{5X}^2}} \\ Z_M &= \frac{-g_{5X}B_M+\sqrt{g_5^2+g_{5X}^2}W_{L,\,M}^3}{\sqrt{g_5^2+2g_{5X}^2}} \\ W_{L,\,M}^{\pm} &= \frac{1}{\sqrt{2}}(W_{L,\,M}^1 \mp \mathrm{i}W_{L,\,M}^2) \\ W_{R,\,M}^{\pm} &= \frac{1}{\sqrt{2}}(W_{R,\,M}^1 \mp \mathrm{i}W_{R,\,M}^2) \end{aligned}\right\} \tag{3.7}$$

对于物质场，第 i 代的夸克嵌入在下面的多重态中[54]：

$$\left.\begin{aligned} &\boldsymbol{Q}_L^i = \begin{pmatrix} \chi_{u_L}^i(-+)_{5/3} & q_{u_L}^i(++)_{2/3} \\ \chi_{d_L}^i(-+)_{2/3} & q_{d_L}^i(++)_{-1/3} \end{pmatrix},\ Q_{u_R}^i = u_R^i(++)_{2/3} \\ &\widetilde{\boldsymbol{Q}}_{d_R}^i = \begin{pmatrix} X_R^i\ (-+)_{5/3} \\ U_R^i\ (-+)_{2/3} \\ D_R^i\ (-+)_{-1/3} \end{pmatrix},\ \boldsymbol{Q}_{d_R}^i = \begin{pmatrix} \widetilde{X}_R^i\ (-+)_{5/3} \\ \widetilde{U}_R^i\ (-+)_{2/3} \\ d_R^i\ (++)_{-1/3} \end{pmatrix} \end{aligned}\right\} \tag{3.8}$$

具有相反手征的态为

$$\left.\begin{aligned} &\boldsymbol{Q}_R^i = \begin{pmatrix} \chi_{u_R}^i(+-)_{5/3} & q_{u_R}^i(--)_{2/3} \\ \chi_{d_R}^i(+-)_{2/3} & q_{d_R}^i(--)_{-1/3} \end{pmatrix},\ Q_{u_L}^i = u_L^i\ (--)_{2/3} \\ &\widetilde{\boldsymbol{Q}}_{d_L}^i = \begin{pmatrix} X_L^i\ (+-)_{5/3} \\ U_L^i\ (+-)_{2/3} \\ D_L^i\ (+-)_{-1/3} \end{pmatrix},\ \boldsymbol{Q}_{d_L}^i = \begin{pmatrix} \widetilde{X}_L^i\ (+-)_{5/3} \\ \widetilde{U}_L^i\ (+-)_{2/3} \\ d_L^i\ (--)_{-1/3} \end{pmatrix} \end{aligned}\right\} \tag{3.9}$$

这里，$i=1$，2，3 是代指标，$U(1)_X$群的超荷为

$$Y_{Q^i} = Y_{u^i} = Y_{Q_d^i} = 2/3 \tag{3.10}$$

为了得到三重态的动量项，对夸克三重态可重定义为：

$$\left.\begin{array}{l}\widetilde{\boldsymbol{T}}^i_{Q_R}=\begin{pmatrix}\frac{1}{\sqrt{2}}(X^i_R+D^i_R)\\ \frac{\mathrm{i}}{\sqrt{2}}(X^i_R-D^i_R)\\ U^i_R\end{pmatrix},\ \boldsymbol{T}^i_{Q_R}=\begin{pmatrix}\frac{1}{\sqrt{2}}(\widetilde{X}^i_R+d^i_R)\\ \frac{\mathrm{i}}{\sqrt{2}}(\widetilde{X}^i_R-d^i_R)\\ \widetilde{U}^i_R\end{pmatrix}\\ \widetilde{\boldsymbol{T}}^i_{Q_L}=\begin{pmatrix}\frac{1}{\sqrt{2}}(X^i_L+D^i_L)\\ \frac{\mathrm{i}}{\sqrt{2}}(X^i_L-D^i_L)\\ U^i_L\end{pmatrix},\ \boldsymbol{T}^i_{Q_L}=\begin{pmatrix}\frac{1}{\sqrt{2}}(\widetilde{X}^i_L+d^i_L)\\ \frac{\mathrm{i}}{\sqrt{2}}(\widetilde{X}^i_L-d^i_L)\\ \widetilde{U}^i_L\end{pmatrix}\end{array}\right\} \tag{3.11}$$

相应地，夸克动量项的拉氏量可以表示为

$$\begin{aligned}\mathcal{L}_Q=\frac{\sqrt{G}}{2r}\sum_{i=1}^{3}\{&(\overline{Q}^i)_{a_1a_2}\mathrm{i}E^M_A\gamma^A\left[\left(\frac{1}{2}(\partial_M-\overleftarrow{\partial}_M)+\mathrm{i}g_{5s}T^aG^a_M+\mathrm{i}g_{5X}Y_{Q^i}\widetilde{B}_M\right)\delta_{a_1b_1}\delta_{a_2b_2}+\right.\\&\left.\mathrm{i}g_5\left(\frac{\sigma^{c_1}}{2}\right)_{a_1b_1}W^{c_1}_{L,M}\delta_{a_2b_2}+\mathrm{i}g_5\left(\frac{\sigma^{c_2}}{2}\right)_{a_2b_2}W^{c_2}_{R,M}\delta_{a_1b_1}\right](Q^i)_{b_1b_2}+\\&(\overline{Q}^i)_{a_1a_2}[\mathrm{i}E^M_A\gamma^A\omega_M-\mathrm{sgn}(\phi)k(c_B)_{ij}](Q^j)_{a_1a_2}+\\&\overline{u}^i\left[\mathrm{i}E^M_A\gamma^A\left(\frac{1}{2}(\partial_M-\overleftarrow{\partial}_M)+\mathrm{i}g_{5s}T^aG^a_M+\mathrm{i}g_{5X}Y_{u^i}\widetilde{B}_M\right)\delta_{ij}+\right.\\&\left.\mathrm{i}E^M_A\gamma^A\omega_M-\mathrm{sgn}(\phi)k(c_S)_{ij}\right]u^j+\\&(\overline{\widetilde{T}}{}^i_Q)_{a1}\mathrm{i}E^M_A\gamma^A\left[\left(\frac{1}{2}(\partial_M-\overleftarrow{\partial}_M)+\mathrm{i}g_{5s}T^aG^a_M+\mathrm{i}g_{5X}Y_{Q^i_d}\widetilde{B}_M\right)\delta_{a_1b_1}+g_5\varepsilon_{a_1b_1c_1}W^{c_1}_{L,M}\right](\widetilde{T}^i_Q)_{b_1}+\\&(\overline{\widetilde{T}}{}^i_Q)_{a_1}[\mathrm{i}E^M_A\gamma^A\omega_M-\mathrm{sgn}(\phi)(\eta_3)_{ij}](\widetilde{T}^j_Q)_{a_1}+\\&(\overline{\widetilde{T}}{}^i_Q)_{a1}\mathrm{i}E^M_A\gamma^A\left[\left(\frac{1}{2}(\partial_M-\overleftarrow{\partial}_M)+\mathrm{i}g_{5s}T^aG^a_M+\mathrm{i}g_{5X}Y_{Q^i_d}\widetilde{B}_M\right)\delta_{a_1b_1}+g_5\varepsilon_{a_1b_1c_1}W^{c_1}_{R,M}\right](\widetilde{T}^i_Q)_{b_1}+\\&(\overline{\widetilde{T}}{}^i_Q)_{a_1}[\mathrm{i}E^M_A\gamma^A\omega_M-\mathrm{sgn}(\phi)k(c_T)_{ij}](\widetilde{T}^j_Q)_{a_1}\end{aligned} \tag{3.12}$$

其中，$\gamma^A=(\gamma^\mu,\ -\mathrm{i}\gamma^5)$，$E^A_B=\mathrm{diag}(\mathrm{e}^{\sigma(\phi)},\ \mathrm{e}^{\sigma(\phi)},\ \mathrm{e}^{\sigma(\phi)},\ \mathrm{e}^{\sigma(\phi)},\ 1/r)$ 和 $\omega_A=\left(\mathrm{sgn}(\phi)\frac{\mathrm{i}}{2}k\mathrm{e}^{-\sigma(\phi)}\gamma_\mu\gamma^5,\ 0\right)$。三个 Bulk 质量 c_B，c_s，c_t 是模型中的自由参数。

为得到电弱对称破缺，引入限制与红外膜上的希格斯场，在 $SU(2)_L\times SU(2)_R$ 变换下为 self-dual 双重态，在 $U(1)_X$ 群变换下则为单态：

$$\boldsymbol{H}=\begin{pmatrix}-\mathrm{i}\pi^+/\sqrt{2} & -(h^0-\mathrm{i}\pi^0)/2\\ (h^0+\mathrm{i}\pi^0)/2 & \mathrm{i}\pi^-/\sqrt{2}\end{pmatrix} \tag{3.13}$$

对五维希格斯场的动量项正规化以后，对应的拉氏量写作

$$\mathcal{L}_H = \mathrm{tr}[(D_\mu \Phi(x))^\dagger (D^\mu \Phi(x))] - \mu^2 \mathrm{tr}(\Phi^\dagger(x)\Phi(x)) + \frac{\lambda}{2}[\mathrm{tr}(\Phi^\dagger(x)\Phi(x))]^2 \tag{3.14}$$

因此，夸克和希格斯场之间的汤川耦合可以表示为：

$$\mathcal{L}_Y^Q = e^{kr\pi/2}\sqrt{-G_{IR}} \sum_{i,j=1}^{3} \{\sqrt{2}\lambda_{ij}^{u}\overline{Q}_{a\alpha}^{i} H_{a\alpha} u^j - 2\lambda_{ij}^{d}[\overline{Q}_{a\alpha}^{i}(\tau^c)_{ab}(\widetilde{T}_d^j)_c H_{b\alpha} + \overline{Q}_{a\alpha}^{i}(\tau^c)_{\alpha\beta}(T_d^j)_c H_{a\beta}] + h.c.\} \tag{3.15}$$

其中，红外膜上的度规为 $G_{IR}^{\mu\nu} = e^{kr\pi/2}\eta^{\mu\nu}$。为保证电磁和强相互作用在每一步骤的计算中都是规范不变的，在电弱部分的计算中取非线性 R_ξ 规范[55-57]，强子部分采用背景场规范[58-61]。同时假设 Bulk 质量矩阵 $\boldsymbol{c}_B$，$\boldsymbol{c}_s$，$\boldsymbol{c}_t$ 为实对角矩阵。为方便分析，与五维规范场耦合相关的四维规范场耦合常数通过下面的式子来定义：

$$g = \frac{g_5}{\sqrt{2\pi r}},\quad g_X = \frac{g_{5X}}{\sqrt{2\pi r}} \tag{3.16}$$

相应地，可得四维电磁耦合和温伯格角如下：

$$e = \frac{g g_X}{\sqrt{g^2 + 2g_X^2}},\quad \sin\theta_W = \frac{g_X}{\sqrt{g^2 + 2g_X^2}} \tag{3.17}$$

而电磁耦合可以通过温伯格角 θ_W 和电磁耦合常数 e 表示如下：

$$g = \frac{e}{\sin\theta_W},\quad g_X = \frac{e}{\sqrt{1 - 2\sin^2\theta_W}} \tag{3.18}$$

◆◇ 3.3　五维场的 Kaluza-Klein 分解

有关额外维中场的 KK 分解前人已经有很多研究，在本书的计算中采用如下写法：

$$\left.\begin{aligned}
A_\mu(x,\phi) &= \frac{1}{\sqrt{r}}\sum_{n=0}^{\infty} A_\mu^{(n)}(x)\chi_{(++)}^{G}(y_{(++)}^{G(n)},t) \\
Z_\mu(x,\phi) &= \frac{1}{\sqrt{r}}\sum_{n=0}^{\infty} Z_\mu^{(n)}(x)\chi_{(++)}^{G}(y_{(++)}^{G(n)},t) \\
Z_{X,\mu}(x,\phi) &= \frac{1}{\sqrt{r}}\sum_{n=1}^{\infty} Z_{X,\mu}^{(n)}(x)\chi_{(-+)}^{G}(y_{(-+)}^{G(n)},t) \\
W_{L,\mu}^{\pm}(x,\phi) &= \frac{1}{\sqrt{r}}\sum_{n=0}^{\infty} W_{L,\mu}^{\pm(n)}(x)\chi_{(++)}^{G}(y_{(++)}^{G(n)},t) \\
W_{R,\mu}^{\pm}(x,\phi) &= \frac{1}{\sqrt{r}}\sum_{n=1}^{\infty} W_{R,\mu}^{\pm(n)}(x)\chi_{(-+)}^{G}(y_{(-+)}^{G(n)},t) \\
G_\mu^a(x,\phi) &= \frac{1}{\sqrt{r}}\sum_{n=0}^{\infty} G_\mu^{a,(n)}(x)\chi_{(++)}^{G}(y_{(++)}^{G(n)},t)
\end{aligned}\right\} \tag{3.19}$$

其中，$G=A$，Z，$W_L^{\pm}$，g，$y_{(++)}^{G(n)}(n=0, 1, \cdots, \infty)$表示方程$z^2R_{(++)}^{G,\epsilon}(z)\equiv 0$的根，$R_{(++)}^{G,\epsilon}(z)$的表达式为

$$R_{(++)}^{G,\epsilon}(z)=Y_0(z)J_0(z\epsilon)-J_0(z)Y_0(z\epsilon) \tag{3.20}$$

类似地，$G=Z_X$，$W_R^{\pm}$，$y_{(-+)}^{G(n)}(n=1, 2, \cdots, \infty)$代表方程$R_{(-+)}^{G,\epsilon}(z)\equiv 0$的根，而$R_{(-+)}^{G,\epsilon}(z)$的表达式为

$$R_{(-+)}^{G,\epsilon}(z)=Y_0(z)J_1(z\epsilon)-J_0(z)Y_1(z\epsilon) \tag{3.21}$$

为了分析计算的方便，一般地，人们通常引入如下代换：$t=\epsilon\exp(\sigma(\phi))$。$t=1$对应红外膜，而紫外膜则对应于$t=\epsilon$。引入新坐标后，规范场的五维场函数可以用$t$如下表示：

$$\left.\begin{aligned}
\chi_{(++)}^{G}(y_{(++)}^{G(n)}, t)&=\frac{t\Phi_{(uv)}^{G(+)}(y_{(++)}^{G(n)}, t)}{N_{(uv)}^{G(+)}(y_{(++)}^{G(n)})}=\frac{t\Phi_{(ir)}^{G(+)}(y_{(++)}^{G(n)}, t)}{N_{(ir)}^{G(+)}(y_{(++)}^{G(n)})}\\
\chi_{(-+)}^{G}(y_{(-+)}^{G(n)}, t)&=\frac{t\Phi_{(uv)}^{G(-)}(y_{(-+)}^{G(n)}, t)}{N_{(uv)}^{G(-)}(y_{(-+)}^{G(n)})}=\frac{t\Phi_{(ir)}^{G(+)}(y_{(-+)}^{G(n)}, t)}{N_{(ir)}^{G(+)}(y_{(-+)}^{G(n)})}
\end{aligned}\right\} \tag{3.22}$$

其中：

$$\left.\begin{aligned}
\Phi_{(uv)}^{G(+)}(y, t)&=Y_0(y\epsilon)J_1(yt)-J_0(y\epsilon)Y_1(yt)\\
\Phi_{(ir)}^{G(+)}(y, t)&=Y_0(y)J_1(yt)-J_0(y)Y_1(yt)\\
\Phi_{(uv)}^{G(-)}(y, t)&=Y_1(y\epsilon)J_1(yt)-J_1(y\epsilon)Y_1(yt)\\
\Psi_{(uv)}^{G(-)}(y, t)&=Y_0(y\epsilon)J_0(yt)-J_0(y\epsilon)Y_0(yt)\\
\Psi_{(ir)}^{G(-)}(y, t)&=Y_0(y)J_0(yt)-J_0(y)Y_0(yt)\\
\Psi_{(uv)}^{G(+)}(y, t)&=Y_1(y\epsilon)J_0(yt)-J_1(y\epsilon)Y_0(yt)
\end{aligned}\right\} \tag{3.23}$$

容易验证，前面给出的场满足如下运动方程：

$$\left.\begin{aligned}
t\frac{\partial\Phi_{(uv)}^{G(+)}}{\partial t}(y, t)+\Phi_{(uv)}^{G(+)}(y, t)&=yt\Psi_{(uv)}^{G(-)}(y, t)\\
t\frac{\partial\Phi_{(ir)}^{G(+)}}{\partial t}(y, t)+\Phi_{(ir)}^{G(+)}(y, t)&=yt\Psi_{(ir)}^{G(-)}(y, t)\\
t\frac{\partial\Phi_{(uv)}^{G(-)}}{\partial t}(y, t)+\Phi_{(uv)}^{G(-)}(y, t)&=yt\Psi_{(uv)}^{G(+)}(y, t)\\
t\frac{\partial\Psi_{(uv)}^{G(-)}}{\partial t}(y, t)&=-yt\Phi_{(uv)}^{G(+)}(y, t)\\
t\frac{\partial\Psi_{(ir)}^{G(-)}}{\partial t}(y, t)&=-yt\Phi_{(ir)}^{G(+)}(y, t)\\
t\frac{\partial\Psi_{(uv)}^{G(+)}}{\partial t}(y, t)&=-yt\Phi_{(uv)}^{G(-)}(y, t)
\end{aligned}\right\} \tag{3.24}$$

对应的归一化常数为：

$$
\left.
\begin{aligned}
&[N_{(uv)}^{G(+)}(y)]^2 = \frac{2}{kr}\Big\{(\Phi_{(uv)}^{G(+)}(y,1))^2 - \epsilon^2(\Phi_{(uv)}^{G(+)}(y,\epsilon))^2 + (\Psi_{(uv)}^{G(-)}(y,1))^2 - \\
&\qquad \frac{2}{y}\Phi_{(uv)}^{G(+)}(y,1)\Psi_{(uv)}^{G(-)}(y,1)\Big\} \\
&[N_{(ir)}^{G(+)}(y)]^2 = \frac{2}{kr}\Big\{(\Phi_{(ir)}^{G(+)}(y,1))^2 - \epsilon^2(\Phi_{(ir)}^{G(+)}(y,\epsilon))^2 - \epsilon^2(\Psi_{(ir)}^{G(-)}(y,\epsilon))^2 + \\
&\qquad \frac{2\epsilon}{y}\Phi_{(ir)}^{G(+)}(y,\epsilon)\Psi_{(ir)}^{G(-)}(y,\epsilon)\Big\} \\
&[N_{(uv)}^{G(-)}(y)]^2 = \frac{2}{kr}\Big\{(\Psi_{(uv)}^{G(+)}(y,1))^2 - \epsilon^2(\Psi_{(uv)}^{G(+)}(y,\epsilon))^2 + (\Phi_{(uv)}^{G(-)}(y,1))^2 - \\
&\qquad \frac{2}{y}\Psi_{(uv)}^{G(+)}(y,1)\Phi_{(uv)}^{G(-)}(y,1)\Big\}
\end{aligned}
\right\} \tag{3.25}
$$

类似地，五维夸克场的 KK 分解如下：

$$
\left.
\begin{aligned}
\chi_{u_L}^{i}(x,\phi) &= \frac{e^{2\sigma(\phi)}}{\sqrt{r}}\sum_n \chi_{u_L}^{i,(n)}(x) f_{(-+)}^{L,c_B^i}(y_{(\mp\pm)}^{c_B^i(n)},t) \\
\chi_{d_L}^{i}(x,\phi) &= \frac{e^{2\sigma(\phi)}}{\sqrt{r}}\sum_n \chi_{d_L}^{i,(n)}(x) f_{(-+)}^{L,c_B^i}(y_{(\mp\pm)}^{c_B^i(n)},t) \\
q_{u_L}^{i}(x,\phi) &= \frac{e^{2\sigma(\phi)}}{\sqrt{r}}\sum_n q_{u_L}^{i,(n)}(x) f_{(++)}^{L,c_B^i}(y_{(\pm\pm)}^{c_B^i(n)},t) \\
q_{d_L}^{i}(x,\phi) &= \frac{e^{2\sigma(\phi)}}{\sqrt{r}}\sum_n q_{d_L}^{i,(n)}(x) f_{(++)}^{L,c_B^i}(y_{(\pm\pm)}^{c_B^i(n)},t) \\
u_{R}^{i}(x,\phi) &= \frac{e^{2\sigma(\phi)}}{\sqrt{r}}\sum_n u_{R}^{i,(n)}(x) f_{(++)}^{R,c_S^i}(y_{(\mp\mp)}^{c_S^i(n)},t) \\
X_{R}^{i}(x,\phi) &= \frac{e^{2\sigma(\phi)}}{\sqrt{r}}\sum_n X_{R}^{i,(n)}(x) f_{(-+)}^{R,c_T^i}(y_{(\pm\mp)}^{c_T^i(n)},t) \\
U_{R}^{i}(x,\phi) &= \frac{e^{2\sigma(\phi)}}{\sqrt{r}}\sum_n U_{R}^{i,(n)}(x) f_{(-+)}^{R,c_T^i}(y_{(\pm\mp)}^{c_T^i(n)},t) \\
D_{R}^{i}(x,\phi) &= \frac{e^{2\sigma(\phi)}}{\sqrt{r}}\sum_n D_{R}^{i,(n)}(x) f_{(-+)}^{R,c_T^i}(y_{(\pm\mp)}^{c_T^i(n)},t) \\
\widetilde{X}_{R}^{i}(x,\phi) &= \frac{e^{2\sigma(\phi)}}{\sqrt{r}}\sum_n \widetilde{X}_{R}^{i,(n)}(x) f_{(-+)}^{R,c_T^i}(y_{(\pm\mp)}^{c_T^i(n)},t) \\
\widetilde{U}_{R}^{i}(x,\phi) &= \frac{e^{2\sigma(\phi)}}{\sqrt{r}}\sum_n \widetilde{U}_{R}^{i,(n)}(x) f_{(-+)}^{R,c_T^i}(y_{(\pm\mp)}^{c_T^i(n)},t) \\
d_{R}^{i}(x,\phi) &= \frac{e^{2\sigma(\phi)}}{\sqrt{r}}\sum_n d_{R}^{i,(n)}(x) f_{(++)}^{R,c_T^i}(y_{(\mp\mp)}^{c_T^i(n)},t)
\end{aligned}
\right\} \tag{3.26}
$$

$$
\left.\begin{aligned}
X_L^i(x,\ \phi) &= \frac{e^{2\sigma(\phi)}}{\sqrt{r}}\sum_n X_L^{i,\ (n)}(x) f^{L,\ c_T^i}_{(+-)}(y^{c_T^i(n)}_{(\pm\mp)},\ t)\\
U_L^i(x,\ \phi) &= \frac{e^{2\sigma(\phi)}}{\sqrt{r}}\sum_n U_L^{i,\ (n)}(x) f^{L,\ c_T^i}_{(+-)}(y^{c_T^i(n)}_{(\pm\mp)},\ t)\\
D_L^i(x,\ \phi) &= \frac{e^{2\sigma(\phi)}}{\sqrt{r}}\sum_n D_L^{i,\ (n)}(x) f^{L,\ c_T^i}_{(+-)}(y^{c_T^i(n)}_{(\pm\mp)},\ t)\\
\widetilde{X}_L^i(x,\ \phi) &= \frac{e^{2\sigma(\phi)}}{\sqrt{r}}\sum_n \widetilde{X}_L^{i,\ (n)}(x) f^{L,\ c_T^i}_{(+-)}(y^{c_T^i(n)}_{(\pm\mp)},\ t)\\
\widetilde{U}_L^i(x,\ \phi) &= \frac{e^{2\sigma(\phi)}}{\sqrt{r}}\sum_n \widetilde{U}_L^{i,\ (n)}(x) f^{L,\ c_T^i}_{(+-)}(y^{c_T^i(n)}_{(\pm\mp)},\ t)\\
d_L^i(x,\ \phi) &= \frac{e^{2\sigma(\phi)}}{\sqrt{r}}\sum_n d_L^{i,\ (n)}(x) f^{L,\ c_T^i}_{(--)}(y^{c_T^i(n)}_{(\mp\mp)},\ t)\\
u_L^i(x,\ \phi) &= \frac{e^{2\sigma(\phi)}}{\sqrt{r}}\sum_n u_L^{i,\ (n)}(x) f^{L,\ c_S^i}_{(--)}(y^{c_S^i(n)}_{(\mp\mp)},\ t)\\
\chi_{u_R}^i(x,\ \phi) &= \frac{e^{2\sigma(\phi)}}{\sqrt{r}}\sum_n \chi_{u_R}^{i,\ (n)}(x) f^{R,\ c_B^i}_{(+-)}(y^{c_B^i(n)}_{(\mp\pm)},\ t)\\
\chi_{d_R}^i(x,\ \phi) &= \frac{e^{2\sigma(\phi)}}{\sqrt{r}}\sum_n \chi_{d_R}^{i,\ (n)}(x) f^{R,\ c_B^i}_{(+-)}(y^{c_B^i(n)}_{(\mp\pm)},\ t)\\
q_{u_R}^i(x,\ \phi) &= \frac{e^{2\sigma(\phi)}}{\sqrt{r}}\sum_n q_{u_R}^{i,\ (n)}(x) f^{R,\ c_B^i}_{(--)}(y^{c_B^i(n)}_{(\pm\pm)},\ t)\\
q_{d_R}^i(x,\ \phi) &= \frac{e^{2\sigma(\phi)}}{\sqrt{r}}\sum_n q_{d_R}^{i,\ (n)}(x) f^{R,\ c_B^i}_{(--)}(y^{c_B^i(n)}_{(\pm\pm)},\ t)
\end{aligned}\right\}\tag{3.26}
$$

在方程(3.26)中，本征值 $y^{c(n)}_{(\pm\pm)}(n\geqslant1)$ 满足方程 $R^{c,\ \epsilon}_{(\pm\pm)}(z)\equiv0$，$y^{c(n)}_{(\mp\mp)}(n\geqslant1)$ 满足方程 $R^{c,\ \epsilon}_{(\mp\mp)}(z)\equiv0$，$y^{c(n)}_{(\pm\mp)}(n\geqslant1)$ 满足方程 $R^{c,\ \epsilon}_{(\pm\mp)}(z)\equiv0$，而本征值 $y^{c(n)}_{(\mp\pm)}(n\geqslant1)$ 则满足 $R^{c,\ \epsilon}_{(\mp\pm)}(z)\equiv0$。此处引入的 $R^{c,\ \epsilon}_{(\pm\pm)}(z)$，$R^{c,\ \epsilon}_{(\pm\mp)}(z)$，$R^{c,\ \epsilon}_{(\mp\pm)}(z)$，$R^{c,\ \epsilon}_{(\mp\mp)}(z)$ 的具体表达式为：

$$
\begin{aligned}
R^{c,\ \epsilon}_{(\pm\pm)}(z) &= \begin{cases} Y_N(z)J_N(z\epsilon)-J_N(z)Y_N(z\epsilon), & c=N+\dfrac{1}{2}\\ J_{-c+\frac{1}{2}}(z)J_{c-\frac{1}{2}}(z\epsilon)-J_{c-\frac{1}{2}}(z)J_{-c+\frac{1}{2}}(z\epsilon), & c\neq N+\dfrac{1}{2}\end{cases}\\
R^{c,\ \epsilon}_{(\pm\mp)}(z) &= \begin{cases} J_{N+1}(z)Y_N(z\epsilon)-Y_{N+1}(z)J_N(z\epsilon), & c=N+\dfrac{1}{2}\\ J_{c+\frac{1}{2}}(z)J_{-c+\frac{1}{2}}(z\epsilon)+J_{-c-\frac{1}{2}}(z)J_{c-\frac{1}{2}}(z\epsilon), & c\neq N+\dfrac{1}{2}\end{cases}
\end{aligned}\tag{3.27}
$$

$$R^{c,\epsilon}_{(\mp\pm)}(z)=\begin{cases}Y_N(z)J_{N+1}(z\epsilon)-J_N(z)Y_{N+1}(z\epsilon), & c=N+\frac{1}{2}\\ J_{-c+\frac{1}{2}}(z)J_{c+\frac{1}{2}}(z\epsilon)+J_{c-\frac{1}{2}}(z)J_{-c-\frac{1}{2}}(z\epsilon), & c\neq N+\frac{1}{2}\end{cases}$$

$$R^{c,\epsilon}_{(\mp\mp)}(z)=\begin{cases}J_{N+1}(z)Y_{N+1}(z\epsilon)-Y_{N+1}(z)J_{N+1}(z\epsilon), & c=N+\frac{1}{2}\\ J_{c+\frac{1}{2}}(z)J_{-c-\frac{1}{2}}(z\epsilon)-J_{-c-\frac{1}{2}}(z)J_{c+\frac{1}{2}}(z\epsilon), & c\neq N+\frac{1}{2}\end{cases} \tag{3.27}$$

五维费米子的场函数可由变量 t 表示如下：

$$\left.\begin{aligned}
f^{L,c}_{(++)}(y^{c(n)}_{(\pm\pm)},t)&=\frac{\sqrt{t}\phi^{c(+)}_{L(uv)}(y^{c(n)}_{(\pm\pm)},t)}{N^{c(+)}_{L(uv)}(y^{c(n)}_{(\pm\pm)})}=\frac{\sqrt{t}\phi^{c(+)}_{L(ir)}(y^{c(n)}_{(\pm\pm)},t)}{N^{c(+)}_{L(ir)}(y^{c(n)}_{(\pm\pm)})}\\
f^{L,c}_{(+-)}(y^{c(n)}_{(\pm\mp)},t)&=\frac{\sqrt{t}\phi^{c(+)}_{L(uv)}(y^{c(n)}_{(\pm\mp)},t)}{N^{c(+)}_{L(uv)}(y^{c(n)}_{(\pm\mp)})}=\frac{\sqrt{t}\phi^{c(-)}_{L(ir)}(y^{c(n)}_{(\pm\mp)},t)}{N^{c(-)}_{L(ir)}(y^{c(n)}_{(\pm\mp)})}\\
f^{L,c}_{(-+)}(y^{c(n)}_{(\mp\pm)},t)&=\frac{\sqrt{t}\phi^{c(-)}_{L(uv)}(y^{c(n)}_{(\mp\pm)},t)}{N^{c(-)}_{L(uv)}(y^{c(n)}_{(\mp\pm)})}=\frac{\sqrt{t}\phi^{c(+)}_{L(ir)}(y^{c(n)}_{(\mp\pm)},t)}{N^{c(+)}_{L(ir)}(y^{c(n)}_{(\mp\pm)})}\\
f^{L,c}_{(--)}(y^{c(n)}_{(\mp\mp)},t)&=\frac{\sqrt{t}\phi^{c(-)}_{L(uv)}(y^{c(n)}_{(\mp\mp)},t)}{N^{c(-)}_{L(uv)}(y^{c(n)}_{(\mp\mp)})}=\frac{\sqrt{t}\phi^{c(-)}_{L(ir)}(y^{c(n)}_{(\mp\mp)},t)}{N^{c(-)}_{L(ir)}(y^{c(n)}_{(\mp\mp)})}\\
f^{R,c}_{(++)}(y^{c(n)}_{(\mp\mp)},t)&=\frac{\sqrt{t}\phi^{c(+)}_{R(uv)}(y^{c(n)}_{(\mp\mp)},t)}{N^{c(+)}_{R(uv)}(y^{c(n)}_{(\mp\mp)})}=\frac{\sqrt{t}\phi^{c(+)}_{R(ir)}(y^{c(n)}_{(\mp\mp)},t)}{N^{c(+)}_{R(ir)}(y^{c(n)}_{(\mp\mp)})}\\
f^{R,c}_{(+-)}(y^{c(n)}_{(\mp\pm)},t)&=\frac{\sqrt{t}\phi^{c(+)}_{R(uv)}(y^{c(n)}_{(\mp\pm)},t)}{N^{c(+)}_{R(uv)}(y^{c(n)}_{(\mp\pm)})}=\frac{\sqrt{t}\phi^{c(-)}_{R(ir)}(y^{c(n)}_{(\mp\pm)},t)}{N^{c(-)}_{R(ir)}(y^{c(n)}_{(\mp\pm)})}\\
f^{R,c}_{(-+)}(y^{c(n)}_{(\pm\mp)},t)&=\frac{\sqrt{t}\phi^{c(-)}_{R(uv)}(y^{c(n)}_{(\pm\mp)},t)}{N^{c(-)}_{R(uv)}(y^{c(n)}_{(\pm\mp)})}=\frac{\sqrt{t}\phi^{c(+)}_{R(ir)}(y^{c(n)}_{(\pm\mp)},t)}{N^{c(+)}_{R(ir)}(y^{c(n)}_{(\pm\mp)})}\\
f^{R,c}_{(--)}(y^{c(n)}_{(\pm\pm)},t)&=\frac{\sqrt{t}\phi^{c(-)}_{R(uv)}(y^{c(n)}_{(\pm\pm)},t)}{N^{c(-)}_{R(uv)}(y^{c(n)}_{(\pm\pm)})}=\frac{\sqrt{t}\phi^{c(-)}_{R(ir)}(y^{c(n)}_{(\pm\pm)},t)}{N^{c(-)}_{R(ir)}(y^{c(n)}_{(\pm\pm)})}
\end{aligned}\right\} \tag{3.28}$$

其中：

$$\phi^{c(+)}_{L(ir)}(y,t)=\begin{cases}Y_N(y)J_{N+1}(yt)-J_N(y)Y_{N+1}(yt), & c=N+\frac{1}{2}\\ J_{-c+\frac{1}{2}}(y)J_{c+\frac{1}{2}}(yt)+J_{c-\frac{1}{2}}(y)J_{-c-\frac{1}{2}}(yt), & c\neq N+\frac{1}{2}\end{cases} \tag{3.29}$$

$$\phi_{L_{(uv)}}^{c(+)}(y,\ t)=\begin{cases} Y_N(y\epsilon)J_{N+1}(yt)-J_N(y\epsilon)Y_{N+1}(yt), & c=N+\dfrac{1}{2} \\ J_{-c+\frac{1}{2}}(y\epsilon)J_{c+\frac{1}{2}}(yt)+J_{c-\frac{1}{2}}(y\epsilon)J_{-c-\frac{1}{2}}(yt), & c\neq N+\dfrac{1}{2} \end{cases}$$

$$\varphi_{L_{(ir)}}^{c(-)}(y,\ t)=\begin{cases} Y_{N+1}(y)J_{N+1}(yt)-J_{N+1}(y)Y_{N+1}(yt), & c=N+\dfrac{1}{2} \\ J_{-c-\frac{1}{2}}(y)J_{c+\frac{1}{2}}(yt)-J_{c+\frac{1}{2}}(y)J_{-c-\frac{1}{2}}(yt), & c\neq N+\dfrac{1}{2} \end{cases}$$

$$\varphi_{L_{(uv)}}^{c(-)}(y,\ t)=\begin{cases} Y_{N+1}(y\epsilon)J_{N+1}(yt)-J_{N+1}(y\epsilon)Y_{N+1}(yt), & c=N+\dfrac{1}{2} \\ J_{-c-\frac{1}{2}}(y\epsilon)J_{c+\frac{1}{2}}(yt)-J_{c+\frac{1}{2}}(y\epsilon)J_{-c-\frac{1}{2}}(yt), & c\neq N+\dfrac{1}{2} \end{cases}$$

$$\varphi_{R_{(ir)}}^{c(-)}(y,\ t)=\begin{cases} Y_N(y)J_N(yt)-J_N(y)Y_N(yt), & c=N+\dfrac{1}{2} \\ J_{-c+\frac{1}{2}}(y)J_{c-\frac{1}{2}}(yt)-J_{c-\frac{1}{2}}(y)J_{-c+\frac{1}{2}}(yt), & c\neq N+\dfrac{1}{2} \end{cases} \tag{3.29}$$

$$\varphi_{R_{(uv)}}^{c(-)}(y,\ t)=\begin{cases} Y_N(y\epsilon)J_N(yt)-J_N(y\epsilon)Y_N(yt), & c=N+\dfrac{1}{2} \\ J_{-c+\frac{1}{2}}(y\epsilon)J_{c-\frac{1}{2}}(yt)-J_{c-\frac{1}{2}}(y\epsilon)J_{-c+\frac{1}{2}}(yt), & c\neq N+\dfrac{1}{2} \end{cases}$$

$$\varphi_{R_{(ir)}}^{c(+)}(y,\ t)=\begin{cases} Y_{N+1}(y)J_N(yt)-J_{N+1}(y)Y_N(yt), & c=N+\dfrac{1}{2} \\ J_{-c-\frac{1}{2}}(y)J_{c-\frac{1}{2}}(yt)+J_{c+\frac{1}{2}}(y)J_{-c+\frac{1}{2}}(yt), & c\neq N+\dfrac{1}{2} \end{cases}$$

$$\varphi_{R_{(uv)}}^{c(+)}(y,\ t)=\begin{cases} Y_{N+1}(y\epsilon)J_N(yt)-J_{N+1}(y\epsilon)Y_N(yt), & c=N+\dfrac{1}{2} \\ J_{-c-\frac{1}{2}}(y\epsilon)J_{c-\frac{1}{2}}(yt)+J_{c+\frac{1}{2}}(y\epsilon)J_{-c+\frac{1}{2}}(yt), & c\neq N+\dfrac{1}{2} \end{cases}$$

需要指出的是，上面提到的场函数必须满足如下运动方程：

$$\left.\begin{aligned} t\frac{\partial\phi_{L_{(ir)}}^{c(\pm)}}{\partial t}(y,\ t)+\left(c+\frac{1}{2}\right)\phi_{L_{(ir)}}^{c(\pm)}(y,\ t)&=yt\phi_{R_{(ir)}}^{c(\mp)}(y,\ t) \\ t\frac{\partial\phi_{R_{(ir)}}^{c(\pm)}}{\partial t}(z,\ t)-\left(c-\frac{1}{2}\right)\phi_{R_{(ir)}}^{c(\pm)}(y,\ t)&=-yt\phi_{L_{(ir)}}^{c(\mp)}(y,\ t) \\ t\frac{\partial\phi_{L_{(uv)}}^{c(\pm)}}{\partial t}(y,\ t)+\left(c+\frac{1}{2}\right)\phi_{L_{(uv)}}^{c(\pm)}(y,\ t)&=yt\phi_{R_{(uv)}}^{c(\mp)}(y,\ t) \\ t\frac{\partial\phi_{R_{(uv)}}^{c(\pm)}}{\partial t}(y,\ t)-\left(c-\frac{1}{2}\right)\phi_{R_{(uv)}}^{c(\pm)}(y,\ t)&=-yt\phi_{L_{(uv)}}^{c(\mp)}(y,\ t) \end{aligned}\right\} \tag{3.30}$$

对应的归一化因子为：

$$[N_{L_{(ir)}}^{c(+)}(y)]^2=\frac{2}{kr\epsilon}\{(\varphi_{L_{(ir)}}^{c(+)}(y,1))^2-\epsilon^2(\varphi_{L_{(ir)}}^{c(+)}(y,\epsilon))^2-\epsilon^2(\varphi_{R_{(ir)}}^{c(-)}(y,\epsilon))^2+(2c+1)\frac{\epsilon}{y}\varphi_{L_{(ir)}}^{c(+)}(y,\epsilon)\varphi_{R_{(ir)}}^{c(-)}(y,\epsilon)\}$$

$$[N_{R_{(ir)}}^{c(-)}(y)]^2=\frac{2}{kr\epsilon}\{(\varphi_{L_{(ir)}}^{c(+)}(y,1))^2-\epsilon^2(\varphi_{L_{(ir)}}^{c(+)}(y,\epsilon))^2-\epsilon^2(\varphi_{R_{(ir)}}^{c(-)}(y,\epsilon))^2+(2c-1)\frac{\epsilon}{y}\varphi_{L_{(ir)}}^{c(+)}(y,\epsilon)\varphi_{R_{(ir)}}^{c(-)}(y,\epsilon)\}$$

$$[N_{L_{(ir)}}^{c(-)}(y)]^2=\frac{2}{kr\epsilon}\{(-\epsilon^2(\varphi_{L_{(ir)}}^{c(-)}(y,\epsilon))^2+(\varphi_{L_{(ir)}}^{c(+)}(y,1))^2-\epsilon^2(\varphi_{R_{(ir)}}^{c(-)}(y,\epsilon))^2+(2c+1)\frac{\epsilon}{y}\varphi_{L_{(ir)}}^{c(-)}(y,\epsilon)\varphi_{R_{(ir)}}^{c(+)}(y,\epsilon)\}$$

$$[N_{R_{(ir)}}^{c(+)}(y)]^2=\frac{2}{kr\epsilon}\{(-\epsilon^2(\varphi_{L_{(ir)}}^{c(-)}(y,\epsilon))^2+(\varphi_{L_{(ir)}}^{c(+)}(y,1))^2-\epsilon^2(\varphi_{R_{(ir)}}^{c(-)}(y,\epsilon))^2+(2c-1)\frac{\epsilon}{y}\varphi_{L_{(ir)}}^{c(-)}(y,\epsilon)\varphi_{R_{(ir)}}^{c(+)}(y,\epsilon)\} \quad (3.31)$$

$$[N_{L_{(ir)}}^{c(+)}(y)]^2=\frac{2}{kr\epsilon}\{(\varphi_{L_{(ir)}}^{c(+)}(y,1))^2-\epsilon^2(\varphi_{L_{(ir)}}^{c(+)}(y,\epsilon))^2+(\varphi_{R_{(ir)}}^{c(-)}(y,1))^2-\frac{2c+1}{y}\varphi_{L_{(ir)}}^{c(+)}(y,1)\varphi_{R_{(ir)}}^{c(-)}(y,1)\}$$

$$[N_{R_{(ir)}}^{c(-)}(y)]^2=\frac{2}{kr\epsilon}\{(\varphi_{L_{(ir)}}^{c(+)}(y,1))^2-\epsilon^2(\varphi_{L_{(ir)}}^{c(+)}(y,\epsilon))^2+(\varphi_{R_{(ir)}}^{c(-)}(y,1))^2-\frac{2c-1}{y}\varphi_{L_{(ir)}}^{c(+)}(y,1)\varphi_{R_{(ir)}}^{c(-)}(y,1)\}$$

$$[N_{L_{(ir)}}^{c(-)}(y)]^2=\frac{2}{kr\epsilon}\{(\varphi_{L_{(ir)}}^{c(-)}(y,1))^2+(\varphi_{R_{(ir)}}^{c(+)}(y,1))^2-\epsilon^2(\varphi_{R_{(ir)}}^{c(+)}(y,\epsilon))^2+\frac{2c+1}{y}\varphi_{L_{(ir)}}^{c(-)}(y,1)\varphi_{R_{(ir)}}^{c(+)}(y,1)\}$$

$$[N_{R_{(ir)}}^{c(+)}(y)]^2=\frac{2}{kr\epsilon}\{(\varphi_{L_{(ir)}}^{c(-)}(y,1))^2+(\varphi_{R_{(ir)}}^{c(+)}(y,1))^2-\epsilon^2(\varphi_{R_{(ir)}}^{c(+)}(y,\epsilon))^2-\frac{2c+1}{y}\varphi_{L_{(ir)}}^{c(-)}(y,1)\varphi_{R_{(ir)}}^{c(-)}(y,1)\}$$

有了上面的准备工作，接下来将证明几条与五维场函数相关的引理。利用这些引理，通过留数定理对弯曲额外维模型的 KK 态做无穷求和。

第 4 章　留数定理与 KK 模求和

在弯曲额外维或 WED 模型中，为了得到新物理对标准模型的完整修正，原则上所有虚粒子的 KK 激发态都应作考虑，并对这些无穷的激发态做完整求和。为了下面的计算分析，首先引入复变函数 $f(z)$，除了有限的非零点 z_1，z_2，…，z_{n_0} 和可能的零点 $z=0$ 之外，复变函数 $f(z)$ 在复平面上处处解析。为了对无穷级数 $\sum_{n=1}^{\infty}(f(y_{(BCs)}^{c(n)})+f(y_{(BCs)}^{c(-n)}))$ 求和，可以构建函数 $G(z)$，$G(z)$ 在有限个一阶极点 $y_{(BCs)}^{c(\pm 1)}$，…，$y_{(BCs)}^{c(\pm n)}$，…和可能的 $m(m\geqslant 1)$ 阶极点 $z=0$ 外也是处处解析的。

如果封闭曲线族 $C_{r(n)}$ 没有穿过 $y_{(BCs)}^{c(\pm k)}(k=1, 2, \cdots, n)$ 中的任何点，并且曲线 $C_{r(n)}$ 所构成的区域包含点 0，$y_{(BCs)}^{c(\pm 1)}$，…，$y_{(BCs)}^{c(\pm n)}$ 和 z_1，z_2，…，z_{n_0}，可以得到如下结果：

$$\oint_{C_{r(n)}} G(z)f(z)\,\mathrm{d}z = \mathrm{i}2\pi\left\{\sum_{i=1}^{n}\left[f(y_{(BCs)}^{c(i)})+f(y_{(BCs)}^{c(-i)})\right]+\mathrm{Res}(G(z)f(z), z=0)+\sum_{i=1}^{n_0}\mathrm{Res}(G(z)f(z), z=z_i)\right\} \tag{4.1}$$

由留数定理可知，如果

$$\oint_{C_{r(n)}} G(z)f(z)\,\mathrm{d}z = 0 \tag{4.2}$$

则有如下求和公式：

$$\sum_{i=1}^{\infty}\left[f(y_{(BCs)}^{c(i)})+f(y_{(BCs)}^{c(-i)})\right] = -\mathrm{Res}(G(z)f(z), z=0)-\sum_{i=1}^{n_0}\mathrm{Res}(G(z)f(z), z=z_i) \tag{4.3}$$

◆◇ 4.1　三个引理及其证明

为了阐明如何构建函数 $G(z)$ 和合适的封闭曲线族 $C_{r(n)}$，下面引入 KK 模相关的引理并给出具体证明。

引理 1：如果 $y_{(BCs)}^{c(n)}(n=1, 2, \cdots, \infty)$ 满足方程 $R_{(BCs)}^{c,\epsilon}(y_{(BCs)}^{c(n)})=0$，其中，$c$ 表示五维费米子的 Bulk 质量，那么 $y_{(BCs)}^{c(n)}$ 为实数。

为详细证明上述引理，以(±±)边界条件为例给出具体证明：方程 $R_{\pm\pm}^{c,\epsilon}(y_{\pm\pm}^{c(n)})=0$ 的根是实的。假设五维的左手费米子满足(++)边界条件，并且五维的右手双重态费米子满足(--)边界条件，那么对应的 Bulk 场就可以表示为：

$$\left.\begin{aligned} f_{(++)}^{L,c}(y_{(\pm\pm)}^{c(n)},t)=\frac{\sqrt{t}\phi_{L(ir)}^{c(+)}(y_{(\pm\pm)}^{c(n)},t)}{N_{L(ir)}^{c(+)}(y_{(\pm\pm)}^{c(n)})}=\frac{\sqrt{t}\phi_{L(uv)}^{c(+)}(y_{(\pm\pm)}^{c(n)},t)}{N_{L(uv)}^{c(+)}(y_{(\pm\pm)}^{c(n)})} \\ f_{(--)}^{R,c}(y_{(\pm\pm)}^{c(n)},t)=\frac{\sqrt{t}\phi_{R(ir)}^{c(-)}(y_{(\pm\pm)}^{c(n)},t)}{N_{R(ir)}^{c(-)}(y_{(\pm\pm)}^{c(n)})}=\frac{\sqrt{t}\phi_{R(uv)}^{c(-)}(y_{(\pm\pm)}^{c(n)},t)}{N_{R(uv)}^{c(-)}(y_{(\pm\pm)}^{c(n)})} \end{aligned}\right\} \tag{4.4}$$

其中，$\phi_{L(ir)}^{c(+)}(y_{(\pm\pm)}^{c(n)},t)$，$\phi_{L(uv)}^{c(+)}(y_{(\pm\pm)}^{c(n)},t)$，$\phi_{R(ir)}^{c(-)}(y_{(\pm\pm)}^{c(n)},t)$，$\phi_{R(uv)}^{c(-)}(y_{(\pm\pm)}^{c(n)},t)$ 满足运动方程(3.30)。通过方程(3.30)，容易得到如下结果：

$$\left.\begin{aligned} \frac{1}{t}\frac{\partial}{\partial t}\left(t\frac{\partial\phi_{L(ir)}^{c(+)}}{\partial t}\right)(y_{(\pm\pm)}^{c(n)},t)+g\left([y_{(\pm\pm)}^{c(n)}]^2-\frac{(c+1/2)^2}{t^2}g\right)\phi_{L(ir)}^{c(+)}(y_{(\pm\pm)}^{c(n)},t)=0 \\ \frac{1}{t}\frac{\partial}{\partial t}\left(t\frac{\partial\phi_{R(ir)}^{c(-)}}{\partial t}\right)(y_{(\pm\pm)}^{c(n)},t)+g\left([y_{(\pm\pm)}^{c(n)}]^2-\frac{(c-1/2)^2}{t^2}g\right)\phi_{R(ir)}^{c(-)}(y_{(\pm\pm)}^{c(n)},t)=0 \end{aligned}\right\} \tag{4.5}$$

如果 $y_{(\pm\pm)}^{c(n)}=r+is$(r，s 为实数，且 $s\neq 0$)满足 $R_{(\pm\pm)}^{c,\epsilon}(y_{(\pm\pm)}^{c(n)})=0$，则它的复共轭 $\overline{y}_{(\pm\pm)}^{c(n)}=r-is$ 也满足 $R_{(\pm\pm)}^{c,\epsilon}(\overline{y}_{(\pm\pm)}^{c(n)})=0$。这意味着

$$\frac{1}{t}\frac{\partial}{\partial t}\left(t\frac{\partial\phi_{L(ir)}^{c(+)}}{\partial t}\right)(\overline{y}_{(\pm\pm)}^{c(n)},t)+g\left([\overline{y}_{(\pm\pm)}^{c(n)}]^2-\frac{(c+1/2)^2}{t^2}g\right)\phi_{L(ir)}^{c(+)}(\overline{y}_{(\pm\pm)}^{c(n)},t)=0 \tag{4.6}$$

通过方程(4.5)的第一个式子和方程(4.6)，得到

$$\begin{aligned} &([y_{(\pm\pm)}^{c(n)}]^2-[\overline{y}_{(\pm\pm)}^{c(n)}]^2)\int_\epsilon^1 dt t\phi_{L(ir)}^{c(+)}(y_{(\pm\pm)}^{c(n)},t)\phi_{L(ir)}^{c(+)}(\overline{y}_{(\pm\pm)}^{c(n)},t) \\ &=\left\{t\phi_{L(ir)}^{c(+)}(y_{(\pm\pm)}^{c(n)},t)\frac{\partial\phi_{L(ir)}^{c(+)}}{\partial t}(\overline{y}_{(\pm\pm)}^{c(n)},t)-t\phi_{L(ir)}^{c(+)}(\overline{y}_{(\pm\pm)}^{c(n)},t)\frac{\partial\phi_{L(ir)}^{c(+)}}{\partial t}(y_{(\pm\pm)}^{c(n)},t)\right\}_\epsilon^1 \\ &=\left\{t\overline{y}_{(\pm\pm)}^{c(n)}\phi_{L(ir)}^{c(+)}(y_{(\pm\pm)}^{c(n)},t)\phi_{R(ir)}^{c(-)}(\overline{y}_{(\pm\pm)}^{c(n)},t)-t\overline{y}_{(\pm\pm)}^{c(n)}\phi_{L(ir)}^{c(+)}(\overline{y}_{(\pm\pm)}^{c(n)},t)\phi_{R(ir)}^{c(-)}(y_{(\pm\pm)}^{c(n)},t)\right\}_\epsilon^1 \end{aligned} \tag{4.7}$$

类似地，有

$$\begin{aligned} &([y_{(\pm\pm)}^{c(n)}]^2-[\overline{y}_{(\pm\pm)}^{c(n)}]^2)\int_\epsilon^1 dt t\phi_{R(ir)}^{c(-)}(y_{(\pm\pm)}^{c(n)},t)\phi_{R(ir)}^{c(-)}(\overline{y}_{(\pm\pm)}^{c(n)},t) \\ &=\left\{-t\overline{y}_{(\pm\pm)}^{c(n)}\phi_{R(ir)}^{c(-)}(y_{(\pm\pm)}^{c(n)},t)\phi_{L(ir)}^{c(+)}(\overline{y}_{(\pm\pm)}^{c(n)},t)+t\overline{y}_{(\pm\pm)}^{c(n)}\phi_{R(ir)}^{c(-)}(\overline{y}_{(\pm\pm)}^{c(n)},t)\phi_{L(ir)}^{c(+)}(y_{(\pm\pm)}^{c(n)},t)\right\}_\epsilon^1 \end{aligned} \tag{4.8}$$

由于 $t\in(\epsilon,1)$ 是实数，$\phi_{L(ir)}^{c(+)}(\overline{y}_{(\pm\pm)}^{c(n)},t)=[\phi_{L(ir)}^{c(+)}(y_{(\pm\pm)}^{c(n)},t)]^*$，$\phi_{R(ir)}^{c(-)}(\overline{y}_{(\pm\pm)}^{c(n)},t)=[\phi_{R(ir)}^{c(-)}(y_{(\pm\pm)}^{c(n)},t)]^*$，因此，函数 $\phi_{L(ir)}^{c(+)}(y_{(\pm\pm)}^{c(n)},t)$ 和 $\phi_{R(ir)}^{c(-)}(y_{(\pm\pm)}^{c(n)},t)$ 满足如下关系：

$$\left.\begin{aligned}\int_{\epsilon}^{1}\mathrm{d}tt\phi_{L(ir)}^{c(+)}(y_{(\pm\pm)}^{c(n)},t)\phi_{L(ir)}^{c(+)}(\overline{y}_{(\pm\pm)}^{c(n)},t)=\int_{\epsilon}^{1}\mathrm{d}t\,|\,\phi_{L(ir)}^{c(+)}(y_{(\pm\pm)}^{c(n)},t)\,|^{2}>0\\\int_{\epsilon}^{1}\mathrm{d}tt\phi_{R(ir)}^{c(-)}(y_{(\pm\pm)}^{c(n)},t)\phi_{R(ir)}^{c(-)}(\overline{y}_{(\pm\pm)}^{c(n)},t)=\int_{\epsilon}^{1}\mathrm{d}t\,|\,\phi_{R(ir)}^{c(-)}(y_{(\pm\pm)}^{c(n)},t)\,|^{2}>0\end{aligned}\right\}\tag{4.9}$$

如果 $r\neq0$，那么$[y_{(\pm\pm)}^{c(n)}]^2-[\overline{y}_{(\pm\pm)}^{c(n)}]^2=\mathrm{i}4rs\neq0$。由于右手费米子的五维场函数满足(−−)边界条件，可以从方程(4.7)和方程(4.8)推导得出：

$$\left.\begin{aligned}\int_{\epsilon}^{1}\mathrm{d}tt\,|\,\phi_{L(ir)}^{c(+)}(y_{(\pm\pm)}^{c(n)},t)\,|^{2}=0\\\int_{\epsilon}^{1}\mathrm{d}tt\,|\,\phi_{R(ir)}^{c(-)}(y_{(\pm\pm)}^{c(n)},t)\,|^{2}=0\end{aligned}\right\}\tag{4.10}$$

这与方程(4.9)所表示的不等关系是相反的。如果 $r=0$，则有

$$\begin{aligned}&\int_{\epsilon}^{1}\mathrm{d}tt\,|\,\phi_{L(ir)}^{c(+)}(y_{(\pm\pm)}^{c(n)},t)\,|^{2}\\&=\lim_{r\to0}\frac{1}{\mathrm{i}4rs}\Big\{t\overline{y}_{(\pm\pm)}^{c(n)}\phi_{L(ir)}^{c(+)}(y_{(\pm\pm)}^{c(n)},t)\phi_{R(ir)}^{c(-)}(\overline{y}_{(\pm\pm)}^{c(n)},t)-t\overline{y}_{(\pm\pm)}^{c(n)}\phi_{L(ir)}^{c(+)}(\overline{y}_{(\pm\pm)}^{c(n)},t)\phi_{R(ir)}^{c(-)}(y_{(\pm\pm)}^{c(n)},t)\Big\}_{\epsilon}^{1}\\&=\frac{1}{\mathrm{i}4s}\Big\{t\phi_{L(ir)}^{c(+)}(y_{(\pm\pm)}^{c(n)},t)\phi_{R(ir)}^{c(-)}(\overline{y}_{(\pm\pm)}^{c(n)},t)+\frac{\overline{y}_{(\pm\pm)}^{c(n)}}{y_{(\pm\pm)}^{c(n)}}t^{2}\frac{\partial\phi_{L(ir)}^{c(+)}}{\partial t}(y_{(\pm\pm)}^{c(n)},t)\phi_{R(ir)}^{c(-)}(\overline{y}_{(\pm\pm)}^{c(n)},t)+\\&\quad t^{2}\phi_{L(ir)}^{c(+)}(y_{(\pm\pm)}^{c(n)},t)\frac{\partial\phi_{R(ir)}^{c(-)}}{\partial t}(\overline{y}_{(\pm\pm)}^{c(n)},t)-t\phi_{L(ir)}^{c(+)}(\overline{y}_{(\pm\pm)}^{c(n)},t)\phi_{R(ir)}^{c(-)}(y_{(\pm\pm)}^{c(n)},t)-\\&\quad\frac{y_{(\pm\pm)}^{c(n)}}{\overline{y}_{(\pm\pm)}^{c(n)}}t^{2}\frac{\partial\phi_{L(ir)}^{c(+)}}{\partial t}(\overline{y}_{(\pm\pm)}^{c(n)},t)\phi_{R(ir)}^{c(-)}(y_{(\pm\pm)}^{c(n)},t)-t^{2}\phi_{L(ir)}^{c(+)}(\overline{y}_{(\pm\pm)}^{c(n)},t)\frac{\partial\phi_{R(ir)}^{c(-)}}{\partial t}(y_{(\pm\pm)}^{c(n)},t)\Big\}_{\epsilon}^{1}\\&=\frac{1}{2}\Big\{\,|\,\phi_{L(ir)}^{c(+)}(y_{(\pm\pm)}^{c(n)},1)\,|^{2}-\epsilon^{2}\,|\,\phi_{L(ir)}^{c(+)}(y_{(\pm\pm)}^{c(n)},\epsilon)\,|^{2}\Big\}\end{aligned}\tag{4.11}$$

在最后一步中，用了式(3.30)中费米子的五维场函数所满足的运动方程和左手费米子场函数所满足的(−−)边界条件。类似地，可以推导得出

$$\int_{\epsilon}^{1}\mathrm{d}tt\,|\,\phi_{R(ir)}^{c(-)}(y_{(\pm\pm)}^{c(n)},t)\,|^{2}=-\frac{1}{2}\Big\{\,|\,\phi_{L(ir)}^{c(+)}(y_{(\pm\pm)}^{c(n)},1)\,|^{2}-\epsilon^{2}\,|\,\phi_{L(ir)}^{c(+)}(y_{(\pm\pm)}^{c(n)},\epsilon)\,|^{2}\Big\}\tag{4.12}$$

方程(4.11)和方程(4.12)所描述的不等关系同样和方程(4.9)是相反的。也就是说，$R_{(\pm\pm)}^{c,\epsilon}(z)=0$ 只能有实根。同理可得：方程 $R_{(\pm\mp)}^{c,\epsilon}(z)=0$，$R_{(\mp\pm)}^{c,\epsilon}(z)=0$，$R_{(\mp\mp)}^{c,\epsilon}(z)=0$，$R_{(++)}^{G,\epsilon}(z)=0$ 和 $R_{(-+)}^{G,\epsilon}(z)=0$ 只存在实根。

引理 2：如果 $y_{(BCs)}^{c(n)}(n=1,2,\cdots,\infty)$ 满足方程 $R_{(BCs)}^{c,\epsilon}(y_{(BCs)}^{c(n)})=0$，那么 $y_{(BCs)}^{c(-n)}=-y_{(BCs)}^{c(n)}$ 和 $\pm y_{(BCs)}^{c(1)},\cdots,\pm y_{(BCs)}^{c(n)},\cdots$ 是函数 $R_{(BCs)}^{c,\epsilon}(z)$ 的一阶零点。

下面具体证明。当边界条件为 $(BCs)=(\pm\pm)$ 时，$y_{(\pm\pm)}^{c(1)},\cdots,y_{(\pm\pm)}^{c(n)},\cdots$ 是函数 $R_{(\pm\pm)}^{c,\epsilon}(z)$ 的一阶零点。若 $c\neq N+1/2$，则

$$\frac{\mathrm{d}R_{(\pm\pm)}^{c,\epsilon}}{\mathrm{d}z}(z)=[J_{-c-\frac{1}{2}}(z)J_{c-\frac{1}{2}}(z\epsilon)+J_{c+\frac{1}{2}}(z)J_{-c+\frac{1}{2}}(z\epsilon)]-$$

$$\epsilon[J_{-c+\frac{1}{2}}(z)J_{c+\frac{1}{2}}(z\epsilon)+J_{c-\frac{1}{2}}(z)J_{-c-\frac{1}{2}}(z\epsilon)]+$$

$$\frac{2c-1}{z}[J_{-c+\frac{1}{2}}(z)J_{c-\frac{1}{2}}(z\epsilon)-J_{c-\frac{1}{2}}(z)J_{-c+\frac{1}{2}}(z\epsilon)]$$

$$=\phi^{c(+)}_{R(\mathrm{ir})}(z,\epsilon)-\epsilon\phi^{c(+)}_{L(\mathrm{ir})}(z,\epsilon)+\frac{2c-1}{z}\phi^{c(-)}_{R(\mathrm{ir})}(z,\epsilon) \tag{4.13}$$

由于 $c=N+1/2$，因此

$$\frac{\mathrm{d}R^{c,\epsilon}_{(\pm\pm)}}{\mathrm{d}z}(z)=-[Y_{N+1}(z)J_N(z\epsilon)-J_{N+1}(z)Y_N(z\epsilon)]-$$

$$\epsilon[Y_N(z)J_{N+1}(z\epsilon)-J_N(z)Y_{N+1}(z\epsilon)]+$$

$$\frac{2N}{z}[Y_N(z)J_N(z\epsilon)-J_N(z)Y_N(z\epsilon)]$$

$$=\phi^{c(+)}_{R(\mathrm{ir})}(z,\epsilon)-\epsilon\phi^{c(+)}_{L(\mathrm{ir})}(z,\epsilon)+\frac{2c-1}{z}\phi^{c(-)}_{R(\mathrm{ir})}(z,\epsilon) \tag{4.14}$$

当 $y^{c(n)}_{(\pm\pm)}(n=1, 2, \cdots, \infty)$满足方程 $R^{c,\epsilon}_{(\pm\pm)}(y^{c(n)}_{(\pm\pm)})=0$ 时

$$\left.\frac{\mathrm{d}R^{c,\epsilon}_{(\pm\pm)}}{\mathrm{d}z}(z)\right|_{z=y^{c(n)}_{(\pm\pm)}}=\phi^{c(+)}_{R(\mathrm{ir})}(y^{c(n)}_{(\pm\pm)},\epsilon)-\epsilon\phi^{c(+)}_{L(\mathrm{ir})}(y^{c(n)}_{(\pm\pm)},\epsilon)\neq 0 \tag{4.15}$$

也就是说，$y^{c(n)}_{(\pm\pm)}(n=1, 2, \cdots, \infty)$是函数 $R^{c,\epsilon}_{(\pm\pm)}(z)$的一阶零点。利用贝塞尔函数 J_ν 和 Y_ν 的具体表达式，可以直接导出，当 $R^{c,\epsilon}_{(\pm\pm)}(y^{c(n)}_{(\pm\pm)})=0$ 时，$R^{c,\epsilon}_{(\pm\pm)}(-y^{c(n)}_{(\pm\pm)})=0$。此外还可以得到函数 $R^{c,\epsilon}_{(\pm\mp)}(z)$，$R^{c,\epsilon}_{(\mp\pm)}(z)$，$R^{c,\epsilon}_{(\mp\mp)}(z)$，$R^{G,\epsilon}_{(++)}(z)$和 $R^{G,\epsilon}_{(-+)}(z)$的零点。

在 $z\to 0$ 和 $c\neq N+1/2$ 时，对函数 $R^{c,\epsilon}_{(\pm\pm)}(z)$关于 z 做展开：

$$R^{c,\epsilon}_{(\pm\pm)}(z)=\frac{2(\epsilon^{c-1/2}-\epsilon^{1/2-c})}{(1-2c)\Gamma(1/2-c)\Gamma(1/2+c)}\{1+o(z^2)\} \tag{4.16}$$

当 $z\to 0$ 且 $c=N+1/2$ 时，函数 $R^{c,\epsilon}_{(\pm\pm)}(z)$可近似表示为

$$R^{c,\epsilon}_{(\pm\pm)}(z)=\begin{cases}\dfrac{1-\epsilon^{2N}}{N\pi\epsilon^N}\{1+o(z^2)\}, & N\neq 0\\ -\dfrac{2\ln\epsilon}{\pi}\{1+o(z^2)\}, & N=0\end{cases} \tag{4.17}$$

也就是说，$z=0$ 不是 $R^{c,\epsilon}_{(\pm\pm)}(z)$的零点。同样地，可以得出 $z=0$ 也不是函数 $R^{c,\epsilon}_{(\mp\mp)}(z)$ 和 $R^{G,\epsilon}_{(++)}(z)$的零点，而是函数 $R^{c,\epsilon}_{(\pm\mp)}(z)$，$R^{c,\epsilon}_{(\mp\pm)}(z)$和 $R^{G,\epsilon}_{(-+)}(z)$的一阶极点。

引理 3：设$f(z)$在复平面上除了有限的孤立奇点外处处解析，且 $M>0$ 和 $R>0$ 为两个常数，则当$|z|>R$ 时，有$|zf(z)|\leqslant M$，那么

$$\lim_{n\to\infty}\oint_{C_{r(n)}}\left\{\frac{2}{z}+\frac{1}{R^{c,\epsilon}_{(BCs)}(z)}\frac{\mathrm{d}R^{c,\epsilon}_{(BCs)}}{\mathrm{d}z}(z)\right\}f(z)\,\mathrm{d}z=0 \tag{4.18}$$

这里，积分路径 $C_{r(n)}$是由四个顶点$(1\pm\mathrm{i})r(n)$和$(-1\pm\mathrm{i})r(n)$围成的矩形路径。其中，$y^{c(n)}_{(BCs)}<r(n)<y^{c(n+1)}_{(BCs)}$。

首先在边界条件(±±)上证明此引理。由于 $|z|>R$ 时，$|zf(z)|\leqslant M$，因此，函数 $f(z)$ 的所有奇点都分布于 $|z|\leqslant R$ 范围内。这意味着，$z=\infty$ 时函数 $zf(z)$ 是解析的，可以做如下展开：

$$zf(z)=a_0+\frac{a_1}{z}+\frac{a_2}{z^2}+\cdots,\quad |z|>R \tag{4.19}$$

或

$$f(z)=\frac{a_0}{z}+\frac{a_1}{z^2}+\frac{a_2}{z^3}+\cdots,\quad |z|>R \tag{4.20}$$

利用留数定理可得

$$\begin{aligned}&\oint_{C_{r(n)}}\left\{\frac{2}{z^2}+\frac{1}{zR^{c,\epsilon}_{(\pm\pm)}(z)}\frac{\mathrm{d}R^{c,\epsilon}_{(\pm\pm)}}{\mathrm{d}z}(z)\right\}\mathrm{d}z\\&=\mathrm{i}2\pi\left\{\mathrm{Res}\left(\frac{2}{z^2}+\frac{1}{zR^{c,\epsilon}_{(\pm\pm)}(z)}\frac{\mathrm{d}R^{c,\epsilon}_{(\pm\pm)}}{\mathrm{d}z}(z),\ z=0\right)+\right.\\&\sum_{i=1}^{n}\left[\mathrm{Res}\left(\frac{1}{zR^{c,\epsilon}_{(\pm\pm)}(z)}\frac{\mathrm{d}R^{c,\epsilon}_{(\pm\pm)}}{\mathrm{d}z}(z),\ z=y^{c(i)}_{(\pm\pm)}\right)+\right.\\&\left.\left.\mathrm{Res}\left(\frac{1}{zR^{c,\epsilon}_{(\pm\pm)}(z)}\frac{\mathrm{d}R^{c,\epsilon}_{(\pm\pm)}}{\mathrm{d}z}(z),\ z=-y^{c(i)}_{(\pm\pm)}\right)\right]\right\}\end{aligned} \tag{4.21}$$

因为 $2/z^2+(\mathrm{d}R^{c,\epsilon}_{(\pm\pm)}(z)/\mathrm{d}z)/(zR^{c,\epsilon}_{(\pm\pm)}(z))$ 是关于 z 的偶函数，它在 $z=0$ 处的洛朗展开不含正比于 $1/z$ 的项，由此直接可得：

$$\begin{aligned}&\oint_{C_{r(n)}}\left\{\frac{2}{z^2}+\frac{1}{zR^{c,\epsilon}_{(\pm\pm)}(z)}\frac{\mathrm{d}R^{c,\epsilon}_{(\pm\pm)}}{\mathrm{d}z}(z)\right\}\mathrm{d}z\\&=\mathrm{i}2\pi\sum_{i=1}^{n}\left[\mathrm{Res}\left(\frac{1}{zR^{c,\epsilon}_{(\pm\pm)}(z)}\frac{\mathrm{d}R^{c,\epsilon}_{(\pm\pm)}}{\mathrm{d}z}(z),\ z=y^{c(i)}_{(\pm\pm)}\right)+\right.\\&\left.\mathrm{Res}\left(\frac{1}{zR^{c,\epsilon}_{(\pm\pm)}(z)}\frac{\mathrm{d}R^{c,\epsilon}_{(\pm\pm)}}{\mathrm{d}z}(z),\ z=-y^{c(i)}_{(\pm\pm)}\right)\right]\\&=\mathrm{i}2\pi\sum_{i=1}^{n}\frac{1}{y^{c(i)}_{(\pm\pm)}}+\frac{1}{-y^{c(i)}_{(\pm\pm)}}=0\end{aligned} \tag{4.22}$$

以及

$$\begin{aligned}&\oint_{C_{r(n)}}\left\{\frac{2}{z}+\frac{1}{R^{c,\epsilon}_{(\pm\pm)}(z)}\frac{\mathrm{d}R^{c,\epsilon}_{(\pm\pm)}}{\mathrm{d}z}(z)\right\}f(z)\,\mathrm{d}z\\&=\oint_{C_{r(n)}}\left\{\frac{2}{z}+\frac{1}{R^{c,\epsilon}_{(\pm\pm)}(z)}\frac{\mathrm{d}R^{c,\epsilon}_{(\pm\pm)}}{\mathrm{d}z}(z)\right\}\left\{f(z)-\frac{a_0}{z}\right\}\mathrm{d}z\end{aligned} \tag{4.23}$$

在 $f(z)-a_0/z=1/z^2\{a_1+a_2/z+\cdots+a_{n+1}/z^n+\cdots\}$ 中，$a_1+a_2/z+\cdots+a_{n+1}/z^n+\cdots$ 是解析函数，并且它的绝对值在 $|z|\geqslant R'(R'>R)$ 区域内有上界。不妨假设

$$\left|a_1+\frac{a_2}{z}+\cdots+\frac{a_{n+1}}{z^n}+\cdots\right|\leqslant M',\ \text{as}\ |z|\geqslant R' \tag{4.24}$$

则有

$$\left|f(z)-\frac{a_0}{z}\right|\leqslant\frac{M'}{|z|^2},\ \text{as}\ |z|\geqslant R' \tag{4.25}$$

由于 n 足够大，在 $z\in C_{r(n)}$ 上有 $|z|\geqslant R'$。因此

$$\begin{aligned}&\left|\oint_{C_{r(n)}}\left\{\frac{2}{z}+\frac{1}{R^{c,\epsilon}_{(\pm\pm)}(z)}\frac{\mathrm{d}R^{c,\epsilon}_{(\pm\pm)}}{\mathrm{d}z}(z)\right\}\left\{f(z)-\frac{a_0}{z}\right\}\mathrm{d}z\right|\\ \leqslant&\frac{4r(n)M'}{r^2(n)}\times\left\{\text{the upper bound of}\left|\frac{1}{R^{c,\epsilon}_{(\pm\pm)}(z)}\frac{\mathrm{d}R^{c,\epsilon}_{(\pm\pm)}}{\mathrm{d}z}(z)\right|\text{for } z\in C_{r(n)}\right\}\end{aligned} \tag{4.26}$$

为了在 $z\in C_{r(n)}$ 内得到 $|(\mathrm{d}R^{c,\epsilon}_{(\pm\pm)}(z)/\mathrm{d}z)/R^{c,\epsilon}_{(\pm\pm)}(z)|$ 的上界，在 $|z|\to\infty$ 的极限下将贝塞尔函数表示为[62]

$$\begin{aligned}J_\nu(z)=&\frac{1}{\sqrt{2\pi z}}\left\{\left[\mathrm{e}^{\mathrm{i}\left(z-\frac{\nu\pi}{2}-\frac{\pi}{4}\right)}+\mathrm{e}^{-\mathrm{i}\left(z-\frac{\nu\pi}{2}-\frac{\pi}{4}\right)}\right]\left(1+o\left(\frac{1}{z^2}\right)\right)+\right.\\&\left.\frac{\mathrm{i}}{2\nu}\left(\nu^2-\frac{1}{4}\right)\left[\mathrm{e}^{\mathrm{i}\left(z-\frac{\nu\pi}{2}-\frac{\pi}{4}\right)}-\mathrm{e}^{-\mathrm{i}\left(z-\frac{\nu\pi}{2}\right)-\frac{\pi}{4}\right)}\right]\left(1+o\left(\frac{1}{z^2}\right)\right)\right\}\\ Y_\nu(z)=&\frac{1}{\sqrt{2\pi z}}\left\{-\mathrm{i}\left[\mathrm{e}^{\mathrm{i}\left(z-\frac{\nu\pi}{2}-\frac{\pi}{4}\right)}-\mathrm{e}^{-\mathrm{i}\left(z-\frac{\nu\pi}{2}-\frac{\pi}{4}\right)}\right]\left(1+o\left(\frac{1}{z^2}\right)\right)+\right.\\&\left.\frac{1}{2\nu}\left(\nu^2-\frac{1}{4}\right)\left[\mathrm{e}^{\mathrm{i}\left(z-\frac{\nu\pi}{2}-\frac{\pi}{4}\right)}+\mathrm{e}^{-\mathrm{i}\left(z-\frac{\nu\pi}{2}-\frac{\pi}{4}\right)}\right]\left(1+o\left(\frac{1}{z^2}\right)\right)\right\}\end{aligned} \tag{4.27}$$

由式(4.27)，当 $c\neq N+1/2$ 且 $|z|\to\infty$ 时，得到 $R^{c,\epsilon}_{(\pm\pm)}(z)$ 和 $\mathrm{d}R^{c,\epsilon}_{(\pm\pm)}(z)/\mathrm{d}z$ 的近似：

$$\begin{aligned}R^{c,\epsilon}_{(\pm\pm)}(z)=&-\frac{\mathrm{i}\cos c\pi}{\pi\sqrt{\epsilon}z}\left\{\left[\mathrm{e}^{\mathrm{i}(1-\epsilon)z}-\mathrm{e}^{-\mathrm{i}(1-\epsilon)z}\right]\left(1+o\left(\frac{1}{z^2}\right)\right)+\right.\\&\left.\frac{\mathrm{i}c(c-1)}{2z}\left(\frac{1}{\epsilon}-1\right)\left[\mathrm{e}^{\mathrm{i}(1-\epsilon)z}+\mathrm{e}^{-\mathrm{i}(1-\epsilon)z}\right]\left(1+o\left(\frac{1}{z^2}\right)\right)\right\}\\ \frac{\mathrm{d}R^{c,\epsilon}_{(\pm\pm)}}{\mathrm{d}z}(z)=&\frac{\cos c\pi}{\pi\sqrt{\epsilon}z}\left\{(1-\epsilon)\left[\mathrm{e}^{\mathrm{i}(1-\epsilon)z}+\mathrm{e}^{-\mathrm{i}(1-\epsilon)z}\right]\left(1+o\left(\frac{1}{z^2}\right)\right)+\right.\\&\left.\frac{\mathrm{i}}{z}\left[1+\left(1-\frac{(1+\epsilon^2)}{2\epsilon}\right)c(c-1)\right]\left[\mathrm{e}^{\mathrm{i}(1-\epsilon)z}-\mathrm{e}^{-\mathrm{i}(1-\epsilon)z}\right]\left(1+o\left(\frac{1}{z^2}\right)\right)\right\}\end{aligned} \tag{4.28}$$

当 $c=N+1/2$ 时，函数 $R^{c,\epsilon}_{(\pm\pm)}(z)$ 和 $\mathrm{d}R^{c,\epsilon}_{(\pm\pm)}(z)/\mathrm{d}z$ 在 $|z|\to\infty$ 下可以近似为：

$$\left.\begin{aligned}R^{c,\epsilon}_{(\pm\pm)}(z)=&-\frac{\mathrm{i}}{\pi\sqrt{\epsilon}z}\Bigg\{\left[\mathrm{e}^{\mathrm{i}(1-\epsilon)z}-\mathrm{e}^{-\mathrm{i}(1-\epsilon)z}\right]\left(1+o\left(\frac{1}{z^2}\right)\right)+\\&\frac{\mathrm{i}}{2z}\left(N^2-\frac{1}{4}\right)\left(\frac{1}{\epsilon}-1\right)\left[\mathrm{e}^{\mathrm{i}(1-\epsilon)z}+\mathrm{e}^{-\mathrm{i}(1-\epsilon)z}\right]\left(1+o\left(\frac{1}{z^2}\right)\right)\Bigg\}\\\frac{\mathrm{d}R^{c,\epsilon}_{(\pm\pm)}}{\mathrm{d}z}(z)=&\frac{1}{\pi\sqrt{\epsilon}z}\Bigg\{(1-\epsilon)\left[\mathrm{e}^{\mathrm{i}(1-\epsilon)z}+\mathrm{e}^{-\mathrm{i}(1-\epsilon)z}\right]\left(1+o\left(\frac{1}{z^2}\right)\right)+\\&\frac{\mathrm{i}}{z}\left[1+\left(1-\frac{(1+\epsilon^2)}{2\epsilon}\right)\left(N^2-\frac{1}{4}\right)\right]\left[\mathrm{e}^{\mathrm{i}(1-\epsilon)z}-\mathrm{e}^{-\mathrm{i}(1-\epsilon)z}\right]\left(1+o\left(\frac{1}{z^2}\right)\right)\Bigg\}\end{aligned}\right\}\quad(4.29)$$

利用方程(4.28)和(4.29)，可以求得

$$\begin{aligned}&\frac{1}{R^{c,\epsilon}_{(\pm\pm)}(z)}\frac{\mathrm{d}R^{c,\epsilon}_{(\pm\pm)}}{\mathrm{d}z}(z)\\=&\mathrm{i}(1-\epsilon)\frac{\mathrm{e}^{\mathrm{i}(1-\epsilon)z}+\mathrm{e}^{-\mathrm{i}(1-\epsilon)z}+\frac{\mathrm{i}}{z}\left[\frac{1}{1-\epsilon}-\frac{(1-\epsilon)c(c-1)}{2\epsilon}\right]\left[\mathrm{e}^{\mathrm{i}(1-\epsilon)z}-\mathrm{e}^{-\mathrm{i}(1-\epsilon)z}\right]}{\mathrm{e}^{\mathrm{i}(1-\epsilon)z}-\mathrm{e}^{-\mathrm{i}(1-\epsilon)z}+\frac{\mathrm{i}c(c-1)}{2z}\left(\frac{1}{\epsilon}-1\right)\left[\mathrm{e}^{\mathrm{i}(1-\epsilon)z}+\mathrm{e}^{-\mathrm{i}(1-\epsilon)z}\right]}\left[1+o\left(\frac{1}{z^2}\right)\right]\end{aligned}\quad(4.30)$$

如果 n 足够大，则 $y^{c(n)}_{(\pm\pm)}$ 可以近似为[63]

$$y^{c(n)}_{(\pm\pm)}\simeq\left[n+\frac{1}{2}\left(\left|c+\frac{1}{2}\right|-1\right)-\frac{1}{4}\right]\pi\quad(4.31)$$

由此可以看出，当 $n\gg1$ 时，$y^{c(n)}_{(\pm\pm)}$ 和 $y^{c(n+1)}_{(\pm\pm)}$ 之间的间隔约为 π。当

$$y^{c(n)}_{(\pm\pm)}<\frac{\pi}{1-\epsilon}\left(N_0+\frac{1}{4}\right)<\frac{\pi}{1-\epsilon}\left(N_0+\frac{3}{4}\right)\leqslant y^{c(n+1)}_{(\pm\pm)}\quad(4.32)$$

或

$$y^{c(n)}_{(\pm\pm)}<\frac{\pi}{1-\epsilon}\left(N_0+\frac{1}{4}\right)<y^{c(n+1)}_{(\pm\pm)}\leqslant\frac{\pi}{1-\epsilon}\left(N_0+\frac{3}{4}\right)\quad(4.33)$$

这里，随着 n 的增加，正整数N_0显然增大，可以取如下值：

$$r(n)=\frac{\pi}{1-\epsilon}\left(N_0+\frac{1}{4}\right)\quad(4.34)$$

当 z 属于 $C_{r(n)}$ 的左手或右手边界，例如：$z=\mp(N_0+1/4)\pi/(1-\epsilon)+\mathrm{i}y$，其中，$-(N_0+1/4)\pi/(1-\epsilon)\leqslant y\leqslant(N_0+1/4)\pi/(1-\epsilon)$，得到

$$\begin{aligned}&\left|\frac{1}{R^{c,\epsilon}_{(\pm\pm)}(z)}\frac{\mathrm{d}R^{c,\epsilon}_{(\pm\pm)}}{\mathrm{d}z}(z)\right|\\\leqslant&(1-\epsilon)\frac{\left|\mathrm{e}^{\mathrm{i}(1-\epsilon)z}+\mathrm{e}^{-\mathrm{i}(1-\epsilon)z}\right|+\frac{1}{|z|}\left|\frac{1}{1-\epsilon}-\frac{(1-\epsilon)c(c-1)}{2\epsilon}\right|\left|\mathrm{e}^{\mathrm{i}(1-\epsilon)z}-\mathrm{e}^{-\mathrm{i}(1-\epsilon)z}\right|}{\left|\mathrm{e}^{\mathrm{i}(1-\epsilon)z}-\mathrm{e}^{-\mathrm{i}(1-\epsilon)z}\right|-\frac{|c(c-1)|}{2|z|}\left(\frac{1}{\epsilon}-1\right)\left|\mathrm{e}^{\mathrm{i}(1-\epsilon)z}+\mathrm{e}^{-\mathrm{i}(1-\epsilon)z}\right|}\times\end{aligned}$$

$$\left[1+o\left(\frac{1}{|z|^2}\right)\right]$$

$$\leqslant(1-\epsilon)\left\{1+\frac{1}{r(n)}\left[\frac{1}{1-\epsilon}+|c(c-1)|\frac{1}{\epsilon}-1\right)\right]\right\}\left[1+o\left(\frac{1}{r^2(n)}\right)\right] \tag{4.35}$$

当 z 属于 $C_{r(n)}$ 的上或下边界，例如：$z=x\pm\mathrm{i}(N_0+1/4)\pi/(1-\epsilon)$，其中，$-(N_0+1/4)\pi/(1-\epsilon)\leqslant x\leqslant(N_0+1/4)\pi/(1-\epsilon)$，得到

$$\left|\frac{1}{R_{(\pm\pm)}^{c,\epsilon}(z)}\frac{\mathrm{d}R_{(\pm\pm)}^{c,\epsilon}}{\mathrm{d}z}(z)\right|$$

$$\leqslant(1-\epsilon)\frac{|\mathrm{e}^{\mathrm{i}2(1-\epsilon)x}+\mathrm{e}^{\left(2N_0+\frac{1}{2}\right)\pi}|+\frac{1}{|z|}\left|\frac{1}{1-\epsilon}-\frac{(1-\epsilon)c(c-1)}{2\epsilon}\right||\mathrm{e}^{\mathrm{i}2(1-\epsilon)x}-\mathrm{e}^{\left(2N_0+\frac{1}{2}\right)\pi}|}{|\mathrm{e}^{\mathrm{i}2(1-\epsilon)x}-\mathrm{e}^{\left(2N_0+\frac{1}{2}\right)\pi}|-\frac{|c(c-1)|}{2|z|}\left(\frac{1}{\epsilon}-1\right)|\mathrm{e}^{\mathrm{i}2(1-\epsilon)x}+\mathrm{e}^{\left(2N_0+\frac{1}{2}\right)\pi}|}\times$$

$$\left[1+o\left(\frac{1}{|z|^2}\right)\right]$$

$$\leqslant(1-\epsilon)\left\{1+\frac{1}{|z|}\left|\frac{1}{1-\epsilon}-\frac{(1-\epsilon)c(c-1)}{2\epsilon}\right|+\frac{|c(c-1)|}{2|z|}\left(\frac{1}{\epsilon}-1\right)\right\}\times$$

$$\frac{\mathrm{e}^{\left(2N_0+\frac{1}{2}\right)\pi}+1}{\mathrm{e}^{\left(2N_0+\frac{1}{2}\right)\pi}-1-\frac{|c(c-1)|}{|z|}\left(\frac{1}{\epsilon}-1\right)}\left[1+o\left(\frac{1}{|z|^2}\right)\right]$$

$$\leqslant2(1-\epsilon)\left\{1+\frac{1}{r(n)}\left[\frac{1}{1-\epsilon}+|c(c-1)|\left(\frac{1}{\epsilon}-1\right)\right]\right\}\left[1+o\left(\frac{1}{r^2(n)}\right)\right] \tag{4.36}$$

因为

$$\frac{\pi}{1-\epsilon}\left(N_0+\frac{1}{4}\right)\leqslant y_{(\pm\pm)}^{c(n)}<\frac{\pi}{1-\epsilon}\left(N_0+\frac{3}{4}\right)<y_{(\pm\pm)}^{c(n+1)} \tag{4.37}$$

取

$$r(n)=\frac{\pi}{1-\epsilon}\left(N_0+\frac{3}{4}\right) \tag{4.38}$$

类似地，可以得到方程(4.35)和(4.36)的上边界。利用方程(4.26)，可得

$$\lim_{r(n)\to\infty}\left|\oint_{C_{r(n)}}\left\{\frac{2}{z}+\frac{1}{R_{(\pm\pm)}^{c,\epsilon}(z)}\frac{\mathrm{d}R_{(\pm\pm)}^{c,\epsilon}}{\mathrm{d}z}(z)\right\}\left\{f(z)-\frac{a_0}{z}\right\}\mathrm{d}z\right|$$

$$\leqslant\lim_{r(n)\to\infty}\frac{4(1-\epsilon)M'}{r(n)}\left\{1+\frac{1}{r(n)}\left[\frac{1}{1-\epsilon}+|c(c-1)|\left(\frac{1}{\epsilon}-1\right)\right]\right\}\left[1+o\left(\frac{1}{r^2(n)}\right)\right]$$

$$=0 \tag{4.39}$$

即

$$\lim_{r(n)\to\infty}\oint_{C_{r(n)}}\left\{\frac{2}{z}+\frac{1}{R_{(\pm\pm)}^{c,\epsilon}(z)}\frac{\mathrm{d}R_{(\pm\pm)}^{c,\epsilon}}{\mathrm{d}z}(z)\right\}f(z)=0 \tag{4.40}$$

利用方程(3.27)和方程(4.27)，取边界条件为(±∓)时：

$$\frac{1}{R^{c,\epsilon}_{(\pm\mp)}(z)}\frac{\mathrm{d}R^{c,\epsilon}_{(\pm\mp)}}{\mathrm{d}z}(z)$$
$$=\mathrm{i}(1-\epsilon)\frac{\mathrm{e}^{\mathrm{i}(1-\epsilon)z}-\mathrm{e}^{-\mathrm{i}(1-\epsilon)z}}{\mathrm{e}^{\mathrm{i}(1-\epsilon)z}+\mathrm{e}^{-\mathrm{i}(1-\epsilon)z}}\left\{1-\frac{\mathrm{i}}{2z}\left[\frac{c(c-1)}{\epsilon}-c-1+\frac{(c^2-1)\epsilon^2}{1-\epsilon}\right]\frac{\mathrm{e}^{\mathrm{i}(1-\epsilon)z}+\mathrm{e}^{-\mathrm{i}(1-\epsilon)z}}{\mathrm{e}^{\mathrm{i}(1-\epsilon)z}-\mathrm{e}^{-\mathrm{i}(1-\epsilon)z}}+\right.$$
$$\left.\frac{\mathrm{i}c}{2z}\left(\frac{c-1}{\epsilon}-c-1\right)\frac{\mathrm{e}^{\mathrm{i}(1-\epsilon)z}-\mathrm{e}^{-\mathrm{i}(1-\epsilon)z}}{\mathrm{e}^{\mathrm{i}(1-\epsilon)z}+\mathrm{e}^{-\mathrm{i}(1-\epsilon)z}}\right\}\left[1+o\left(\frac{1}{z^2}\right)\right] \tag{4.41}$$

如果 n 足够大，可以将 $y^{c(n)}_{(\pm\mp)}$ 近似为

$$y^{c(n)}_{(\pm\mp)}\simeq\left[n+\frac{1}{2}\left(\left|c+\frac{1}{2}\right|-1\right)+\frac{1}{4}\right]\pi \tag{4.42}$$

这意味着，当 $n\gg1$ 的时候，得到 $y^{c(n)}_{(\pm\mp)}$ 和 $y^{c(n+1)}_{(\pm\mp)}$ 之间的间隔约为 π。当

$$y^{c(n)}_{(\pm\pm)}<\frac{\pi}{1-\epsilon}\left(N_0-\frac{1}{4}\right)<\frac{\pi}{1-\epsilon}\left(N_0+\frac{1}{4}\right)\leqslant y^{c(n+1)}_{(\pm\pm)} \tag{4.43}$$

或

$$y^{c(n)}_{(\pm\pm)}<\frac{\pi}{1-\epsilon}\left(N_0-\frac{1}{4}\right)<y^{c(n+1)}_{(\pm\pm)}\leqslant\frac{\pi}{1-\epsilon}\left(N_0+\frac{1}{4}\right) \tag{4.44}$$

其中，正整数 N_0 随着 n 的增加而增大，显然可以取

$$r(n)=\frac{\pi}{1-\epsilon}\left(N_0-\frac{1}{4}\right) \tag{4.45}$$

由于

$$\frac{\pi}{1-\epsilon}\left(N_0-\frac{1}{4}\right)\leqslant y^{c(n)}_{(\pm\pm)}<\frac{\pi}{1-\epsilon}\left(N_0+\frac{1}{4}\right)<y^{c(n+1)}_{(\pm\pm)} \tag{4.46}$$

故可取 $r(n)=(N_0+1/4)\pi/(1-\epsilon)$。通过与上面类似的分析，可以得到

$$\lim_{r(n)\to\infty}\oint_{C_{r(n)}}\left\{\frac{2}{z}+\frac{1}{R^{c,\epsilon}_{(\pm\mp)}(z)}\frac{\mathrm{d}R^{c,\epsilon}_{(\pm\mp)}}{\mathrm{d}z}(z)\right\}f(z)=0 \tag{4.47}$$

同理，对函数 $R^{c,\epsilon}_{(\mp\pm)}(z)$，$R^{c,\epsilon}_{(\mp\mp)}(z)$，$R^{G,\epsilon}_{(++)}(z)$ 和 $R^{G,\epsilon}_{(-+)}(z)$，可以得到类似的方程。

◆◇ 4.2　留数定理在 KK 求和中的应用

通过以上引入的引理以及方程(4.2)，可以将 KK 激发态的无穷求和总结如下：

$$\sum_{i=1}^{\infty}\left[f(y^{c(i)}_{(BCs)})+f(-y^{c(i)}_{(BCs)})\right]$$
$$=-\mathrm{Res}\left[\left(\frac{2}{z}+\frac{1}{R^{c,\epsilon}_{(BCs)}(z)}\frac{\mathrm{d}R^{c,\epsilon}_{(BCs)}}{\mathrm{d}z}(z)\right)f(z),\ z=0\right]-$$
$$\sum_{i=1}^{n_0}\mathrm{Res}\left[\left(\frac{2}{z}+\frac{1}{R^{c,\epsilon}_{(BCs)}(z)}\frac{\mathrm{d}R^{c,\epsilon}_{(BCs)}}{\mathrm{d}z}(z)\right)f(z),\ z=z_i\right]$$
$$\sum_{i=1}^{\infty}\left[f(y^{G(i)}_{(BCs)})+f(-y^{G(i)}_{(BCs)})\right]$$
$$=-\mathrm{Res}\left[\left(\frac{2}{z}+\frac{1}{R^{G,\epsilon}_{(BCs)}(z)}\frac{\mathrm{d}R^{G,\epsilon}_{(BCs)}}{\mathrm{d}z}(z)\right)f(z),\ z=0\right]-$$
$$\sum_{i=1}^{n_0}\mathrm{Res}\left[\left(\frac{2}{z}+\frac{1}{R^{G,\epsilon}_{(BCs)}(z)}\frac{\mathrm{d}R^{G,\epsilon}_{(BCs)}}{\mathrm{d}z}(z)\right)f(z),\ z=z_i \tag{4.48}$$

其中

$$\lim_{|z|\to\infty}|zf(z)|\leqslant M,\ 0<M<\infty \tag{4.49}$$

实际上，方程(4.49)是判断无穷级数 $\sum_{i=1}^{\infty}\left[f(y^{c(i)}_{(BCs)})+f(-y^{c(i)}_{(BCs)})\right]$ 是否收敛的依据。

弯曲额外维模型是基于标准模型的扩展模型。方程(3.22)和方程(3.28)给出的 Bulk 场函数导致相关费曼图的振幅含有 $[\chi^G_{(BCs)}(y^{G(n)}_{(BCs)},t)][\chi^G_{(BCs)}(y^{G(n)}_{(BCs)},t')]$，$[f^{L,c}_{(BCs)}(y^{c(n)}_{(BCs)},t)][f^{L,c}_{(BCs)}(y^{c(n)}_{(BCs)},t')]$ 和 $[f^{R,c}_{(BCs)}(y^{c(n)}_{(BCs)},t)][f^{R,c}_{(BCs)}(y^{c(n)}_{(BCs)},t')]$ 这样的项。为了正确地对这些项做级数求和，在复平面内对其做解析延拓。在此，具体阐明如何在复平面内对满足(++)，(−+)边界条件的规范玻色子的场函数求和以及解析延拓。当 $y=y^{G(n)}_{(++)}$ 满足方程 $R^{G,\epsilon}_{(++)}(y^{G(n)}_{(++)})=0$ 时，具有(++)边界条件的规范场函数求和项可以写作

$$[\chi^G_{(++)}(y,t)][\chi^G_{(++)}(y,t')]$$
$$=\frac{tt'\Phi^{G(+)}_{(uv)}(y,t)\Phi^{G(+)}_{(uv)}(y,t')}{[N^{G(+)}_{(uv)}(y)]^2}=\frac{tt'\Phi^{G(+)}_{(ir)}(y,t)\Phi^{G(+)}_{(ir)}(y,t')}{[N^{G(+)}_{(ir)}(y)]^2}$$
$$=\frac{tt'\Phi^{G(+)}_{(uv)}(y,t)\Phi^{G(+)}_{(ir)}(y,t')}{[N^{G(+)}_{(uv)}(y)][N^{G(+)}_{(ir)}(y)]}=\frac{tt'\Phi^{G(+)}_{(ir)}(y,t)\Phi^{G(+)}_{(uv)}(y,t')}{[N^{G(+)}_{(uv)}(y)][N^{G(+)}_{(ir)}(y)]} \tag{4.50}$$

当 $y=y^{G(n)}_{(-+)}$ 满足方程 $R^{G,\epsilon}_{(-+)}(y^{G(n)}_{(-+)})=0$ 时，具有(−+)边界条件的规范场函数求和项为

$$[\chi^G_{(-+)}(y,t)][\chi^G_{(-+)}(y,t')]$$
$$=\frac{tt'\Phi^{G(-)}_{(uv)}(y,t)\Phi^{G(-)}_{(uv)}(y,t')}{[N^{G(-)}_{(uv)}(y)]^2}=\frac{tt'\Phi^{G(+)}_{(ir)}(y,t)\Phi^{G(+)}_{(ir)}(y,t')}{[N^{G(+)}_{(ir)}(y)]^2}$$
$$=\frac{tt'\Phi^{G(-)}_{(uv)}(y,t)\Phi^{G(+)}_{(ir)}(y,t')}{[N^{G(-)}_{(uv)}(y)][N^{G(+)}_{(ir)}(y)]}=\frac{tt'\Phi^{G(+)}_{(ir)}(y,t)\Phi^{G(-)}_{(uv)}(y,t')}{[N^{G(-)}_{(uv)}(y)][N^{G(+)}_{(ir)}(y)]} \tag{4.51}$$

当然，规范场函数的求和项需要满足如下条件：

$$\left.\begin{aligned}&\frac{\partial}{\partial t_{(uv)}}[\chi^G_{(++)}(y,t)][\chi^G_{(++)}(y,t')]\Big|_{t_{(uv)}=\epsilon}=0\\&\frac{\partial}{\partial t_{(ir)}}[\chi^G_{(++)}(y,t)][\chi^G_{(++)}(y,t')]\Big|_{t_{(ir)}=1}=0\\&[\chi^G_{(-+)}(y,t)][\chi^G_{(-+)}(y,t')]\Big|_{t_{(uv)}=\epsilon}=0\\&\frac{\partial}{\partial t_{(ir)}}[\chi^G_{(-+)}(y,t)][\chi^G_{(-+)}(y,t')]\Big|_{t_{(ir)}=1}=0\end{aligned}\right\}\tag{4.52}$$

其中，$t_{(uv)}=\min(t, t')$，$t_{(ir)}=\max(t, t')$。考虑到方程(4.52)，将求和项从方程(4.50)和方程(4.51)解析延拓至：

$$\begin{aligned}&[\chi^G_{(++)}(z,t)][\chi^G_{(++)}(z,t')]=\frac{tt'}{[N^{G(+)}_{(uv)}(z)][N^{G(+)}_{(ir)}(z)]}\times\\&\qquad\{\theta(t-t')\Phi^{G(+)}_{(uv)}(z,t')\Phi^{G(+)}_{(ir)}(z,t)+\\&\qquad\theta(t'-t)\Phi^{G(+)}_{(uv)}(z,t)\Phi^{G(+)}_{(ir)}(z,t')\}\\&[\chi^G_{(-+)}(z,t)][\chi^G_{(-+)}(z,t')]=\frac{tt'}{[N^{G(-)}_{(uv)}(z)][N^{G(+)}_{(ir)}(z)]}\times\\&\qquad\{\theta(t-t')\Phi^{G(-)}_{(uv)}(z,t')\Phi^{G(+)}_{(ir)}(z,t)+\\&\qquad\theta(t'-t)\Phi^{G(-)}_{(uv)}(z,t)\Phi^{G(+)}_{(ir)}(z,t')\}\end{aligned}\tag{4.53}$$

其中，阶跃函数 $\theta(x)$ 定义为：

$$\theta(x)=\begin{cases}1, & x>0\\1/2, & x=0\\0, & x<0\end{cases}\tag{4.54}$$

为了保证求和项在整个复平面内一致有界，对方程(4.53)对应的归一化因子做解析延拓：

$$\left.\begin{aligned}&|N^{G(+)}_{(uv)}(z)|^2=\frac{2}{kr(z^2-\bar{z}^2)}\{\bar{z}\Phi^{G(+)}_{(uv)}(z,1)\Psi^{G(-)}_{(uv)}(\bar{z},1)-\\&\qquad z\Phi^{G(+)}_{(uv)}(\bar{z},1)\Psi^{G(-)}_{(uv)}(z,1)\}+\frac{2}{kr}Y(z)\\&|N^{G(-)}_{(uv)}(z)|^2=\frac{2}{kr(z^2-\bar{z}^2)}\{\bar{z}\Phi^{G(-)}_{(uv)}(z,1)\Psi^{G(+)}_{(uv)}(\bar{z},1)-\\&\qquad z\Phi^{G(-)}_{(uv)}(\bar{z},1)\Psi^{G(+)}_{(uv)}(z,1)\}+\frac{2}{kr}Y(z)\\&|N^{G(+)}_{(ir)}(z)|^2=\frac{2\epsilon}{kr(z^2-\bar{z}^2)}\{z\Phi^{G(+)}_{(ir)}(\bar{z},\epsilon)\Psi^{G(-)}_{(ir)}(z,\epsilon)-\\&\qquad \bar{z}\Phi^{G(+)}_{(ir)}(z,\epsilon)\Psi^{G(-)}_{(ir)}(\bar{z},\epsilon)\}+\frac{2}{kr}Y(z)\end{aligned}\right\}\tag{4.55}$$

其中，$\bar{z}$ 表示的是 z 的复共轭，非负函数 $Y(z)$ 的定义为

$$Y(z)=\frac{1}{\pi^{2}\,|z|^{2}}\left\{(1-\epsilon)\left(\mathrm{e}^{-\mathrm{i}(1-\epsilon)(z-\bar{z})}+\mathrm{e}^{\mathrm{i}(1-\epsilon)(z-\bar{z})}\right)+\frac{\mathrm{e}^{-\mathrm{i}(1-\epsilon)(z-\bar{z})}-\mathrm{e}^{\mathrm{i}(1-\epsilon)(z-\bar{z})}}{\mathrm{i}(z-\bar{z})}\right\} \tag{4.56}$$

在 $\bar{z}=z$ 极限下(例如: z 取实数), 容易得到出

$$\lim_{\bar{z}\to z}Y(z)=0 \tag{4.57}$$

同时, 方程(4.55)中的归一化因子也回到方程(3.25)中的对应表示。类似地, 可以得出含有场函数的费米子归一化因子的解析延拓:

$$\left.\begin{aligned}
|N_{L_{(ir)}}^{c(+)}(z)|^{2}&=\frac{2}{kr(z^{2}-\bar{z}^{2})}\left\{z\phi_{L_{(ir)}}^{c(+)}(\bar{z},\epsilon)\phi_{R_{(ir)}}^{c(-)}(z,\epsilon)-\bar{z}\phi_{L_{(ir)}}^{c(+)}(z,\epsilon)\phi_{R_{(ir)}}^{c(-)}(\bar{z},\epsilon)\right\}+\\
&\qquad\frac{2\cos^{2}c\pi}{kr\epsilon}Y(z)\\
|N_{L_{(uv)}}^{c(+)}(z)|^{2}&=\frac{2}{kr\epsilon(z^{2}-\bar{z}^{2})}\left\{\bar{z}\phi_{L_{(uv)}}^{c(+)}(z,1)\phi_{R_{(uv)}}^{c(-)}(\bar{z},1)-z\phi_{L_{(uv)}}^{c(+)}(\bar{z},1)\phi_{R_{(uv)}}^{c(-)}(z,1)\right\}+\\
&\qquad\frac{2\cos^{2}c\pi}{kr\epsilon}Y(z)\\
|N_{R_{(ir)}}^{c(-)}(z)|^{2}&=\frac{2}{kr(z^{2}-\bar{z}^{2})}\left\{\bar{z}\phi_{L_{(ir)}}^{c(+)}(\bar{z},\epsilon)\phi_{R_{(ir)}}^{c(-)}(z,\epsilon)-z\phi_{L_{(ir)}}^{c(+)}(z,\epsilon)\phi_{R_{(ir)}}^{c(-)}(\bar{z},\epsilon)\right\}+\\
&\qquad\frac{2\cos^{2}c\pi}{kr\epsilon}Y(z)\\
|N_{R_{(uv)}}^{c(-)}(z)|^{2}&=\frac{2}{kr\epsilon(z^{2}-\bar{z}^{2})}\left\{z\phi_{L_{(uv)}}^{c(+)}(z,1)\phi_{R_{(uv)}}^{c(-)}(\bar{z},1)-\bar{z}\phi_{L_{(uv)}}^{c(+)}(\bar{z},1)\phi_{R_{(uv)}}^{c(-)}(z,1)\right\}+\\
&\qquad\frac{2\cos^{2}c\pi}{kr\epsilon}Y(z)\\
|N_{L_{(ir)}}^{c(-)}(z)|^{2}&=\frac{2}{kr(z^{2}-\bar{z}^{2})}\left\{z\phi_{L_{(ir)}}^{c(-)}(\bar{z},\epsilon)\phi_{R_{(ir)}}^{c(+)}(z,\epsilon)-\bar{z}\phi_{L_{(ir)}}^{c(-)}(z,\epsilon)\phi_{R_{(ir)}}^{c(+)}(\bar{z},\epsilon)\right\}+\\
&\qquad\frac{2\cos^{2}c\pi}{kr\epsilon}Y(z)\\
|N_{L_{(uv)}}^{c(-)}(z)|^{2}&=\frac{2}{kr\epsilon(z^{2}-\bar{z}^{2})}\left\{\bar{z}\phi_{L_{(uv)}}^{c(-)}(z,1)\phi_{R_{(uv)}}^{c(+)}(\bar{z},1)-z\phi_{L_{(uv)}}^{c(-)}(\bar{z},1)\phi_{R_{(uv)}}^{c(+)}(z,1)\right\}+\\
&\qquad\frac{2\cos^{2}c\pi}{kr\epsilon}Y(z)\\
|N_{R_{(ir)}}^{c(+)}(z)|^{2}&=\frac{2}{kr(z^{2}-\bar{z}^{2})}\left\{\bar{z}\phi_{L_{(ir)}}^{c(-)}(\bar{z},\epsilon)\phi_{R_{(ir)}}^{c(+)}(z,\epsilon)-z\phi_{L_{(ir)}}^{c(-)}(z,\epsilon)\phi_{R_{(ir)}}^{c(+)}(\bar{z},\epsilon)\right\}+\\
&\qquad\frac{2\cos^{2}c\pi}{kr\epsilon}Y(z)
\end{aligned}\right\} \tag{4.58}$$

$$\left.\begin{aligned}|N_{R_{(uv)}}^{c(+)}(z)|^2=&\frac{2}{kr\epsilon(z^2-\bar{z}^2)}\{z\phi_{L_{(uv)}}^{c(-)}(z,1)\phi_{R_{(uv)}}^{c(+)}(\bar{z},1)-\bar{z}\phi_{L_{(uv)}}^{c(-)}(\bar{z},1)\phi_{R_{(uv)}}^{c(+)}(z,1)\}+\\&\frac{2\cos^2c\pi}{kr\epsilon}Y(z)\end{aligned}\right\}\quad(4.58)$$

通过上面的归一化常数，可以写出费米子场函数的求和项在复平面内的一致有界形式：

$$\left.\begin{aligned}
[f_{(++)}^{L,c}(z,t)][f_{(++)}^{L,c}(z,t')]=&\frac{\sqrt{tt'}}{N_{L_{(uv)}}^{c(+)}(z)N_{L_{(ir)}}^{c(+)}(z)}\{\theta(t-t')\phi_{L_{(uv)}}^{c(+)}(z,t')\phi_{L_{(ir)}}^{c(+)}(z,t)+\\&\theta(t'-t)\phi_{L_{(uv)}}^{c(+)}(z,t)\phi_{L_{(ir)}}^{c(+)}(z,t')\}\\
[f_{(--)}^{R,c}(z,t)][f_{(--)}^{R,c}(z,t')]=&\frac{\sqrt{tt'}}{N_{R_{(uv)}}^{c(-)}(z)N_{R_{(ir)}}^{c(-)}(z)}\{\theta(t-t')\phi_{R_{(uv)}}^{c(-)}(z,t')\phi_{R_{(ir)}}^{c(-)}(z,t)+\\&\theta(t'-t)\phi_{R_{(uv)}}^{c(-)}(z,t)\phi_{R_{(ir)}}^{c(-)}(z,t')\}\\
[f_{(+-)}^{L,c}(z,t)][f_{(+-)}^{L,c}(z,t')]=&\frac{\sqrt{tt'}}{N_{L_{(uv)}}^{c(+)}(z)N_{L_{(ir)}}^{c(-)}(z)}\{\theta(t-t')\phi_{L_{(uv)}}^{c(+)}(z,t')\phi_{L_{(ir)}}^{c(-)}(z,t)+\\&\theta(t'-t)\phi_{L_{(uv)}}^{c(+)}(z,t)\phi_{L_{(ir)}}^{c(-)}(z,t')\}\\
[f_{(-+)}^{R,c}(z,t)][f_{(-+)}^{R,c}(z,t')]=&\frac{\sqrt{tt'}}{N_{R_{(uv)}}^{c(-)}(z)N_{R_{(ir)}}^{c(+)}(z)}\{\theta(t-t')\phi_{R_{(uv)}}^{c(-)}(z,t')\phi_{R_{(ir)}}^{c(+)}(z,t)+\\&\theta(t'-t)\phi_{R_{(uv)}}^{c(-)}(z,t)\phi_{R_{(ir)}}^{c(+)}(z,t')\}\\
[f_{(-+)}^{L,c}(z,t)][f_{(-+)}^{L,c}(z,t')]=&\frac{\sqrt{tt'}}{N_{L_{(uv)}}^{c(-)}(z)N_{L_{(ir)}}^{c(+)}(z)}\{\theta(t-t')\phi_{L_{(uv)}}^{c(-)}(z,t')\phi_{L_{(ir)}}^{c(+)}(z,t)+\\&\theta(t'-t)\phi_{L_{(uv)}}^{c(-)}(z,t)\phi_{L_{(ir)}}^{c(+)}(z,t')\}\\
[f_{(+-)}^{R,c}(z,t)][f_{(+-)}^{R,c}(z,t')]=&\frac{\sqrt{tt'}}{N_{R_{(uv)}}^{c(+)}(z)N_{R_{(ir)}}^{c(-)}(z)}\{\theta(t-t')\phi_{R_{(uv)}}^{c(+)}(z,t')\phi_{R_{(ir)}}^{c(-)}(z,t)+\\&\theta(t'-t)\phi_{R_{(uv)}}^{c(+)}(z,t)\phi_{R_{(ir)}}^{c(-)}(z,t')\}\\
[f_{(--)}^{L,c}(z,t)][f_{(--)}^{L,c}(z,t')]=&\frac{\sqrt{tt'}}{N_{L_{(uv)}}^{c(-)}(z)N_{L_{(ir)}}^{c(-)}(z)}\{\theta(t-t')\phi_{L_{(uv)}}^{c(-)}(z,t')\phi_{L_{(ir)}}^{c(-)}(z,t)+\\&\theta(t'-t)\phi_{L_{(uv)}}^{c(-)}(z,t)\phi_{L_{(ir)}}^{c(-)}(z,t')\}\\
[f_{(++)}^{R,c}(z,t)][f_{(++)}^{R,c}(z,t')]=&\frac{\sqrt{tt'}}{N_{R_{(uv)}}^{c(+)}(z)N_{R_{(ir)}}^{c(+)}(z)}\{\theta(t-t')\phi_{R_{(uv)}}^{c(+)}(z,t')\phi_{R_{(ir)}}^{c(+)}(z,t)+\\&\theta(t'-t)\phi_{R_{(uv)}}^{c(+)}(z,t)\phi_{R_{(ir)}}^{c(+)}(z,t')\}
\end{aligned}\right\}\quad(4.59)$$

式(4.59)给出的是 $c\neq N+1/2$ 时的结果，对 $c=N+1/2$，可以把方程(4.58)中的 $\cos^2c\pi$ 替换为 1 得到。

4.3　四维和五维空间的微扰展开

尽管目前的对撞机能量还不足以产生 KK 激发态，但是这些激发态对电弱理论的预言仍然存在影响。在四维有效理论中，如果单圈费曼图的内线虚粒子含有(+, +)边界的规范玻色子 KK 激发态，则 $\mu_{\mathrm{EW}}^2/\Lambda_{KK}^2$ 阶的近似下，圈图的振幅中将含有如下因子：

$$\frac{-i[\chi_{(++)}^G(y_{(++)}^{G(n)},\ t)][\chi_{(++)}^G(y_{(++)}^{G(n)},\ t')]}{p^2-\Lambda_{KK}^2[y_{(++)}^{G(n)}]^2} \tag{4.60}$$

式(4.60)的分母 $p^2-\Lambda_{KK}^2[y_{(++)}^{G(n)}]^2$ 来自规范玻色子的 KK 态激发态在动量空间的四维传播子，$[\chi_{(++)}^G(y_{(++)}^{G(n)},\ t)]$ 和 $[\chi_{(++)}^G(y_{(++)}^{G(n)},\ t')]$ 来自相邻顶角的四维有效理论。其中，$\pm y_{(++)}^{G(1)}$，…，$\pm y_{(++)}^{G(n)}$，…是函数 $R_{(++)}^{G,\,\epsilon}(z)$ 的零点。利用方程(4.53)并对(++)边界的规范玻色子场函数求和项进行解析延拓，得如下极限：

$$\lim_{|z|\to\infty}\left|\frac{-\mathrm{i}z[\chi_{(++)}^G(z,\ t)][\chi_{(++)}^G(z,\ t')]}{p^2-\Lambda_{KK}^2 z^2}\right|=0 \tag{4.61}$$

利用方程(4.48)可得：

$$\begin{aligned}
\mathrm{i}D_{(++)}^G(p;\ \phi,\ \phi') &= \sum_{n=1}^{\infty}\frac{-\mathrm{i}[\chi_{(++)}^G(y_{(++)}^{G(n)},\ t)][\chi_{(++)}^G(y_{(++)}^{G(n)},\ t')]}{p^2-\Lambda_{KK}^2[y_{(++)}^{G(n)}]^2}\\
&=\frac{\mathrm{i}}{p^2}\{[\chi_{(++)}^G(0,\ t)][\chi_{(++)}^G(0,\ t')]-[\chi_{(++)}^G(p/\Lambda_{KK},\ t)][\chi_{(++)}^G(p/\Lambda_{KK},\ t')]\}-\\
&\quad\frac{\mathrm{i}}{2\Lambda_{KK}p}\frac{[\chi_{(++)}^G(p/\Lambda_{KK},\ t)][\chi_{(++)}^G(p/\Lambda_{KK},\ t')]}{R_{(++)}^{G,\,\epsilon}(p/\Lambda_{KK})}\frac{\partial R_{(++)}^{G,\,\epsilon}}{\partial z}(z)\bigg|_{z=p/\Lambda_{KK}}\\
&=-\frac{\mathrm{i}\Omega_{(++)}^G(p/\Lambda_{KK})}{\pi\Lambda_{KK}^2}\bigg\{\frac{\pi tt'}{2R_{(++)}^{G,\,\epsilon}(p/\Lambda_{KK})}[\theta(t-t')\Phi_{(uv)}^{G(+)}(p/\Lambda_{KK},\ t')\Phi_{(\mathrm{ir})}^{G(+)}(p/\Lambda_{KK},\ t)+\\
&\quad\theta(t'-t)\Phi_{(uv)}^{G(+)}(p/\Lambda_{KK},\ t)\Phi_{(\mathrm{ir})}^{G(+)}(p/\Lambda_{KK},\ t')]\bigg\}+\frac{\mathrm{i}}{4\pi p^2}
\end{aligned} \tag{4.62}$$

其中

$$\Omega_{(++)}^G(x)=\frac{2R_{(++)}^{G,\,\epsilon}(x)+x[\Phi_{(uv)}^{G(+)}(x,\ 1)-\epsilon\,\Phi_{(\mathrm{ir})}^{G(+)}(x,\ \epsilon)]}{x^2[N_{(uv)}^{G(+)}(x)][N_{(\mathrm{ir})}^{G(+)}(x)]} \tag{4.63}$$

在方程(4.62)的最后一步中，花括号内第一项的因子给出的是五维动量/坐标空间的混合传播子，文献[58]对此给出了推导。因子 $\Omega_{(++)}^G/\pi$ 来自四维有效理论给出的满足(++)边界的规范玻色子归一化常数，费米子和玻色子的五维基本理论和四维有效理论的不同定义，以及相应的场在五维基本理论和四维有效理论中动量部分的归一化不同。此外，$D^{G}_{(++)}(p;\ \phi,\ \phi')$满足下面的方程：

$$\left\{\frac{1}{r^2}\frac{\partial}{\partial\phi}\left[\mathrm{e}^{-2\sigma(\phi)}\frac{\partial}{\partial\phi}\right]+p^2\right\}D^{G}_{(++)}(p;\ \phi,\ \phi')=-\frac{\mathrm{i}\Omega^{G}_{(++)}(p/\Lambda_{KK})}{\pi\Lambda^2_{KK}r}\delta(\phi-\phi') \quad (4.64)$$

相应的边界条件为

$$\left.\begin{aligned}&\frac{\partial D^{G}_{(++)}}{\partial\phi_{(uv)}}(p;\ \phi,\ \phi')\,\Big|_{\phi_{(uv)}=0}=0\\&\frac{\partial D^{G}_{(++)}}{\partial\phi_{(ir)}}(p;\ \phi,\ \phi')\,\Big|_{\phi_{(ir)}=\pi/2}=0\end{aligned}\right\} \quad (4.65)$$

其中，$\phi_{(uv)}=\min(\phi,\ \phi')$，$\phi_{(ir)}=\max(\phi,\ \phi')$。当$z$为小量时

$$\left.\begin{aligned}
R^{G,\epsilon}_{(++)}(z)&=-\frac{2\ln\epsilon}{\pi}\left\{\left[1-\frac{z^2}{4}\left[1+\epsilon^2+\frac{1-\epsilon^2}{\ln\epsilon}\right]+o(z^4)\right]\right\}\\
\frac{\partial R^{G,\epsilon}_{(++)}}{\partial z}(z)&=\frac{z}{\pi}[1-\epsilon^2+(1+\epsilon^2)\ln\epsilon]\left[1-\frac{z^2}{16}\frac{2(1+4\epsilon^2+\epsilon^4)\ln\epsilon+3(1-\epsilon^4)}{1-\epsilon^2+(1+\epsilon^2)\ln\epsilon}+o(z^4)\right]\\
\frac{t\Phi^{G(+)}_{(uv)}(z,\ t)}{[N^{G(+)}_{(uv)}(z)]}&=\frac{1}{\sqrt{2\pi}}\left\{1+\frac{z^2}{4}\left[t^2(1-2\ln t+2\ln\epsilon)+1+\frac{1-\epsilon^2}{\ln\epsilon}\right]+\right.\\
&\quad\frac{z^4}{16}\left[-\frac{5}{4}t^4+\epsilon^2t^2+(t^4+2\epsilon^2t^2)(\ln t-\ln\epsilon)+\right.\\
&\quad\left(\frac{1-\epsilon^2}{\ln\epsilon}+1+\epsilon^2\right)(t^2-2t^2\ln t+2t^2\ln\epsilon)+\\
&\quad\left.\left.2+\frac{\ln\epsilon}{2}+\frac{47-32\epsilon^2-15\epsilon^4}{16\ln\epsilon}+\frac{3\ (1-\epsilon^2)^2}{2\ \ln^2\epsilon}\right]+o(z^6)\right\}\\
\frac{t\Phi^{G(+)}_{(ir)}(z,\ t)}{[N^{G(+)}_{(ir)}(z)]}&=\frac{1}{\sqrt{2\pi}}\left\{1+\frac{z^2}{4}\left[t^2(1-2\ln t)+\epsilon^2+\frac{1-\epsilon^2}{\ln\epsilon}\right]+\right.\\
&\quad\frac{z^4}{16}\left[-\frac{5}{4}t^4+t^2+(t^4+2t^2)\ln t+\left(\frac{1-\epsilon^2}{\ln\epsilon}+1+\epsilon^2\right)(t^2-2t^2\ln t)+\right.\\
&\quad\left.\left.2\epsilon^4-\frac{\epsilon^4\ln\epsilon}{2}+\frac{15+32\epsilon^2-47\epsilon^4}{16\ln\epsilon}+\frac{3\ (1-\epsilon^2)^2}{2\ \ln^2\epsilon}\right]+o(z^6)\right\}
\end{aligned}\right\} \quad (4.66)$$

将上面的方程代入方程(4.62)并假设$p\to0$，可以得到：

$$\begin{aligned}&\sum{}^{G}_{(++)}(t,\ t')\\&=\sum_{n=1}^{\infty}\frac{[\chi^{G}_{(++)}(y^{G(n)}_{(++)},\ t)][\chi^{G}_{(++)}(y^{G(n)}_{(++)},\ t')]}{[y^{G(n)}_{(++)}]^2}\\&=\frac{1}{8\pi}\left\{t^2(2\ln t-1)+t'^2(2\ln t'-1)-2\ln\epsilon[t^2\theta(t'-t)+t'^2\theta(t-t')]-\frac{1-\epsilon^2}{\ln\epsilon}\right\}\end{aligned} \quad (4.67)$$

这与文献[64]中的式(34)是严格一致的。实际上，这个结果也可以通过留数定理

直接得出。通过方程(4.48)和方程(4.66)，有

$$\left.\begin{aligned}
&\sum {}^{G}_{(++)}(t,\ t') \\
&=\sum_{n=1}^{\infty}\frac{[\chi^{G}_{(++)}(y^{G(n)}_{(++)},\ t)][\chi^{G}_{(++)}(y^{G(n)}_{(++)},\ t')]}{[y^{G(n)}_{(++)}]^{2}} \\
&=-\frac{1}{2}\mathrm{Res}\left\{\left[\frac{2}{z^{3}}+\frac{1}{z^{2}R^{G,\epsilon}_{(++)}(z)}\frac{\partial R^{G,\epsilon}_{(++)}}{\partial z}(z)\right][\chi^{G}_{(++)}(z,\ t)][\chi^{G}_{(++)}(z,\ t')],\ z=0\right\} \\
&=\frac{1}{8\pi}\left\{t^{2}(2\ln t-1)+t'^{2}(2\ln t'-1)-2\ln\epsilon[t^{2}\theta(t'-t)+t'^{2}\theta(t-t')]-\frac{1-\epsilon^{2}}{\ln\epsilon}\right\} \\
&\sum_{n=1}^{\infty}\frac{[\chi^{G}_{(++)}(y^{G(n)}_{(++)},\ t)][\chi^{G}_{(++)}(y^{G(n)}_{(++)},\ t')]}{[y^{G(n)}_{(++)}]^{4}} \\
&=-\frac{1}{2}\mathrm{Res}\left\{\left[\frac{2}{z^{5}}+\frac{1}{z^{4}R^{G,\epsilon}_{(++)}(z)}\frac{\partial R^{G,\epsilon}_{(++)}}{\partial z}(z)\right][\chi^{G}_{(++)}(z,\ t)][\chi^{G}_{(++)}(z,\ t')],\ z=0\right\} \\
&=-\frac{1}{32\pi}\left\{t^{4}\left[\ln t-\frac{5}{4}\right]+t^{2}\left[2+\frac{1-\epsilon^{2}}{\ln\epsilon}-\frac{2(1-\epsilon^{2})}{\ln\epsilon}\ln t\right]+t'^{4}\left[\ln t'-\frac{5}{4}\right]+\right. \\
&t'^{2}\left[2+\frac{1-\epsilon^{2}}{\ln\epsilon}-\frac{2(1-\epsilon^{2})}{\ln\epsilon}\ln t'\right]+4t^{2}t'^{2}\left[\ln t\ln t'-\left(\ln\epsilon+\frac{1}{2}\right)\ln(tt')+\frac{1}{4}+\frac{1}{2}\ln\epsilon\right]- \\
&\left.\ln\epsilon[(t^{4}-4t^{2}t'^{2}\ln t)\theta(t'-t)+(t'^{4}-4t^{2}t'^{2}\ln t')\theta(t-t')]+\frac{5(1-\epsilon^{4})}{8\ln\epsilon}+\frac{(1-\epsilon^{2})^{2}}{\ln^{2}\epsilon}\right\}
\end{aligned}\right\}\quad(4.68)$$

上面的第二个方程与文献[64]中的方程(36)是严格一致的。对于(−+)边界的规范场来讲，$R^{G,\epsilon}_{-+}(z)$和场函数在$z=0$处的洛朗展开可分别表示为：

$$\left.\begin{aligned}
&R^{G,\epsilon}_{(-+)}(z)=\frac{2}{\pi\epsilon z}\left\{1-\frac{z^{2}}{4}[1-\epsilon^{2}+2\epsilon^{2}\ln\epsilon]+o(z^{4})\right\} \\
&\frac{\partial R^{G,\epsilon}_{(-+)}}{\partial z}(z)=-\frac{2}{\pi\epsilon z^{2}}\left\{1+\frac{z^{2}}{4}[1-\epsilon^{2}+2\epsilon^{2}\ln\epsilon]+o(z^{4})\right\} \\
&\frac{t\Phi^{G(-)}_{(uv)}(z,\ t)}{[N^{G(-)}_{(uv)}(z)]}=\left[\frac{-2\epsilon\ln\epsilon}{\pi(1-4\epsilon^{2}+3\epsilon^{4}-4\epsilon^{4}\ln\epsilon)}\right]^{1/2}t^{1/2}(t^{2}-\epsilon^{2})\times \\
&\qquad\left\{1-\frac{z^{2}}{2}\left[-\frac{1-9\epsilon^{4}+8\epsilon^{6}+6\epsilon^{2}\ln\epsilon-12\epsilon^{4}\ln\epsilon-6\epsilon^{6}\ln\epsilon}{6(1-4\epsilon^{2}+3\epsilon^{4}-4\epsilon^{4}\ln\epsilon)}-\right.\right. \\
&\qquad\left.\left.\frac{\epsilon^{2}t^{2}(\ln t-\ln\epsilon)}{t^{2}-\epsilon^{2}}+\frac{t^{2}+\epsilon^{2}}{4}\right]+o(z^{4})\right\}
\end{aligned}\right\}\quad(4.69)$$

利用留数定理，对应地得到

$$\sum {}^{G}_{(-+)}(t,\ t')=\sum_{n=1}^{\infty}\frac{[\chi^{G}_{(-+)}(y^{G(n)}_{(-+)},\ t)][\chi^{G}_{(-+)}(y^{G(n)}_{(-+)},\ t')]}{[y^{G(n)}_{(-+)}]^{2}}$$

$$=-\frac{1}{2}\text{Res}\left\{\left[\frac{2}{z^3}+\frac{1}{z^2R^{G,\epsilon}_{(-+)}(z)}\frac{\partial R^{G,\epsilon}_{(-+)}}{\partial z}(z)\right][\chi^G_{(-+)}(z,t)][\chi^G_{(-+)}(z,t')],\ z=0\right\}$$

$$=\frac{1}{4\pi}\left(\frac{-\epsilon\ln\epsilon}{1-4\epsilon^2+3\epsilon^4-4\epsilon^4\ln\epsilon}\right)^{1/2}\{\theta(t-t')\sqrt{t'}(t'^2-\epsilon^2)\times$$

$$\left[1-\frac{\epsilon^2}{4}+2\epsilon^2\ln\epsilon-\frac{1-9\epsilon^4+8\epsilon^6+6\epsilon^2\ln\epsilon-12\epsilon^4\ln\epsilon-6\epsilon^6\ln\epsilon}{6(1-4\epsilon^2+3\epsilon^4-4\epsilon^4\ln\epsilon)}-\right.$$

$$\left.\frac{\epsilon^2t'^2(\ln t'-\ln\epsilon)}{t'^2-\epsilon^2}+\frac{t'^2}{4}-\frac{t^2}{2}(1-2\ln t)+\frac{1-\epsilon^2}{2\ln\epsilon}\right]+(t\leftrightarrow t')\Big\} \tag{4.70}$$

由于 $t\neq t'$，$\sum^G_{(-+)}(t,t')$ 在红外和紫外膜上分别满足相应的边界条件：

$$\left.\begin{aligned} t_{(\text{ir})}\frac{\partial\sum^G_{(-+)}}{\partial t_{(\text{ir})}}(t,t')\Big|_{t_{(\text{ir})}=1} &= 0\\ \sum\nolimits^G_{(-+)}(t,t')\Big|_{t_{(uv)}=\epsilon} &= 0\end{aligned}\right\} \tag{4.71}$$

如果 $t=t'\in[\epsilon,1]$，则函数 $\sum^G_{(-+)}(t,t)$ 始终是非负的。

满足(++)边界条件的左手费米子的 KK 激发态作为内线虚粒子出现在四维有效理论的单圈费曼图中时，对应的振幅按 $\mu^2_{EW}/\Lambda^2_{KK}$ 展开后应当包含如下因子：

$$\frac{\text{i}\{\not p[f^{L,c}_{(++)}(y^{c(n)}_{(\pm\pm)},t)][f^{L,c}_{(++)}(y^{c(n)}_{(\pm\pm)},t')]+\Lambda_{KK}[y^{c(n)}_{(\pm\pm)}][f^{R,c}_{(--)}(y^{c(n)}_{(\pm\pm)},t)][f^{L,c}_{(++)}(y^{c(n)}_{(\pm\pm)},t')]\}}{p^2-\Lambda^2_{KK}[y^{c(n)}_{(\pm\pm)}]^2} \tag{4.72}$$

由于

$$\lim_{|z|\to\infty}\left|\frac{\text{i}z\not p[f^{L,c}_{(++)}(z,t)][f^{L,c}_{(++)}(z,t')]}{p^2-\Lambda^2_{KK}z^2}\right|=0 \tag{4.73}$$

和

$$\left|\frac{z^2\Lambda_{KK}[f^{R,c}_{(--)}(z,t)][f^{L,c}_{(++)}(z,t')]}{p^2-\Lambda^2_{KK}z^2}\right| \tag{4.74}$$

是一致有界的，而 $\pm y^{c(1)}_{(\pm\pm)}$，…，$\pm y^{c(n)}_{(\pm\pm)}$，…是函数 $R^{c,\epsilon}_{(\pm\pm)}(z)$ 的零点，可以通过方程(4.48)得到如下结果：

$$\text{i}D^c_{L(++)}(p;\phi,\phi')$$

$$=\sum_{n=1}^{\infty}\frac{i}{p^2-\Lambda^2_{KK}[y^{c(n)}_{(\pm\pm)}]^2}\{\not p[f^{L,c}_{(++)}(y^{c(n)}_{(\pm\pm)},t)][f^{L,c}_{(++)}(y^{c(n)}_{(\pm\pm)},t')]+$$

$$\Lambda_{KK}[y^{c(n)}_{(\pm\pm)}][f^{R,c}_{(--)}(y^{c(n)}_{(\pm\pm)},t)][f^{L,c}_{(++)}(y^{c(n)}_{(\pm\pm)},t')]\}$$

$$=\sum_{n=1}^{\infty}\frac{\text{i}\not p[f^{L,c}_{(++)}(y^{c(n)}_{(\pm\pm)},t)][f^{L,c}_{(++)}(y^{c(n)}_{(\pm\pm)},t')]}{p^2-\Lambda^2_{KK}[y^{c(n)}_{(\pm\pm)}]^2}$$

$$=\frac{\text{i}\not p}{p^2}\{[f^{L,c}_{(++)}(0,t)][f^{L,c}_{(++)}(0,t')]-[f^{L,c}_{(++)}(p/\Lambda_{KK},t)][f^{L,c}_{(++)}(p/\Lambda_{KK},t')]\}-$$

$$\frac{i\not{p}}{2\Lambda_{KK}p}\frac{[f^{L,c}_{(++)}(p/\Lambda_{KK},t)][f^{L,c}_{(++)}(p/\Lambda_{KK},t')]}{R^{c,\epsilon}_{(\pm\pm)}(p/\Lambda_{KK})}\frac{\partial R^{c,\epsilon}_{(\pm\pm)}}{\partial z}(z)\bigg|_{z=p/\Lambda_{KK}}-$$

$$=\frac{i\not{p}\Omega^{L,c}_{(++)}(p/\Lambda_{KK})}{\pi\Lambda^2_{KK}}\bigg\{\frac{\pi tt'}{2R^{c,\epsilon}_{(\pm\pm)}(p/\Lambda_{KK})}[\theta(t-t')\phi^{c(+)}_{L_{(uv)}}(p/\Lambda_{KK},t')\phi^{c(+)}_{L_{(ir)}}(p/\Lambda_{KK},t)+$$

$$\theta(t'-t)\phi^{c(+)}_{L_{(uv)}}(p/\Lambda_{KK},t)\phi^{c(+)}_{L_{(ir)}}(p/\Lambda_{KK},t')]\bigg\}+\frac{i\not{p}}{p^2}\left[\frac{-2(1-2c)\epsilon\ln\epsilon}{\pi(1-\epsilon^{1-2c})}\right]\frac{(tt')^{-c}}{4}\tag{4.75}$$

其中

$$\Omega^{L,c}_{(++)}(x)=\frac{2R^{c,\epsilon}_{(\pm\pm)}(x)+x[\phi^{c(+)}_{L_{(uv)}}(x,1)-\epsilon\phi^{c(+)}_{L_{(ir)}}(x,\epsilon)]}{x^2[N^{c(+)}_{L_{(uv)}}(x)][N^{c(+)}_{L_{(ir)}}(x)]}\tag{4.76}$$

对于小量 z，有：

$$\left.\begin{aligned}
&R^{c,\epsilon}_{(\pm\pm)}(z)=\frac{2\epsilon^{c-\frac{1}{2}}(1-\epsilon^{1-2c})}{(1-2c)\Gamma\left(\frac{1}{2}-c\right)\Gamma\left(\frac{1}{2}+c\right)}\left\{1-\frac{z^2}{2(1-\epsilon^{1-2c})}\left[\frac{1-\epsilon^{3-2c}}{3-2c}+\frac{\epsilon^2-\epsilon^{1-2c}}{1+2c}\right]+o(z^4)\right\}\\
&\frac{\partial R^{c,\epsilon}_{(\pm\pm)}}{\partial z}(z)=-\frac{2z\epsilon^{c-\frac{1}{2}}}{(1-2c)\Gamma\left(\frac{1}{2}-c\right)\Gamma\left(\frac{1}{2}+c\right)}\left\{\left[\frac{1-\epsilon^{3-2c}}{3-2c}+\frac{\epsilon^2-\epsilon^{1-2c}}{1+2c}\right]-\right.\\
&\qquad\left.\frac{z^2}{2}\left[\frac{1-\epsilon^{5-2c}}{(5-2c)(3-2c)}+\frac{2(\epsilon^2-\epsilon^{3-2c})}{(3-2c)(1+2c)}+\frac{(\epsilon^4-\epsilon^{1-2c})}{(1+2c)(3+2c)}\right]+o(z^4)\right\}\\
&\frac{\sqrt{t}\phi^{c(+)}_{L_{(uv)}}(z,t)}{[N^{c(+)}_{L_{(uv)}}(z)]}=\frac{t^{-c}}{2}\sqrt{\frac{-2(1-2c)\epsilon\ln\epsilon}{\pi(1-\epsilon^{1-2c})}}\left\{1-\frac{z^2}{2}\left[\frac{\epsilon^2}{1+2c}+\frac{t^2}{1-2c}-\frac{2\epsilon^{1-2c}t^{1+2c}}{(1-2c)(1+2c)}-\right.\right.\\
&\qquad\left.\left.\frac{(1+2c)(1-\epsilon^{3-2c})+(3-2c)(\epsilon^2-\epsilon^{1-2c})}{(3-2c)(1+2c)(1-\epsilon^{1-2c})}\right]+o(z^4)\right\}\\
&\frac{\sqrt{t}\phi^{c(+)}_{L_{(ir)}}(z,t)}{[N^{c(+)}_{L_{(ir)}}(z)]}=\frac{t^{-c}}{2}\sqrt{\frac{-2(1-2c)\epsilon\ln\epsilon}{\pi(1-\epsilon^{1-2c})}}\left\{1-\frac{z^2}{2}\left[\frac{1}{1+2c}+\frac{t^2}{1-2c}-\frac{2t^{1+2c}}{(1-2c)(1+2c)}-\right.\right.\\
&\qquad\left.\left.\frac{(1+2c)(1-\epsilon^{3-2c})+(3-2c)(\epsilon^2-\epsilon^{1-2c})}{(3-2c)(1+2c)(1-\epsilon^{1-2c})}\right]+o(z^4)\right\}
\end{aligned}\right\}\tag{4.77}$$

利用方程(4.77)，可以得到下面的求和：

$$\Sigma^{L,c}_{(\pm\pm)}(t,t')=\sum_{n=1}^{\infty}\frac{[f^{L,c}_{(++)}(y^{c(n)}_{(\pm\pm)},t)][f^{L,c}_{(++)}(y^{c(n)}_{(\pm\pm)},t')]}{[y^{c(n)}_{(\pm\pm)}]^2}-$$

$$=\frac{1}{2}\mathrm{Res}\left\{\left[\frac{2}{z^3}+\frac{1}{z^2R^{c,\epsilon}_{(\pm\pm)}(z)}\frac{\partial R^{c,\epsilon}_{(\pm\pm)}}{\partial z}(z)\right][f^L_{(++)}(z,t)][f^L_{(++)}(z,t')],z=0\right\}-$$

$$\frac{(1-2c)\epsilon\ln\epsilon}{(1-\epsilon^{1-2c})}\frac{(tt')^{-c}}{4\pi}\bigg\{\frac{2(1-2c)(1-\epsilon^{3-2c})}{(3-2c)(1+2c)(1-\epsilon^{1-2c})}+\frac{t^2+t'^2}{1-2c}-$$

$$\frac{2}{(1-2c)(1+2c)}\left[\theta(t'-t)(t'^{1+2c}+\epsilon^{1-2c}t^{1+2c})+\theta(t-t')(t^{1+2c}+\epsilon^{1-2c}t'^{1+2c})\right]\Bigg\} \tag{4.78}$$

由于 $t\neq t'$，所以 $\sum_{(\pm\pm)}^{L,c}(t,t')$ 在红外和紫外膜上分别满足对应的边界条件：

$$\left[t_{(\mathrm{ir})}\frac{\partial\sum_{(\pm\pm)}^{L,c}}{\partial t_{(\mathrm{ir})}}+c\sum_{(\pm\pm)}^{L,c}\right](t,t')\Bigg|_{t_{(\mathrm{ir})}=1}=0,\ \left[t_{(uv)}\frac{\partial\sum_{(\pm\pm)}^{L,c}}{\partial t_{(uv)}}+c\sum_{(\pm\pm)}^{L,c}\right](t,t')\Bigg|_{t_{(uv)}=\epsilon}=0 \tag{4.79}$$

当 $t=t'\in[\epsilon,1]$ 时，无论 Bulk 质量 $c\in Real$ 取何值，都有 $\sum_{(\pm\pm)}^{L,c}(t,t)$ 是非负的。对满足(−−)边界条件的左手费米子，函数 $R^{c,\epsilon}_{\mp\mp}(z)$ 和相关场函数在 $z=0$ 附近的洛朗展开为：

$$\left.\begin{aligned}
R^{c,\epsilon}_{(\mp\mp)}(z)&=\frac{2\epsilon^{-c-\frac{1}{2}}(1-\epsilon^{1+2c})}{(1+2c)\Gamma\left(\frac{1}{2}-c\right)\Gamma\left(\frac{1}{2}+c\right)}\left\{1-\frac{z^2}{2(1-\epsilon^{1+2c})}\left[\frac{1-\epsilon^{3+2c}}{3+2c}+\frac{\epsilon^2-\epsilon^{1+2c}}{1-2c}\right]+o(z^4)\right\}\\
\frac{\partial R^{c,\epsilon}_{(\mp\mp)}}{\partial z}(z)&=-\frac{2z\epsilon^{-c-\frac{1}{2}}}{(1+2c)\Gamma\left(\frac{1}{2}-c\right)\Gamma\left(\frac{1}{2}+c\right)}\left\{\left[\frac{1-\epsilon^{3+2c}}{3+2c}+\frac{\epsilon^2-\epsilon^{1+2c}}{1-2c}\right]-\right.\\
&\left.\frac{z^2}{2}\left[\frac{1-\epsilon^{5+2c}}{(5+2c)(3+2c)}+\frac{2(\epsilon^2-\epsilon^{3+2c})}{(3+2c)(1-2c)}+\frac{(\epsilon^4-\epsilon^{1+2c})}{(1-2c)(3-2c)}\right]+o(z^4)\right\}\\
\frac{\sqrt{t}\phi^{c(-)}_{L_{(uv)}}(z,t)}{[N^{c(-)}_{L_{(uv)}}(z)]}&=\left(\frac{-(1-2c)(3+2c)\ln\epsilon}{2\pi[\zeta^{(-)}_{(uv)}(c,\epsilon)]}\right)^{1/2}t^{1+c}\epsilon^{1+c}(t^{-1-2c}-\epsilon^{-1-2c})\times\\
&\left\{1-\frac{z^2}{2}\left[\frac{t^{1-2c}-\epsilon^{1-2c}}{(1-2c)(t^{-1-2c}-\epsilon^{-1-2c})}+\frac{\epsilon^2t^{-1-2c}-\epsilon^{-1-2c}t^2}{(3+2c)(t^{-1-2c}-\epsilon^{-1-2c})}-\right.\right.\\
&\frac{1+2\epsilon^2-\epsilon^{1-2c}-\epsilon^{3+2c}}{[\zeta^{(-)}_{(uv)}(c,\epsilon)]}-\frac{3(1+2c)^2\epsilon^4}{(3-2c)(5+2c)[\zeta^{(-)}_{(uv)}(c,\epsilon)]}+\\
&\left.\left.\frac{(1-2c)\epsilon^{-1-2c}}{(5+2c)[\zeta^{(-)}_{(uv)}(c,\epsilon)]}+\frac{(3+2c)\epsilon^{1+2c}}{(3-2c)[\zeta^{(-)}_{(uv)}(c,\epsilon)]}\right]+o(z^4)\right\}\\
\frac{\sqrt{t}\phi^{c(-)}_{L_{(\mathrm{ir})}}(z,t)}{[N^{c(-)}_{L_{(\mathrm{ir})}}(z)]}&=\left[\frac{-(1-2c)(3+2c)\epsilon\ln\epsilon}{2\pi[\zeta^{(-)}_{(\mathrm{ir})}(c,\epsilon)]}\right]^{1/2}t^{1+c}(1-t^{-1-2c})\times\\
&\left\{1-\frac{z^2}{2}\left[\frac{1-t^{1-2c}}{(1-2c)(1-t^{-1-2c})}+\frac{t^2-t^{-1-2c}}{(3+2c)(1-t^{-1-2c})}+\right.\right.\\
&\frac{\epsilon^{3+2c}+\epsilon^{1-2c}-2\epsilon^2-\epsilon^4}{[\zeta^{(-)}_{(\mathrm{ir})}(c,\epsilon)]}-\frac{3(1+2c)^2}{(3-2c)(5+2c)[\zeta^{(-)}_{(\mathrm{ir})}(c,\epsilon)]}+\\
&\left.\left.\frac{(1-2c)\epsilon^{5+2c}}{(5+2c)[\zeta^{(-)}_{(\mathrm{ir})}(c,\epsilon)]}+\frac{(3+2c)\epsilon^{3-2c}}{(3-2c)[\zeta^{(-)}_{(\mathrm{ir})}(c,\epsilon)]}\right]+o(z^4)\right\}
\end{aligned}\right\} \tag{4.80}$$

其中

$$\left.\begin{aligned}\zeta^{(-)}_{(uv)}(c,\epsilon)&=(3+2c)\epsilon^{1+2c}+(1-2c)\epsilon^{-1-2c}-(1+2c)^2\epsilon^2-(1-2c)(3+2c)\\ \zeta^{(-)}_{(\mathrm{ir})}(c,\epsilon)&=-(3+2c)\epsilon^{1-2c}-(1-2c)\epsilon^{3+2c}+(1+2c)^2+(1-2c)(3+2c)\epsilon^2\end{aligned}\right\}\tag{4.81}$$

从方程(4.80)出发，可以类似得到下面的求和：

$$\begin{aligned}\sum{}^{L,c}_{(\mp\mp)}(t,t')&=\sum_{n=1}^{\infty}\frac{[f^{L,c}_{(--)}(y^{c(n)}_{(\mp\mp)},t)][f^{L,c}_{(--)}(y^{c(n)}_{(\mp\mp)},t')]}{[y^{c(n)}_{(\mp\mp)}]^2}\\
&=-\frac{1}{2}\mathrm{Res}\left\{\left[\frac{2}{z^3}+\frac{1}{z^2R^{c,\epsilon}_{(\mp\mp)}(z)}\frac{\partial R^{c,\epsilon}_{(\mp\mp)}}{\partial z}(z)\right][f^L_{(--)}(z,t)][f^L_{(--)}(z,t')],\ z=0\right\}\\
&=-\frac{(1-2c)(3+2c)\epsilon^{3/2+c}\ln\epsilon}{[\zeta^{(-)}_{(uv)}(c,\epsilon)\zeta^{(-)}_{(\mathrm{ir})}(c,\epsilon)]^{1/2}}\frac{(tt')^{1+c}}{4\pi}\{\theta(t-t')(1-t^{-1-2c})(t'^{-1-2c}-\epsilon^{-1-2c})\times\\
&\left[\frac{1}{1-\epsilon^{1+2c}}\left(\frac{1-\epsilon^{3+2c}}{3+2c}+\frac{\epsilon^2-\epsilon^{1+2c}}{1-2c}\right)+\frac{\epsilon^{3+2c}+\epsilon^{1-2c}-2\epsilon^2-\epsilon^4}{[\zeta^{(-)}_{(\mathrm{ir})}(c,\epsilon)]}-\right.\\
&\frac{3(1+2c)^2}{(3-2c)(5+2c)[\zeta^{(-)}_{(\mathrm{ir})}(c,\epsilon)]}+\frac{(1-2c)\epsilon^{5+2c}}{(5+2c)[\zeta^{(-)}_{(\mathrm{ir})}(c,\epsilon)]}+\frac{(3+2c)\epsilon^{3-2c}}{(3-2c)[\zeta^{(-)}_{(\mathrm{ir})}(c,\epsilon)]}-\\
&\frac{1+2\epsilon^2-\epsilon^{1-2c}-\epsilon^{3+2c}}{[\zeta^{(-)}_{(uv)}(c,\epsilon)]}-\frac{3(1+2c)^2\epsilon^4}{(3-2c)(5+2c)[\zeta^{(-)}_{(uv)}(c,\epsilon)]}+\frac{(1-2c)\epsilon^{-1-2c}}{(5+2c)[\zeta^{(-)}_{(uv)}(c,\epsilon)]}+\\
&\frac{(3+2c)\epsilon^{1+2c}}{(3-2c)[\zeta^{(-)}_{(uv)}(c,\epsilon)]}+\frac{1-t^{1-2c}}{(1-2c)(1-t^{-1-2c})}+\frac{t^2-t^{-1-2c}}{(3+2c)(1-t^{-1-2c})}+\\
&\left.\frac{t'^{1-2c}-\epsilon^{1-2c}}{(1-2c)(t'^{-1-2c}-\epsilon^{-1-2c})}+\frac{\epsilon^2t'^{-1-2c}-\epsilon^{-1-2c}t'^2}{(3+2c)(t'^{-1-2c}-\epsilon^{-1-2c})}\right]+(t\leftrightarrow t')\Big\}\end{aligned}\tag{4.82}$$

当 $t\neq t'$ 时，容易发现 $\sum{}^{L,c}_{(\mp\mp)}(t,t')$ 在红外和紫外膜上分别满足对应的边界条件：

$$\sum{}^{L,c}_{(\mp\mp)}(t,t')\Big|_{t_{(\mathrm{ir})}=1}=0,\ \sum{}^{L,c}_{(\mp\mp)}(t,t')\Big|_{t_{(uv)}=\epsilon}=0\tag{4.83}$$

且无论 Bulk 质量 $c\in Real$ 和 $t\in[\epsilon,1]$ 取任何值，函数 $\sum{}^{L,c}_{(\mp\mp)}(t,t)$ 都是非负的。对满足(+-)边界的左手费米子，场函数在 $z=0$ 处的洛朗展开可以通过方程(4.77)和方程(4.80)得到。函数 $R^{c,\epsilon}_{\pm\mp}(z)$ 在 $z=0$ 处的洛朗展开为：

$$\left.\begin{aligned}R^{c,\epsilon}_{(\pm\mp)}(z)&=\frac{2\epsilon^{c-\frac{1}{2}}}{z\Gamma\left(\frac{1}{2}-c\right)\Gamma\left(\frac{1}{2}+c\right)}\left\{1-\frac{z^2}{2}\left[\frac{1}{1-2c}+\frac{\epsilon^2}{1+2c}-\frac{2\epsilon^{1-2c}}{(1-2c)(1+2c)}\right]+o(z^4)\right\}\\
\frac{\partial R^{c,\epsilon}_{(\pm\mp)}}{\partial z}(z)&=-\frac{2\epsilon^{c-\frac{1}{2}}}{z^2\Gamma\left(\frac{1}{2}-c\right)\Gamma\left(\frac{1}{2}+c\right)}\left\{1+\frac{z^2}{2}\left[\frac{1}{1-2c}+\frac{\epsilon^2}{1+2c}-\frac{2\epsilon^{1-2c}}{(1-2c)(1+2c)}\right]+o(z^4)\right\}\end{aligned}\right\}\tag{4.84}$$

类似地，可以推导得出：

$$\sum{}^{L,c}_{(\pm\mp)}(t,t')=\sum_{n=1}^{\infty}\frac{[f^{L,c}_{(+-)}(y^{c(n)}_{(\pm\mp)},t)][f^{L,c}_{(+-)}(y^{c(n)}_{(\pm\mp)},t')]}{[y^{c(n)}_{(\pm\mp)}]^2}$$

$$= -\frac{1}{2}\mathrm{Res}\left\{\left[\frac{2}{z^3}+\frac{1}{z^2 R^{c,\epsilon}_{(\pm\mp)}(z)}\frac{\partial R^{c,\epsilon}_{(\pm\mp)}}{\partial z}(z)\right][f^L_{(+-)}(z,t)][f^L_{(+-)}(z,t')],\ z=0\right\}$$

$$= -\frac{\epsilon\ln\epsilon}{8\pi}\left(\frac{(1-2c)^2(3+2c)}{(1-\epsilon^{1-2c})[\zeta^{(-)}_{(\mathrm{ir})}(c,\epsilon)]}\right)^{1/2}\{\theta(t-t')t^{1+c}t'^{-c}\,|1-t^{-1-2c}|\times$$

$$\left[\frac{2}{1-2c}+\frac{2\epsilon^2}{1+2c}-\frac{4\epsilon^{1-2c}}{(1-2c)(1+2c)}+\frac{\epsilon^{3+2c}+\epsilon^{1-2c}-2\epsilon^2-\epsilon^4}{[\zeta^{(-)}_{(\mathrm{ir})}(c,\epsilon)]}-\right.$$

$$\frac{3(1+2c)^2}{(3-2c)(5+2c)[\zeta^{(-)}_{(\mathrm{ir})}(c,\epsilon)]}+\frac{(1-2c)\epsilon^{5+2c}}{(5+2c)[\zeta^{(-)}_{(\mathrm{ir})}(c,\epsilon)]}+\frac{(3+2c)\epsilon^{3-2c}}{(3-2c)[\zeta^{(-)}_{(\mathrm{ir})}(c,\epsilon)]}+$$

$$\frac{(3-2c)\epsilon^{1-2c}-2(1-2c)\epsilon^{3-2c}}{(3-2c)(1+2c)(1-\epsilon^{1-2c})}+\frac{1-t^{1-2c}}{(1-2c)(1-t^{-1-2c})}+\frac{t^2-t^{-1-2c}}{(3+2c)(1-t^{-1-2c})}+$$

$$\left.\frac{t'^2}{1-2c}-\frac{2\epsilon^{1-2c}t'^{1+2c}}{(1-2c)(1+2c)}\right]+(t\leftrightarrow t')\Big\}\tag{4.85}$$

同样，函数 $\sum^{L,c}_{(\pm\mp)}(t,t')$ 在红外和紫外膜上分别满足对应的边界条件：

$$\sum{}^{L,c}_{(\pm\mp)}(t,t')\,\Big|_{t_{(\mathrm{ir})}=1}=0,\quad \left[t_{(uv)}\frac{\partial\sum^{L,c}_{(\pm\mp)}}{\partial t_{(uv)}}+c\sum{}^{L,c}_{(\pm\mp)}\right](t,t')\Bigg|_{t_{(uv)}=\epsilon}=0\tag{4.86}$$

且无论 Bulk 质量 $c\in Real$ 和 $t\in[\epsilon,1]$ 取任何值，函数 $\sum^{L,c}_{(\pm\mp)}(t,t)$ 都是非负的。对满足 $(-+)$ 边界条件的左手费米子，函数 $R^{c,\epsilon}_{\mp\pm}(z)$ 在 $z=0$ 处的洛朗展开为：

$$\left.\begin{aligned}
R^{c,\epsilon}_{(\mp\pm)}(z)&=\frac{2\epsilon^{-c-\frac{1}{2}}}{z\Gamma\left(\frac{1}{2}-c\right)\Gamma\left(\frac{1}{2}+c\right)}\left\{1-\frac{z^2}{2}\left[\frac{1}{1+2c}+\frac{\epsilon^2}{1-2c}-\frac{2\epsilon^{1+2c}}{(1-2c)(1+2c)}\right]+o(z^4)\right\}\\
\frac{\partial R^{c,\epsilon}_{(\mp\pm)}}{\partial z}(z)&=-\frac{2\epsilon^{-c-\frac{1}{2}}}{z^2\Gamma\left(\frac{1}{2}-c\right)\Gamma\left(\frac{1}{2}+c\right)}\left\{1+\frac{z^2}{2}\left[\frac{1}{1+2c}+\frac{\epsilon^2}{1-2c}-\frac{2\epsilon^{1+2c}}{(1-2c)(1+2c)}\right]+o(z^4)\right\}
\end{aligned}\right\}\tag{4.87}$$

相应地，关于 KK 激发态的无穷级数求和为：

$$\sum{}^{L,c}_{(\mp\pm)}(t,t')=\sum_{n=1}^{\infty}\frac{[f^{L,c}_{(-+)}(y^{c(n)}_{(\mp\pm)},t)][f^{L,c}_{(-+)}(y^{c(n)}_{(\mp\pm)},t')]}{[y^{c(n)}_{(\mp\pm)}]^2}$$

$$= -\frac{1}{2}\mathrm{Res}\left\{\left[\frac{2}{z^3}+\frac{1}{z^2R^{c,\epsilon}_{(\mp\pm)}(z)}\frac{\partial R^{c,\epsilon}_{(\mp\pm)}}{\partial z}(z)\right][f^L_{(-+)}(z,t)][f^L_{(-+)}(z,t')],\ z=0\right\}$$

$$= -\frac{\epsilon^{3/2+c}\ln\epsilon}{8\pi}\left(\frac{(1-2c)^2(3+2c)}{(1-\epsilon^{1-2c})[\zeta^{(-)}_{(uv)}(c,\epsilon)]}\right)^{1/2}\{\theta(t-t')t^{-c}t'^{1+c}\,|t'^{-1-2c}-\epsilon^{-1-2c}|\times$$

$$\left[\frac{2}{1+2c}+\frac{2\epsilon^2}{1-2c}-\frac{4\epsilon^{1+2c}}{(1-2c)(1+2c)}+\frac{2(1-2c)+(1+2c)\epsilon^{3-2c}-(3-2c)\epsilon^2}{(3-2c)(1+2c)(1-\epsilon^{1-2c})}-\right.$$

$$\frac{1+2\epsilon^2-\epsilon^{1-2c}-\epsilon^{3+2c}}{[\zeta^{(-)}_{(uv)}(c,\epsilon)]}-\frac{3(1+2c)^2\epsilon^4}{(3-2c)(5+2c)[\zeta^{(-)}_{(uv)}(c,\epsilon)]}+\frac{(1-2c)\epsilon^{-1-2c}}{(5+2c)[\zeta^{(-)}_{(uv)}(c,\epsilon)]}+$$

$$\frac{(3+2c)\epsilon^{1+2c}}{(3-2c)[\zeta^{(-)}_{(uv)}(c,\epsilon)]}+\frac{t^2}{1-2c}-\frac{2t^{1+2c}}{(1-2c)(1+2c)}+\frac{t'^{1-2c}-\epsilon^{1-2c}}{(1-2c)(t'^{-1-2c}-\epsilon^{-1-2c})}+$$
$$\left.\frac{\epsilon^2 t'^{-1-2c}-\epsilon^{-1-2c}t'^2}{(3+2c)(t'^{-1-2c}-\epsilon^{-1-2c})}\right]+(t\leftrightarrow t')\Bigg\} \tag{4.88}$$

由于 $t\neq t'$，函数 $\sum^{L,c}_{(\mp\pm)}(t,t')$ 在红外和紫外膜上分别满足对应的边界条件：

$$\left[t_{(\mathrm{ir})}\frac{\partial\sum^{L,c}_{(\mp\pm)}}{\partial t_{(\mathrm{ir})}}+c\sum^{L,c}_{(\mp\pm)}\right](t,t')\Bigg|_{t_{(\mathrm{ir})}=1}=0,\quad \sum^{L,c}_{(\mp\pm)}(t,t')\Big|_{t_{(uv)}=\epsilon}=0 \tag{4.89}$$

同时，无论 $c\in Real$ 和 $t\in[\epsilon,1]$ 取任何值，函数 $\sum^{L,c}_{(\mp\pm)}(t,t)$ 都是非负的。通过类似的方法，可以得到右手费米子的求和如下：

$$\left.\begin{aligned}
\sum{}^{R,c}_{(\mp\mp)}(t,t')&=\sum_{n=1}^{\infty}\frac{[f^{R,c}_{(++)}(y^{c(n)}_{(\mp\mp)},t)][f^{R,c}_{(++)}(y^{c(n)}_{(\mp\mp)},t')]}{[y^{c(n)}_{(\mp\mp)}]^2}=\sum{}^{L,-c}_{(\pm\pm)}(t,t')\\
\sum{}^{R,c}_{(\pm\pm)}(t,t')&=\sum_{n=1}^{\infty}\frac{[f^{R,c}_{(--)}(y^{c(n)}_{(\mp\mp)},t)][f^{R,c}_{(--)}(y^{c(n)}_{(\pm\pm)},t')]}{[y^{c(n)}_{(\pm\pm)}]^2}=\sum{}^{L,-c}_{(\mp\mp)}(t,t')\\
\sum{}^{R,c}_{(\mp\pm)}(t,t')&=\sum_{n=1}^{\infty}\frac{[f^{R,c}_{(+-)}(y^{c(n)}_{(\mp\mp)},t)][f^{R,c}_{(+-)}(y^{c(n)}_{(\mp\pm)},t')]}{[y^{c(n)}_{(\mp\pm)}]^2}=\sum{}^{L,-c}_{(\pm\mp)}(t,t')\\
\sum{}^{R,c}_{(\pm\mp)}(t,t')&=\sum_{n=1}^{\infty}\frac{[f^{R,c}_{(-+)}(y^{c(n)}_{(\pm\mp)},t)][f^{R,c}_{(-+)}(y^{c(n)}_{(\pm\mp)},t')]}{[y^{c(n)}_{(\pm\mp)}]^2}=\sum{}^{L,-c}_{(\mp\pm)}(t,t')
\end{aligned}\right\} \tag{4.90}$$

第 5 章　弯曲额外维模型对 $\overline{B}\to X_s\gamma$ 的单圈修正

◆◇ 5.1　B 介子衰变理论和实验概述

在标准模型中，有关 $\overline{B}\to X_s\gamma$ 分支比的计算已经达到了相当的精度，NNLO (Next-to-Next-to-Leading-Order) 阶的分支比理论值[65-67]为

$$Br(\overline{B}\to X_s\gamma) = (3.15\pm0.23)\times10^{-4} \tag{5.1}$$

这个结果对应 $\overline{B}$ 介子静止系中的能量截断：$E_\gamma>1.6\text{GeV}$。这一理论结果符合当前的实验观测值[68]：

$$Br(\overline{B}\to X_s\gamma) = (3.55\pm0.24\pm0.09)\times10^{-4} \tag{5.2}$$

这里用的是同样的能量截断 E_γ。

由于弯曲额外维模型在解决普朗克能标和电弱能标的能级问题上取得的进展，在过去的几年中，如何对此类模型进行限制成为人们感兴趣的一个课题[69-71]。文献[69]研究了新物理的树图修正，而文献[70]则定性地讨论了圈图修正。尽管 CP 破坏参数 ϵ_K 对经典 RS 模型给出了最强的限制[72-74]，但因树图对 $\overline{B}\to X_s\gamma$ 过程没有贡献，因此研究 $\overline{B}\to X_s\gamma$ 的单圈修正对弯曲额外维模型给出了更加精确的限制。

本章将对弯曲额外维模型下新物理对 $\overline{B}\to X_s\gamma$ 的单圈修正给出计算过程，得到弯曲额外维模型中新物理对衰变分支比的全部 KK 态贡献。利用上述提到的留数定理的方法，对全部的 KK 无穷级数求和，得到了来自额外维所有激发态的全部贡献。同时，来自实验的 $\overline{B}\to X_s\gamma$ 分支比结果也为具有 $SU(3)_c\times SU(2)_L\times SU(2)_R\times U(1)_X\times P_{LR}$ 对称的 RS 模型的各参数提供了限制。

5.2　有效拉氏量和相关算符

在具有 $SU(3)_c\times SU(2)_L\times SU(2)_R\times U(1)_X\times P_{LR}$对称的 RS 模型中，固定于红外膜上的中性希格斯诱导了带有相同电荷的激发态之间的耦合，这种耦合的一个结果就是味道改变中性流(FCNC)不仅可以由虚的荷电规范玻色子$W^{\pm}$以及它们的激发态所引起，也可以通过内线交换中性希格斯、胶子和光子的 KK 激发态以及中性的电弱规范玻色子产生。

下面给出具有上述扩展的对称性的弯曲额外维理论对 b 衰变 $b\to s+\gamma$ 的修正，并通过 $\bar{B}\to X_s\gamma$ 的实验观测数据对这一模型的模型参数作出可能的限制。

在 $\mu_b=o(m_b)$ 能标下，$\bar{B}\to X_s\gamma$ 的有效拉氏量可以写为：

$$
\begin{aligned}
H_{b\to s\gamma}(\mu_b)=-\frac{4G_F}{\sqrt{2}}\Big\{&\sum_{i=1}^{6}C_i(\mu_b)Q_i+\sum_{i=3}^{6}\widetilde{C}_i(\mu_b)\widetilde{Q}_i+\\
&\sum_{i=1}^{2}\sum_{f}\left[C_{f,i}^{LL}(\mu_b)Q_{f,i}^{LL}+C_{f,i}^{LR}(\mu_b)Q_{f,i}^{LR}+C_{f,i}^{RL}(\mu_b)Q_{f,i}^{RL}+C_{f,i}^{RR}(\mu_b)Q_{f,i}^{RR}\right]+\\
&\sum_{i=1}^{2}\left[\hat{C}_{d,i}^{LL}(\mu_b)\hat{Q}_{d,i}^{LL}+\hat{C}_{d,i}^{LR}(\mu_b)\hat{Q}_{d,i}^{LR}+\hat{C}_{d,i}^{RL}(\mu_b)\hat{Q}_{d,i}^{RL}+\hat{C}_{d,i}^{RR}(\mu_b)\hat{Q}_{d,i}^{RR}\right]+\\
&C_{7\gamma}(\mu_b)Q_{7\gamma}+C_{8G}(\mu_b)Q_{8G}+\widetilde{C}_{7\gamma}(\mu_b)\widetilde{Q}_{7\gamma}+\widetilde{C}_{8G}(\mu_b)\widetilde{Q}_{8G}\Big\}
\end{aligned}
\tag{5.3}
$$

其中，G_F 表示费米常数，而$f=u$, c, d, s, b。相应的磁偶极矩算符如下：

$$
\left.
\begin{aligned}
Q_{7\gamma}&=\frac{e}{16\pi^2}m_b\bar{s}_\alpha\sigma^{\mu\nu}P_Rb_\alpha F_{\mu\nu}\\
Q_{8G}&=\frac{g_s}{16\pi^2}m_b\bar{s}_\alpha T_{\alpha\beta}^a\sigma^{\mu\nu}P_Rb_\beta G_{\mu\nu}^a
\end{aligned}
\right\}
\tag{5.4}
$$

完整的六维算符 $Q_i(i=1,\cdots,6)$的具体表达式在文献[75]中给出，加波浪号的六维算子可以通过将 Q_i, $Q_{7\gamma}$, Q_{8G}中的右手投影算符 $P_R=(1+\gamma_5)/2$ 替换为左手投影算符 $P_L=(1-\gamma_5)/2$ 得到。其中，α, $\beta=1$, 2, 3 为夸克的颜色指标，$F_{\mu\nu}$和 $G_{\mu\nu}^a(a=1,\cdots,8)$分别表示电磁场强张量和强子场强张量。中性流-流算符的定义[76-77]如下：

$$
\left.
\begin{aligned}
Q_{u,1}^{AB}&=(\bar{s}_\alpha\gamma_\mu P_Ab_\beta)(\bar{u}_\beta\gamma_\mu P_Bu_\alpha)\\
Q_{u,2}^{AB}&=(\bar{s}_\alpha\gamma_\mu P_Ab_\alpha)(\bar{u}_\beta\gamma_\mu P_Bu_\beta)\\
\hat{Q}_{d,1}^{AB}&=(\bar{s}_\alpha\gamma_\mu P_Ad_\beta)(\bar{d}_\beta\gamma_\mu P_Bb_\alpha)\\
\hat{Q}_{d,2}^{AB}&=(\bar{s}_\alpha\gamma_\mu P_Ad_\alpha)(\bar{d}_\beta\gamma_\mu P_Bb_\beta)
\end{aligned}
\right\}
\tag{5.5}
$$

其中，A, $B=L$, R 分别用来标记左右手征。

在方程(5.3)中，费米常数 G_F 通过 μ 轻子衰变 $\mu^-\to e^-\nu_\mu\bar{\nu}_e$ 来获得。在具有扩展的群对称的弯曲额外维模型中，这个过程通过在内线交换带电和中型的规范玻色子以及它们对应的KK态粒子来实现。如果假设汤川耦合是任意的，对于衰变中含有质量很小的轻子时，非整体的贡献受到红外膜上的费米场函数的抑制[64]，因此可以在计算中忽略。这可以在 $\mu^-\to e^-\nu_\mu\bar{\nu}_e$ 过程中得到不依赖于轻子味道的整体修正：

$$\frac{G_F}{\sqrt{2}}=\frac{g^2}{8m_W^2}\{1+\Delta G_F\} \tag{5.6}$$

其中

$$\Delta G_F=\frac{m_W^2}{2\Lambda_{KK}^2}\left[1+\frac{1}{2\ln\epsilon}\right] \tag{5.7}$$

电弱能标下，有效理论给出的六维算子 $Q_{7\gamma}$，Q_{8G}，$\widetilde{Q}_{7\gamma}$，$\widetilde{Q}_{8G}$是由单圈费曼图中虚的重自由度诱导的，利用背景规范，在图5.1中给出相应的费曼图。

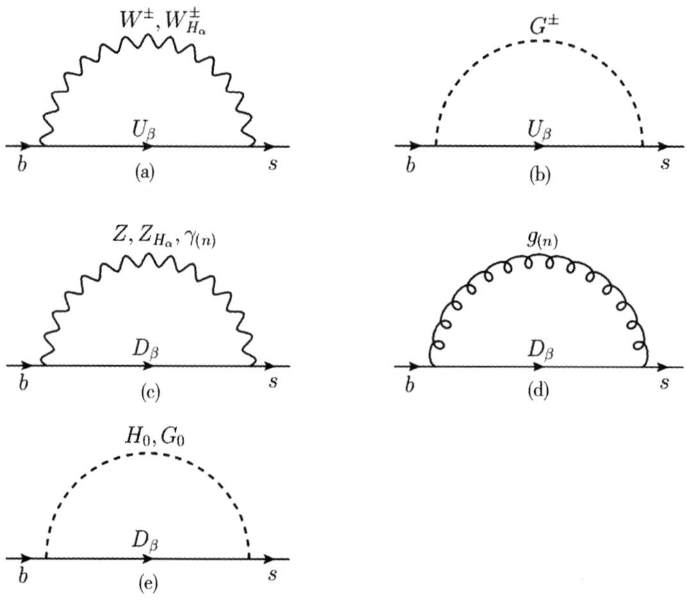

图5.1　弯曲额外维模型下 $b\to s\gamma$ 和 $b\to sg$ 对应的费曼图，光子和胶子可以接在所有可能的位置。其中，Z，$W^\pm$，H_0，G_0，$G^\pm$，$U_i=u_i$，$D_i=d_i(i=1, 2, 3)$依次分别表示中性和带电的规范玻色子，中性希格斯，中性和带电的Goldstone，三代的上下夸克，Z_{H_α}，$W^\pm_{H_\alpha}$，$\gamma_{(n)}$，$g_{(n)}$，$U_{(3+\beta)}$，$D_{(3+\beta)}(n, \alpha, \beta=1, 2, \cdots, \infty)$分别表示重的规范玻色子和上下夸克。

5.3 质量矩阵和混合矩阵

标量粒子或规范粒子与费米子的耦合和相关场函数及对应的混合矩阵相关。为了近似得到带电 2/3，-1/3 的夸克零模与对应的 KK 激发态之间的耦合，构造的由夸克的流本征态所构成的无穷维列矢量如下：

$$\left.\begin{aligned}
\Psi_L(2/3) &= \left(q_{u_L}^{i(0)}(++),\ \cdots,\ q_{u_L}^{i(n)}(++),\ U_L^{i(n)}(+-),\ \widetilde{U}_L^{i(n)}(+-),\right.\\
&\qquad \left.\chi_L^{i(n)}(-+),\ u_L^{i(n)}(--),\ \cdots\right)^{\mathrm{T}}\\
\Psi_R(2/3) &= \left(u_R^{i(0)}(++),\ \cdots,\ q_{u_R}^{i(n)}(--),\ U_R^{i(n)}(-+),\ \widetilde{U}_R^{i(n)}(-+),\right.\\
&\qquad \left.\chi_{d_R}^{i(n)}(+-),\ u_R^{i(n)}(++),\ \cdots\right)^{\mathrm{T}}\\
\Psi_L(-1/3) &= \left(q_{d_L}^{i(0)}(++),\ \cdots,\ q_{d_L}^{i(n)}(++),\ D_L^{i(n)}(+-),\ d_L^{i(n)}(--),\ \cdots\right)^{\mathrm{T}}\\
\Psi_R(-1/3) &= \left(D_R^{i(0)}(++),\ \cdots,\ q_{d_g}^{i(n)}(--),\ D_R^{i(n)}(-+),\ d_R^{i(n)}(++),\ \cdots\right)^{\mathrm{T}}
\end{aligned}\right\}\qquad(5.8)$$

其中，$i=1, 2, 3$ 是代指标，$n=1, 2, \cdots, \infty$ 是用于标记不同的 KK 激发态的指标，括号中的符号分别表示相应的场在紫外和红外膜上满足的边界条件。在式(5.8)的列矢量中，带有 2/3 电荷的夸克M_U的质量矩阵在表 5.1 中给出，其中，$M_{(BCs)}^{c(n)}=\Lambda_{KK}y_{(BCs)}^{c(n)}$，其他非零矩阵元的具体表达式在附录 A 中给出。类似地，在表 5.2 中给出带电-1/3 的夸克 M_D 的质量矩阵。

表 5.1　带 2/3 电荷夸克的质量矩阵

$[M_{0,0}^{qu}]_{ij}$	$\cdots$	0	$[M_{0,n'}^{qU}]_{ij}$	$[M_{0,n'}^{q\widetilde{U}}]_{ij}$	0	$[M_{0,n'}^{qu}]_{ij}$	$\cdots$
$\vdots$		$\vdots$	$\vdots$	$\vdots$	$\vdots$	$\vdots$	
$[M_{n,0}^{qu}]_{ij}$	$\cdots$	$\left\{\begin{matrix}[M_{B(\pm\pm)}^{c_i(n)}]\\ \times\delta_{nn'}\delta_{ij}\end{matrix}\right\}$	$[M_{n,n'}^{qU}]_{ij}$	$[M_{n,n'}^{q\widetilde{U}}]_{ij}$,	0	$[M_{n,n'}^{qu}]_{ij}$	$\cdots$
0	$\cdots$	0	$\left\{\begin{matrix}[M_{T(\pm\mp)}^{c_i(n)}]\\ \times\delta_{nn'}\delta_{ij}\end{matrix}\right\}$	0	0	0	$\cdots$
0	$\cdots$	0	0	$\left\{\begin{matrix}[M_{T(\pm\mp)}^{c_i(n)}]\\ \times\delta_{nn'}\delta_{ij}\end{matrix}\right\}$	0	0	$\cdots$
$[M_{n,0}^{\chi u}]_{ij}$	$\cdots$	0	$[M_{n,n'}^{\chi U}]_{ij}$	$[M_{n,n'}^{\chi\widetilde{U}}]_{ij}$	$\left\{\begin{matrix}[M_{B(\mp\pm)}^{c_i(n)}]\\ \times\delta_{nn'}\delta_{ij}\end{matrix}\right\}$	$[M_{n,n'}^{\chi u}]_{ij}$	$\cdots$
0	$\cdots$	0	0	0	0	$\left\{\begin{matrix}[M_{S(\mp\mp)}^{c_i(n)}]\\ \times\delta_{nn'}\delta_{ij}\end{matrix}\right\}$	$\cdots$
$\vdots$		$\vdots$	$\vdots$	$\vdots$	$\vdots$	$\vdots$	

表 5.2　带−1/3 电荷夸克的质量矩阵

$[M^{qd}_{0,0}]_{ij}$	…	0	$[M^{qD}_{0,n'}]_{ij}$	$[M^{qd}_{0,n'}]_{ij}$	…
⋮		⋮	⋮	⋮	
$[M^{qd}_{n,0}]_{ij}$	…	$\begin{Bmatrix}[M^{c^i_B(n)}_{(\pm\pm)}]\\ \times\delta_{nn'}\delta_{ij}\end{Bmatrix}$	$[M^{qD}_{n,n'}]_{ij}$	$[M^{qd}_{n,n'}]_{ij}$	…
0	…	0	$\begin{Bmatrix}[M^{c^i_T(n)}_{(\pm\mp)}]\\ \times\delta_{nn'}\delta_{ij}\end{Bmatrix}$	0	…
0	…	0	0	$\begin{Bmatrix}[M^{c^i_T(n)}_{(\mp\mp)}]\\ \times\delta_{nn'}\delta_{ij}\end{Bmatrix}$	…
…	…	…	…	…	…

接下来对带电 2/3 和−1/3 的夸克分别对角化，其质量本征态可表示为：

$$\left.\begin{aligned} U_{\alpha,L}&=[U_L^\dagger\Psi_L(2/3)]_\alpha, \quad U_{\alpha,R}=[U_R^\dagger\Psi_R(2/3)]_\alpha \\ D_{\alpha,L}&=[D_L^\dagger\Psi_L(-1/3)]_\alpha, \quad D_{\alpha,R}=[D_R^\dagger\Psi_R(-1/3)]_\alpha \end{aligned}\right\} \tag{5.9}$$

其中，$U_{1,2,3}$是带 2/3 电荷的上夸克，在标准模型中对应的是 u，c，t；$D_{1,2,3}$表示的是带−1/3 电荷的下夸克，在标准模型中对应的是 d，s，b。对规范场，中性和带电规范玻色子的质量矩阵可以通过 Hiigs 的动能项导出：

$$\left.\begin{aligned} M^2_{W^\pm}&=\begin{pmatrix} \dfrac{e^2v^2}{4s_W^2} & \cdots & [M^2_{W^\pm_{L,L}}]_{0,n'} & [M^2_{W^\pm_{L,R}}]_{0,n'} & \cdots \\ \vdots & & \vdots & \vdots & \\ [M^2_{W^\pm_{L,L}}]_{0,n} & \cdots & [M^2_{W^\pm_{L,L}}]_{n,n'} & [M^2_{W^\pm_{L,R}}]_{n,n'} & \cdots \\ [M^2_{W^\pm_{L,R}}]_{0,n} & \cdots & [M^2_{W^\pm_{L,R}}]_{n,n'} & [M^2_{W^\pm_{R,R}}]_{n,n'} & \cdots \end{pmatrix} \\ M^2_Z&=\begin{pmatrix} \dfrac{e^2v^2}{4s_W^2c_W^2} & \cdots & [M^2_{Z_{L,L}}]_{0,n'} & [M^2_{Z_{L,X}}]_{0,n'} & \cdots \\ \vdots & & \vdots & \vdots & \\ [M^2_{Z_{L,L}}]_{0,n} & \cdots & [M^2_{Z_{L,L}}]_{n,n'} & [M^2_{Z_{L,X}}]_{n,n'} & \cdots \\ [M^2_{Z_{L,X}}]_{0,n} & \cdots & [M^2_{Z_{L,X}}]_{n,n'} & [M^2_{Z_{X,X}}]_{n,n'} & \cdots \end{pmatrix} \end{aligned}\right\} \tag{5.10}$$

其中，v 是限制在红外膜上的希格斯场的真空期待值，$s_w=\sin\theta_W$，$c_w=\cos\theta_W$ 分别是温伯格角 θ_W 的正弦和余弦。同时，式(5.10)中矩阵中的矩阵元都在附录 A 中给出。

下面，可以将相互作用本征态用质量本征态的线性组合表示如下：

$$
\left.
\begin{aligned}
W_L^{(0)\pm} &= (Z_W)_{0,0}W^\pm + \sum_{\alpha=1}^{\infty}(Z_W)_{0,\alpha}W_{H_\alpha}^\pm \\
W_L^{(n)\pm} &= (Z_W)_{2n-1}W^\pm + \sum_{\alpha=1}^{\infty}(Z_W)_{2n-1,\alpha}W_{H_\alpha}^\pm \\
W_R^{(n)\pm} &= (Z_W)_{2n,0}W^\pm + \sum_{\alpha=1}^{\infty}(Z_W)_{2n,\alpha}W_{H_\alpha}^\pm \\
Z^{(0)} &= (Z_Z)_{0,0}Z + \sum_{\alpha=1}^{\infty}(Z_Z)_{0,\alpha}Z_{H_\alpha} \\
Z^{(n)} &= (Z_Z)_{2n-1,0}Z + \sum_{\alpha=1}^{\infty}(Z_Z)_{2n-1,\alpha}Z_{H_\alpha} \\
Z_X^{(n)} &= (Z_Z)_{2n,0}Z + \sum_{\alpha=1}^{\infty}(Z_Z)_{2n,\alpha}Z_{H_\alpha}
\end{aligned}
\right\}
\tag{5.11}
$$

其中，Z_W 和 Z_Z 分别表示中性和带电规范玻色子的混合矩阵，Z 和$W^\pm$则是标准模型中对应的规范场。

◆◇ 5.4　相关单圈图的威尔逊系数

在本节中，详细给出图 5.1 中各费曼图对应的威尔逊系数。

首先，当单圈图的内线虚粒子是带电规范玻色子和带电为 2/3 的夸克时，相应的威尔逊系数$\mu_{\rm EW}$在电弱能标下表示为：

$$
\left.
\begin{aligned}
\frac{G_F}{\sqrt{2}}C_{7\gamma}^{(a)}(\mu_{\rm EW}) = \frac{e^2}{8\mu_{\rm EW}^2 s_{\rm W}^2}\sum_{\beta=1}^{\infty}\Big\{&(\xi_{W^\pm}^L)_{s,\beta}^\dagger(\xi_{W^\pm}^L)_{\beta,b}F_{1,\gamma}^{(a)}(x_{U_\beta},x_{W^\pm}) + \\
&\frac{m_{U_\beta}}{m_b}(\xi_{W^\pm}^L)_{s,\beta}^\dagger(\xi_{W^\pm}^R)_{\beta,b}F_{2,\gamma}^{(a)}(x_{U_\beta},x_{W^\pm}) + \\
&\sum_{\alpha=1}^{\infty}(\xi_{W_{H_\alpha}^\pm}^L)_{s,\beta}^\dagger(\xi_{W_{H_\alpha}^\pm}^L)_{\beta,b}F_{1,\gamma}^{(a)}(x_{U_\beta},x_{W_{H_\alpha}^\pm}) + \\
&\frac{m_{U_\beta}}{m_b}\sum_{\alpha=1}^{\infty}(\xi_{W_{H_\alpha}^\pm}^L)_{s,\beta}^\dagger(\xi_{W_{H_\alpha}^\pm}^R)_{\beta,b}F_{2,\gamma}^{(a)}(x_{U_\beta},x_{W_{H_\alpha}^\pm})\Big\} \\
\frac{G_F}{\sqrt{2}}C_{8G}^{(a)}(\mu_{\rm EW}) = \frac{e^2}{8\mu_{\rm EW}^2 s_{\rm W}^2}\sum_{\beta=1}^{\infty}\{&(\xi_{W^\pm}^L)_{s,\beta}^\dagger(\xi_{W^\pm}^L)_{\beta,b}F_{1,g}^{(a)}(x_{U_\beta},x_{W^\pm}) + \\
&\frac{m_{U_\beta}}{m_b}(\xi_{W^\pm}^L)_{s,\beta}^\dagger(\xi_{W^\pm}^R)_{\beta,b}F_{2,g}^{(a)}(x_{U_\beta},x_{W^\pm}) + \\
&\sum_{\alpha=1}^{\infty}(\xi_{W_{H_\alpha}^\pm}^L)_{s,\beta}^\dagger(\xi_{W_{H\alpha}^\pm}^L)_{\beta,b}F_{1,g}^{(a)}(x_{U_\beta},x_{W_{H_\alpha}^\pm}) +
\end{aligned}
\right\}
\tag{5.12}
$$

$$\left.\begin{aligned}
&\frac{m_{U_\beta}}{m_b}\sum_{\alpha=1}^{\infty}(\xi^L_{W^\pm_{H_\alpha}})^\dagger_{s,\beta}(\xi^R_{W^\pm_{H_\alpha}})_{\beta,b}F^{(a)}_{2,g}(x_{U_\beta},x_{W^\pm_{H_\alpha}})\Big\}\\
&\frac{G_F}{\sqrt{2}}\widetilde{C}^{(a)}_{7\gamma}(\mu_{\rm EW})=\frac{G_F}{\sqrt{2}}C^{(a)}_{7\gamma}(\mu_{\rm EW})(\xi^L_{W^\pm}\leftrightarrow\xi^R_{W^\pm},\ \xi^L_{W^\pm_{H_\alpha}}\leftrightarrow\xi^R_{W^\pm_{H_\alpha}})\\
&\frac{G_F}{\sqrt{2}}\widetilde{C}^{(a)}_{8G}(\mu_{\rm EW})=\frac{G_F}{\sqrt{2}}C^{(a)}_{8G}(\mu_{\rm EW})(\xi^L_{W^\pm}\leftrightarrow\xi^R_{W^\pm},\ \xi^L_{W^\pm_{H_\alpha}}\leftrightarrow\xi^R_{W^\pm_{H_\alpha}})
\end{aligned}\right\}\tag{5.12}$$

其中，$x_i=m_i^2/\mu_{\rm EW}^2$。相关耦合项的具体表达式在附录B中列出，式(5.12)中用到的形状因子为：

$$\left.\begin{aligned}
F^{(a)}_{1,\gamma}(x,y)&=\left[-\frac{1}{36}\frac{\partial^3\varrho_{3,1}}{\partial y^3}-\frac{1}{4}\frac{\partial^2\varrho_{2,1}}{\partial y^2}-\frac{1}{3}\frac{\partial\varrho_{1,1}}{\partial y}\right](x,y)\\
F^{(a)}_{2,\gamma}(x,y)&=\left[\frac{1}{3}\frac{\partial^2\varrho_{2,1}}{\partial y^2}+\frac{4}{3}\frac{\partial\varrho_{1,1}}{\partial y}\right](x,y)\\
F^{(a)}_{1,g}(x,y)&=\left[\frac{1}{12}\frac{\partial^3\varrho_{3,1}}{\partial y^3}-\frac{1}{2}\frac{\partial\varrho_{1,1}}{\partial y}\right](x,y)\\
F^{(a)}_{2,g}(x,y)&=\left[-\frac{\partial^2\varrho_{2,1}}{\partial y^2}+2\frac{\partial\varrho_{1,1}}{\partial y}\right](x,y)
\end{aligned}\right\}\tag{5.13}$$

其中用到的函数$\varrho_{m,n}(x,y)$的定义为

$$\varrho_{m,n}(x,y)=\frac{x^m\ln^n x-y^m\ln^n y}{x-y}\tag{5.14}$$

类似地，可以写出由带电 Goldstone 和带电为 2/3 的夸克作为虚粒子的单圈图在电弱能标 $\mu_{\rm EW}$ 下的威尔逊系数：

$$\left.\begin{aligned}
\frac{G_F}{\sqrt{2}}C^{(b)}_{7\gamma}(\mu_{\rm EW})&=\frac{1}{4\mu_{\rm EW}^2}\sum_{\beta=1}^{\infty}\Big\{(\eta^L_{G^\pm})^\dagger_{s,\beta}(\eta^L_{G^\pm})_{\beta,b}F^{(b)}_{1,\gamma}(x_{U_\beta},x_{W^\pm})+\\
&\quad\frac{m_{U_\beta}}{m_b}(\eta^L_{G^\pm})^\dagger_{s,\beta}(\eta^R_{G^\pm})_{\beta,b}F^{(b)}_{2,\gamma}(x_{U_\beta},x_{W^\pm})\Big\}\\
\frac{G_F}{\sqrt{2}}C^{(b)}_{8G}(\mu_{\rm EW})&=\frac{1}{4\mu_{\rm EW}^2}\sum_{\beta=1}^{\infty}\Big\{(\eta^L_{G^\pm})^\dagger_{s,\beta}(\eta^L_{G^\pm})_{\beta,b}F^{(b)}_{1,g}(x_{U_\beta},x_{W^\pm})+\\
&\quad\frac{m_{U_\beta}}{m_b}(\eta^L_{G^\pm})^\dagger_{s,\beta}(\eta^R_{G^\pm})_{\beta,b}F^{(b)}_{2,g}(x_{U_\beta},x_{W^\pm})\Big\}\\
\frac{G_F}{\sqrt{2}}\widetilde{C}^{(b)}_{7\gamma}(\mu_{\rm EW})&=\frac{G_F}{\sqrt{2}}C^{(b)}_{7\gamma}(\mu_{\rm EW})(\eta^L_{G^\pm}\leftrightarrow\eta^R_{G^\pm})\\
\frac{G_F}{\sqrt{2}}\widetilde{C}^{(b)}_{8G}(\mu_{\rm EW})&=\frac{G_F}{\sqrt{2}}C^{(b)}_{8G}(\mu_{\rm EW})(\eta^L_{G^\pm}\leftrightarrow\eta^R_{G^\pm})
\end{aligned}\right\}\tag{5.15}$$

相关耦合项的具体表达式见附录B，用到的形状因子为：

$$
\left.\begin{aligned}
F_{1,\gamma}^{(b)}(x, y) &= \left[-\frac{1}{72}\frac{\partial^3\varrho_{3,1}}{\partial y^3}-\frac{1}{24}\frac{\partial^2\varrho_{2,1}}{\partial y^2}+\frac{1}{6}\frac{\partial\varrho_{1,1}}{\partial y}\right](x, y)\\
F_{2,\gamma}^{(b)}(x, y) &= \left[\frac{1}{12}\frac{\partial^2\varrho_{2,1}}{\partial y^2}-\frac{1}{6}\frac{\partial\varrho_{1,1}}{\partial y}-\frac{1}{3}\frac{\partial\varrho_{1,1}}{\partial x}\right](x, y)\\
F_{1,g}^{(b)}(x, y) &= \left[\frac{1}{24}\frac{\partial^3\varrho_{3,1}}{\partial y^3}-\frac{1}{4}\frac{\partial^2\varrho_{2,1}}{\partial y^2}+\frac{1}{4}\frac{\partial\varrho_{1,1}}{\partial y}\right](x, y)\\
F_{2,g}^{(b)}(x, y) &= \left[-\frac{1}{4}\frac{\partial^2\varrho_{2,1}}{\partial y^2}+\frac{1}{2}\frac{\partial\varrho_{1,1}}{\partial y}-\frac{1}{2}\frac{\partial\varrho_{1,1}}{\partial x}\right](x, y)
\end{aligned}\right\}\quad(5.16)
$$

对图 5.1(c)，内线虚粒子由中性的规范玻色子 Z, Z_{H_α}或光子 $\gamma_{(n)}$ 以及带电为-1/3 的夸克组成，在电弱能标下该图的威尔逊系数为：

$$
\left.\begin{aligned}
\frac{G_F}{\sqrt{2}}C_{7\gamma}^{(c)}(\mu_{\mathrm{EW}}) = &-\frac{e^2}{48\mu_{\mathrm{EW}}^2 s_{\mathrm{W}}^2 c_{\mathrm{W}}^2}\sum_{\beta=1}^{\infty}\Big\{(\xi_Z^L)_{s,\beta}^{\dagger}(\xi_Z^L)_{\beta,b}F_{1,g}^{(a)}(x_{D_\beta}, x_Z)+\\
&\frac{m_{D_\beta}}{m_b}(\xi_Z^L)_{s,\beta}^{\dagger}(\xi_Z^R)_{\beta,b}F_{2,g}^{(a)}(x_{D_\beta}, x_Z)+\\
&\sum_{\alpha=1}^{\infty}(\xi_{Z_{H_\alpha}}^L)_{s,\beta}^{\dagger}(\xi_{ZH_\alpha}^L)_{\beta,b}F_{1,g}^{(a)}(x_{D_\beta}, x_{Z_{H_\alpha}})+\\
&\frac{m_{D_\beta}}{m_b}\sum_{\alpha=1}^{\infty}(\xi_{Z_{H_\alpha}}^L)_{s,\beta}^{\dagger}(\xi_{Z_{H_\alpha}}^R)_{\beta,b}F_{2,g}^{(a)}(x_{D_\beta}, x_{Z_{H_\alpha}})\Big\}-\\
&\frac{e^2}{108\mu_{\mathrm{EW}}^2}\sum_{n=1}^{\infty}\sum_{\beta=1}^{\infty}\Big\{(\xi_{\gamma(n)}^L)_{s,\beta}^{\dagger}(\xi_{\gamma(n)}^L)_{\beta,b}F_{1,g}^{(a)}(x_{D_\beta}, x_{\gamma(n)})+\\
&\frac{m_{D_\beta}}{m_b}(\xi_{\gamma(n)}^L)_{s,\beta}^{\dagger}(\xi_{\gamma(n)}^R)_{\beta,b}F_{2,g}^{(a)}(x_{D_\beta}, x_{\gamma(n)})\Big\}\\
\frac{G_F}{\sqrt{2}}C_{8G}^{(c)}(\mu_{\mathrm{EW}}) = &-\frac{3G_F}{\sqrt{2}}C_{7\gamma}^{(c)}(\mu_{\mathrm{EW}})\\
\frac{G_F}{\sqrt{2}}\widetilde{C}_{7\gamma}^{(c)}(\mu_{\mathrm{EW}}) = &\frac{G_F}{\sqrt{2}}C_{7\gamma}^{(c)}(\mu_{\mathrm{EW}})(\xi_Z^L\leftrightarrow\xi_Z^R, \xi_{Z_{H_\alpha}}^L\leftrightarrow\xi_{Z_{H_\alpha}}^R, \xi_{\gamma(n)}^L\leftrightarrow\xi_{\gamma(n)}^R)\\
\frac{G_F}{\sqrt{2}}\widetilde{C}_{8G}^{(c)}(\mu_{\mathrm{EW}}) = &\frac{G_F}{\sqrt{2}}C_{8G}^{(c)}(\mu_{\mathrm{EW}})(\xi_Z^L\leftrightarrow\xi_Z^R, \xi_{Z_{H_\alpha}}^L\leftrightarrow\xi_{Z_{H_\alpha}}^R, \xi_{\gamma(n)}^L\leftrightarrow\xi_{\gamma(n)}^R)
\end{aligned}\right\}\quad(5.17)
$$

类似地，中性规范粒子或光子与带电为-1/3 的夸克的耦合在附录 B 中给出。对应地，电弱能标下来自图 5.1(d)的威尔逊系数为：

$$
\left.\begin{aligned}
\frac{G_F}{\sqrt{2}}C_{7\gamma}^{(d)}(\mu_{\mathrm{EW}}) = &-\frac{g_s^2}{9\mu_{\mathrm{EW}}^2}\sum_{n=1}^{\infty}\sum_{\beta=1}^{\infty}\Big\{(\xi_{g(n)}^L)_{s,\beta}^{\dagger}(\xi_{g(n)}^L)_{\beta,b}F_{1,g}^{(a)}(x_{D_\beta}, x_{g(n)})+\\
&\frac{m_{D_\beta}}{m_b}(\xi_{g(n)}^L)_{s,\beta}^{\dagger}(\xi_{g(n)}^R)_{\beta,b}F_{2,g}^{(a)}(x_{D_\beta}, x_{g(n)})\Big\}
\end{aligned}\right\}\quad(5.18)
$$

$$\left.\begin{aligned}\frac{G_F}{\sqrt{2}}C_{8G}^{(d)}(\mu_{\rm EW}) =& \frac{g_s^2}{4\mu_{\rm EW}^2}\sum_{n=1}^{\infty}\sum_{\beta=1}^{\infty}\Big\{(\xi_{g(n)}^L)_{s,\beta}^{\dagger}(\xi_{g(n)}^L)_{\beta,b}F_{1,g}^{(d)}(x_{D_\beta},x_{g(n)})+\\&\frac{m_{D_\beta}}{m_b}(\xi_{g(n)}^L)_{s,\beta}^{\dagger}(\xi_{g(n)}^R)_{\beta,b}F_{2,g}^{(d)}(x_{D_\beta},x_{g(n)})\Big\}\\\frac{G_F}{\sqrt{2}}\widetilde{C}_{7\gamma}^{(d)}(\mu_{\rm EW}) =& \frac{G_F}{\sqrt{2}}C_{7\gamma}^{(d)}(\mu_{\rm EW})(\xi_{g(n)}^L\leftrightarrow\xi_{g(n)}^R)\\\frac{G_F}{\sqrt{2}}\widetilde{C}_{8G}^{(d)}(\mu_{\rm EW}) =& \frac{G_F}{\sqrt{2}}C_{8G}^{(d)}(\mu_{\rm EW})(\xi_{g(n)}^L\leftrightarrow\xi_{g(n)}^R)\end{aligned}\right\}\quad(5.18)$$

对应的形状因子为：

$$\left.\begin{aligned}F_{1,g}^{(d)}(x,y)&=\left[-\frac{5}{36}\frac{\partial^3\varrho_{3,1}}{\partial y^3}-\frac{3}{8}\frac{\partial^2\varrho_{2,1}}{\partial y^2}+\frac{1}{12}\frac{\partial\varrho_{1,1}}{\partial y}\right](x,y)\\F_{2,g}^{(d)}(x,y)&=\left[\frac{5}{3}\frac{\partial^2\varrho_{2,1}}{\partial y^2}-\frac{1}{3}\frac{\partial\varrho_{1,1}}{\partial y}\right](x,y)\end{aligned}\right\}\quad(5.19)$$

当内线为中性希格斯或 Goldstone 和带电为-1/3 的夸克时，与费曼图 5.1(e)对应的威尔逊系数为：

$$\left.\begin{aligned}\frac{G_F}{\sqrt{2}}C_{7\gamma}^{(e)}(\mu_{\rm EW}) =& -\frac{1}{12\mu_{\rm EW}^2}\sum_{\beta=1}^{\infty}\Big\{(\eta_{H_0})_{s,\beta}^{\dagger}(\eta_{H_0})_{\beta,b}F_{1,g}^{(b)}(x_{D_\beta},x_{H_0})+\\&\frac{m_{D_\beta}}{m_b}(\eta_{H_0})_{s,\beta}^{\dagger}(\eta_{H_0})_{\beta,b}^{\dagger}F_{2,g}^{(b)}(x_{D_\beta},x_{H_0})+\\&(\eta_{G_0})_{s,\beta}^{\dagger}(\eta_{G_0})_{\beta,b}F_{1,g}^{(b)}(x_{D_\beta},x_Z)-\\&\frac{m_{D_\beta}}{m_b}(\eta_{G_0})_{s,\beta}^{\dagger}(\eta_{G_0})_{\beta,b}^{\dagger}F_{2,g}^{(b)}(x_{D_\beta},x_Z)\Big\}\\\frac{G_F}{\sqrt{2}}C_{8G}^{(e)}(\mu_{\rm EW}) =& -\frac{3G_F}{\sqrt{2}}C_{7\gamma}^{(e)}(\mu_{\rm EW})\\\frac{G_F}{\sqrt{2}}\widetilde{C}_{7\gamma}^{(e)}(\mu_{\rm EW}) =& \frac{G_F}{\sqrt{2}}C_{7\gamma}^{(e)}(\mu_{\rm EW})(\eta_{H_0}\leftrightarrow(\eta_{H_0})^{\dagger},\ \eta_{G_0}\leftrightarrow-(\eta_{G_0})^{\dagger})\\\frac{G_F}{\sqrt{2}}\widetilde{C}_{8G}^{(e)}(\mu_{\rm EW}) =& \frac{G_F}{\sqrt{2}}C_{8G}^{(e)}(\mu_{\rm EW})(\eta_{H_0}\leftrightarrow(\eta_{H_0})^{\dagger},\ \eta_{G_0}\leftrightarrow-(\eta_{G_0})^{\dagger})\end{aligned}\right\}\quad(5.20)$$

上面用到的耦合项在附录 B 中给出。

综上，标准模型电弱相互作用和新物理对 $b\to s\gamma$ 有效拉氏量的贡献在式(5.12)、式(5.15)、式(5.17)、式(5.18)和式(5.20)中给出了准确的结果。然而，上面的结果中来自新物理的贡献无法与标准模型部分明确地区分开，因为无从精确得到无穷维混合矩阵 $U_{L,R}$和 $D_{L,R}$。同时，也很难明确指出新物理的哪一部分贡献对 $\overline{B}\to X_s\gamma$ 分支比的贡献有更重要和本质的影响，哪一部分贡献在考虑了实验观测的情况下则可忽略。

幸运的是，目前的实验观测都表明电弱能标远小于 KK 能标：$\Lambda_{KK}\gg\mu_{EW}\sim v$。为了更明确地给出上述威尔逊系数，将上面的系数(例如式(5.12))展开到$o(v^2/\Lambda_{KK}^2)$。当费曼图中的内线虚粒子是标准模型粒子时，将对应的有效耦合展开到$o(v^2/\Lambda_{KK}^2)$阶；当费曼图的内线虚粒子为 KK 激发态时，将相应的有效耦合展开到$o(1)$，因为对应的形状因子已经包含了压低因子v^2/Λ_{KK}^2。考虑到这一点，得到带电为 2/3 的夸克的左手-右手混合矩阵的非对角元近似为：

$$\left.\begin{aligned}
(U_L)_{ij} &= (U_L^{(0)}Z_L^u)_{ij} - \frac{1}{2\Lambda_{KK}^2}\sum_{k=1}^{3}\sum_{n=1}^{\infty}[M_{0,n}^{qU}]_{ik}[y_{(\pm\mp)}^{c_T^k(n)}]^{-2}([M_{0,n}^{qU}]^{\dagger}U_L^{(0)})_{kj} - \\
&\quad \frac{1}{2\Lambda_{KK}^2}\sum_{k=1}^{3}\sum_{n=1}^{\infty}[M_{0,n}^{q\tilde{U}}]_{ik}[y_{(\pm\mp)}^{c_T^k(n)}]^{-2}([M_{0,n}^{q\tilde{U}}]^{\dagger}U_L^{(0)})_{kj} - \\
&\quad \frac{1}{2\Lambda_{KK}^2}\sum_{k=1}^{3}\sum_{n=1}^{\infty}[M_{0,n}^{qu}]_{ik}[y_{(\mp\mp)}^{c_S^k(n)}]^{-2}([M_{0,n}^{qu}]^{\dagger}U_L^{(0)})_{kj} + o(v^3/\Lambda_{KK}^3) \\
(U_L)_{(15n-9+i)j} &= -\frac{1}{\Lambda_{KK}}[y_{(\pm\mp)}^{c_T^i(n)}]^{-1}([M_{0,n}^{qU}]U_L^{(0)})_{ij} + o(v^3/\Lambda_{KK}^3) \\
(U_L)_{(15n-6+i)j} &= -\frac{1}{\Lambda_{KK}}[y_{(\pm\mp)}^{c_T^i(n)}]^{-1}([M_{0,n}^{q\tilde{U}}]U_L^{(0)})_{ij} + o(v^3/\Lambda_{KK}^3) \\
(U_L)_{(15n-6+i)j} &= -\frac{1}{\Lambda_{KK}}[y_{(\mp\mp)}^{c_S^i(n)}]^{-1}([M_{0,n}^{qu}]U_L^{(0)})_{ij} + o(v^3/\Lambda_{KK}^3) \\
(U_L)_{i(15n-9+j)} &= \frac{1}{\Lambda_{KK}}[M_{0,n}^{qU}]_{ij}[y_{(\pm\mp)}^{c_T^j(n)}]^{-1} + o(v^3/\Lambda_{KK}^3) \\
(U_L)_{i(15n-9+j)} &= \frac{1}{\Lambda_{KK}}[M_{0,n}^{q\tilde{U}}]_{ij}[y_{(\pm\mp)}^{c_T^j(n)}]^{-1} + o(v^3/\Lambda_{KK}^3) \\
(U_L)_{i(15n+j)} &= \frac{1}{\Lambda_{KK}}[M_{0,n}^{qu}]_{ij}[y_{(\mp\mp)}^{c_S^j(n)}]^{-1} + o(v^3/\Lambda_{KK}^3) \\
(U_L)_{IJ} &= \delta_{IJ} + o(v/\Lambda_{KK}) \quad (I,\ J\geqslant 4) \\
(U_R)_{ij} &= (U_R^{(0)}Z_R^u)_{ij} - \frac{1}{2\Lambda_{KK}^2}\sum_{k=1}^{3}\sum_{n=1}^{\infty}[M_{n,0}^{qu}]_{ik}^{\dagger}[y_{(\pm\pm)}^{c_B^k(n)}]^{-2}([M_{n,0}^{qu}]U_R^{(0)})_{kj} - \\
&\quad \frac{1}{2\Lambda_{KK}^2}\sum_{k=1}^{3}\sum_{n=1}^{\infty}]M_{n,0}^{\chi u}]_{ik}^{\dagger}[y_{(\mp\pm)}^{c_B^k(n)}]^{-2}([M_{n,0}^{\chi u}]U_R^{(0)})_{kj} + o(v^3/\Lambda_{KK}^3) \\
(U_R)_{(15n-12+i)j} &= -\frac{1}{\Lambda_{KK}}[y_{(\pm\pm)}^{c_B^i(n)}]^{-1}([M_{n,0}^{qu}]U_R^{(0)})_{ij} + o(v^3/\Lambda_{KK}^3) \\
(U_R)_{(15n-3+i)j} &= -\frac{1}{\Lambda_{KK}}[y_{(\mp\pm)}^{c_B^i(n)}]^{-1}([M_{n,0}^{\chi u}]U_R^{(0)})_{ij} + o(v^3/\Lambda_{KK}^3)
\end{aligned}\right\}\quad(5.21)$$

$$\left.\begin{aligned}(U_R)_{i(15n-12+j)}&=\frac{1}{\Lambda_{KK}}[M^{qu}_{n,0}]^\dagger_{ij}[\gamma^{c^j_B(n)}_{(\pm\pm)}]^{-1}+o(v^3/\Lambda^3_{KK})\\(U_R)_{i(15n-3+j)}&=\frac{1}{\Lambda_{KK}}[M^{\chi u}_{n,0}]^\dagger_{ij}[\gamma^{c^j_B(n)}_{(\mp\pm)}]^{-1}+o(v^3/\Lambda^3_{KK})\\(U_R)_{IJ}&=\delta_{IJ}+o(v/\Lambda_{KK})\quad(I,\ J\geqslant4)\end{aligned}\right\}\tag{5.21}$$

这里，$U^{(0)}_{L,R}$是 3×3 的矩阵，它是将流本征态转动到夸克的质量本征态的转动矩阵。从流本征态转动到质量本征态的过程中，0 模与 KK 模之间不存在混合：

$$U^{(0)\dagger}_L[M^{q,u}_{0,0}]U^{(0)}_R=\mathrm{diag}(m^{(0)}_u,\ m^{(0)}_c,\ m^{(0)}_t)\tag{5.22}$$

同时，3×3 的矩阵 $Z^u_{L,R}$将下面的矩阵对角化：

$$\begin{aligned}&Z^{u\dagger}_L[\mathrm{diag}(m^{(0)}_u,\ m^{(0)}_c,\ m^{(0)}_t)+\delta M^u]Z^u_R\\&=\mathrm{diag}\{|m^{(0)}_u+(\delta M^u)_{11}|,\ |m^{(0)}_c+(\delta M^u)_{22}|,\ |m^{(0)}_t+(\delta M^u)_{33}|\}+o(v^4/\Lambda^4_{KK})\\&=\mathrm{diag}\{m_u,\ m_c,\ m_t\}\end{aligned}\tag{5.23}$$

其中

$$\begin{aligned}(U^{(0)}_L\delta M^u U^{0\dagger}_R)_{ij}=&-\sum_{n=1}^{\infty}\Big\{\frac{1}{2\Lambda^2_{KK}}\sum_{k=1}^{3}[M^{qU}_{0,n}]_{ik}[\gamma^{c^k_T(n)}_{(\pm\mp)}]^{-2}([M^{qU}_{0,n}]^\dagger[M^{qu}_{0,0}])_{kj}+\\&\frac{1}{2\Lambda^2_{KK}}\sum_{k=1}^{3}[M^{q\tilde{U}}_{0,n}]_{ik}[\gamma^{c^k_T(n)}_{(\pm\mp)}]^{-2}([M^{q\tilde{U}}_{0,n}]^\dagger[M^{qu}_{0,0}])_{kj}+\\&\frac{1}{2\Lambda^2_{KK}}\sum_{k=1}^{3}[M^{qu}_{0,n}]_{ik}[\gamma^{c^k_S(n)}_{(\mp\mp)}]^{-2}([M^{qu}_{0,n}]^\dagger[M^{qu}_{0,0}])_{kj}+\\&\frac{1}{2\Lambda^2_{KK}}\sum_{k=1}^{3}([M^{qu}_{0,0}][M^{qu}_{n,0}]^\dagger)_{ik}[\gamma^{c^k_B(n)}_{(\pm\pm)}]^{-2}[M^{qu}_{n,0}]_{kj}+\\&\frac{1}{2\Lambda^2_{KK}}\sum_{k=1}^{3}([M^{qu}_{0,0}][M^{\chi u}_{n,0}]\dagger)_{ik}[\gamma^{c^k_B(n)}_{(\mp\pm)}]^{-2}[M^{\chi u}_{n,0}]_{kj}\Big\}+\\&o(v^4/\Lambda^4_{KK})\\=&-\frac{v^2}{4\Lambda^2_{KK}}\sum_{k,l=1}^{3}\Big\{f^{L,c^i_B}_{(++)}(0,1)[Y^d_{ik}\{\sum{}^{R,c^k_T}_{(\pm\mp)}(1,1)\}Y^{d\dagger}_{kl}+\\&Y^u_{ik}\{\sum{}^{R,c^k_S}_{(\mp\mp)}(1,1)\}Y^{u\dagger}_{kl}]f^{L,c^l_B}_{(++)}(0,1)[M^{qu}_{0,0}]_{ij}+\\&[M^{qu}_{0,0}]^\dagger_{ik}f^{R,c^k_S}_{(++)}(0,1)[Y^{u\dagger}_{kl}\{\sum{}^{L,c^l_B}_{(\pm\pm)}(1,1)\}Y^u_{lj}+\\&Y^{u\dagger}_{kl}\{\sum{}^{L,c^l_B}_{(\mp\pm)}(1,1)\}Y^u_{lj}]f^{R,c^j_S}_{(++)}(0,1)\Big\}+o(v^4/\Lambda^4_{KK})\end{aligned}\tag{5.24}$$

在上面的结论中，可以假设 $m^{(0)}_u$，$m^{(0)}_c$，$m^{(0)}_t$ 是实数，因为这一特定假设始终可以通过对夸克场的重新定义来实现。为了使结果更简明，采用缩写 $\sum{}^{G}_{(BCs)}(t,\ t')$，$\sum{}^{L,c}_{(BCs)}(t,\ t')$和 $\sum{}^{R,c}_{(BCs)}(t,\ t')$来表示对应的 KK 激发态求和。它们的具体表达式在上文中已经给出。

假设对混合矩阵有 $Z^u_{L,R}=1+\delta Z^u_{L,R}$，则 $\delta Z^u_{L,R}$可以近似为：

$$\left.\begin{aligned}
\delta Z^u_L&=\begin{pmatrix} 0 & \dfrac{m_u\delta M^{u*}_{21}+m_c\delta M^u_{12}}{m_c^2-m_u^2} & \dfrac{m_u\delta M^{u*}_{31}+m_t\delta M^u_{13}}{m_t^2-m_u^2}- \\ \dfrac{m_u\delta M^u_{21}+m_c\delta M^{u*}_{12}}{m_c^2-m_u^2} & 0 & \dfrac{m_c\delta M^{u*}_{32}+m_t\delta M^u_{23}}{m_t^2-m_c^2}- \\ \dfrac{m_u\delta M^u_{31}+m_t\delta M^{u*}_{13}}{m_t^2-m_u^2} & -\dfrac{m_c\delta M^u_{32}+m_t\delta M^{u*}_{23}}{m_t^2-m_c^2} & 0 \end{pmatrix}+o\left(\frac{\upsilon^4}{\Lambda^4_{KK}}\right)\\
\delta Z^u_R&=\begin{pmatrix} 0 & \dfrac{m_c\delta M^{u*}_{21}+m_u\delta M^u_{12}}{m_c^2-m_u^2} & \dfrac{m_t\delta M^{u*}_{31}+m_u\delta M^u_{13}}{m_t^2-m_u^2}- \\ \dfrac{m_c\delta M^u_{21}+m_u\delta M^{u*}_{12}}{m_c^2-m_u^2} & 0 & \dfrac{m_t\delta M^{u*}_{32}+m_c\delta M^u_{23}}{m_t^2-m_c^2}- \\ \dfrac{m_t\delta M^u_{31}+m_u\delta M^{u*}_{13}}{m_t^2-m_u^2} & -\dfrac{m_t\delta M^u_{32}+m_c\delta M^{u*}_{23}}{m_t^2-m_c^2} & 0 \end{pmatrix}+o\left(\frac{\upsilon^4}{\Lambda^4_{KK}}\right)
\end{aligned}\right\}\quad(5.25)$$

利用方程(5.21)、方程(5.22)和方程(5.23)，有

$$\left.\begin{aligned}
&(U_L^\dagger M_U U_R)_{ij}=\mathrm{diag}\{m_u,\ m_c,\ m_t\}+o(\upsilon^4/\Lambda^4_{KK})\quad(i,\ j=1,\ 2,\ 3)\\
&(U_L^\dagger M_U U_R)_{iJ}=o(\upsilon^3/\Lambda^3_{KK}),\ (U_L^\dagger M_U U_R)_{Ij}=o(\upsilon^3/\Lambda^3_{KK})\quad(I,\ J\geqslant 4)
\end{aligned}\right\}\quad(5.26)$$

在此，需要指出的是方程(5.21)和方程(5.24)与文献[78-79]中利用有效拉氏量方法导出的结果是一致的。通过类似方法，带-1/3 电荷的左-右手夸克混合矩阵可近似为：

$$\left.\begin{aligned}
(D_L)_{ij}=&\ (D_L^{(0)}Z_L^d)_{ij}-\frac{1}{2\Lambda^2_{KK}}\sum_{k=1}^{3}\sum_{n=1}^{\infty}[M^{qD}_{0,n}]_{ik}[y^{c^k_T(n)}_{(\pm\mp)}]^{-2}([M^{qD}_{0,n}]^\dagger D_L^{(0)})_{kj}-\\
&\frac{1}{2\Lambda^2_{KK}}\sum_{k=1}^{3}\sum_{n=1}^{\infty}[M^{qd}_{0,d}]_{ik}[y^{c^k_T(n)}_{(\mp\mp)}]^{-2}([M^{qd}_{0,n}]^\dagger D_L^{(0)})_{ij}+o(\upsilon^3/\Lambda^3_{KK})\\
(D_L)_{(9n-3+i)j}=&\ -\frac{1}{\Lambda_{KK}}[y^{c^i_T(n)}_{(\pm\mp)}]^{-1}([M^{qD}_{0,n}]^\dagger D_L^{(0)})_{ij}+o(\upsilon^3/\Lambda^3_{KK})\\
(D_L)_{(9n+i)j}=&\ -\frac{1}{\Lambda_{KK}}[y^{c^i_T(n)}_{(\pm\mp)}]^{-1}([M^{qd}_{0,n}]^\dagger D_L^{(0)})_{ij}+o(\upsilon^3/\Lambda^3_{KK})\\
(D_L)_{i(9n-3+j)}=&\ \frac{1}{\Lambda_{KK}}[M^{qD}_{0,n}]_{ij}[y^{c^i_T(n)}_{(\pm\mp)}]^{-1}+o(\upsilon^3/\Lambda^3_{KK})\\
(D_L)_{i(9n+j)}=&\ \frac{1}{\Lambda_{KK}}[M^{qd}_{0,n}]_{ij}[y^{c^i_T(n)}_{(\mp\mp)}]^{-1}+o(\upsilon^3/\Lambda^3_{KK})\\
(D_L)_{IJ}=&\ \delta_{IJ}+o(\upsilon/\Lambda_{KK})\quad(I,\ J\geqslant 4)
\end{aligned}\right\}\quad(5.27)$$

$$\left.\begin{aligned}
&(D_R)_{ij} = (D_R^{(0)} Z_R^d)_{ij} - \frac{1}{2\Lambda_{KK}^2}\sum_{k=1}^{3}\sum_{n=1}^{\infty}[M_{n,0}^{qd}]_{ik}^{\dagger}[y_{(\pm\pm)}^{c_B^k(n)}]^{-2}([M_{n,0}^{qd}]D_R^{(0)})_{kj} + \\
&\qquad o(v^3/\Lambda_{KK}^3) \\
&(D_R)_{(9n-6+i)j} = -\frac{1}{\Lambda_{KK}}[y_{(\pm\pm)}^{c_B^i(n)}]^{-1}(M_{n,0}^{qd}]D_R^{(0)})_{ij} + o(v^3/\Lambda_{KK}^3) \\
&(D_R)_{i(9n-6+j)} = \frac{1}{\Lambda_{KK}}[m_{n,0}^{qd}]_{ij}^{\dagger}[Y_{(\pm\pm)}^{c_B^j(n)}]^{-1} + o(v^3/\Lambda_{KK}^3) \\
&(D_R)_{IJ} = \delta_{IJ} + o(v/\Lambda_{KK}) \quad (I,\ J \geqslant 4)
\end{aligned}\right\} \tag{5.27}$$

其中，3×3 的矩阵 $D_{L,R}^{(0)}$是将流本征态转动到夸克的质量本征态的转动矩阵。在从流本征态转动到质量本征态的过程中，零模与 KK 模之间不存在混合：

$$D_L^{(0)\dagger}[M_{0,0}^{qd}]D_R^{(0)} = \mathrm{diag}(m_d^{(0)},\ m_s^{(0)},\ m_b^{(0)}) \tag{5.28}$$

类似地，3×3 的矩阵 $Z_{L,R}^d$将如下矩阵对角化：

$$\begin{aligned}
&Z_L^{d\dagger}[\mathrm{diag}(m_d^{(0)},\ m_s^{(0)},\ m_b^{(0)}) + \delta M^d]Z_R^d \\
&= \mathrm{diag}\{|m_d^{(0)} + (\delta M^d)_{11}|,\ |m_s^{(0)} + (\delta M^d)_{22}|,\ |m_b^{(0)} + (\delta M^d)_{33}|\} + o(v^4/\Lambda_{KK}^4) \\
&= \mathrm{diag}\{m_d,\ m_s,\ m_b\}
\end{aligned} \tag{5.29}$$

其中

$$\begin{aligned}
(D_L^{(0)}\delta M^d D_R^{(0)\dagger})_{ij} = &-\sum_{n=1}^{\infty}\Bigg\{\frac{1}{2\Lambda_{KK}^2}\sum_{k=1}^{3}[M_{0,n}^{qD}]_{ik}[y_{(\pm\mp)}^{c_T^k(n)}]^{-2}([M_{0,n}^{qD}]^{\dagger}[M_{0,0}^{qd}])_{kj} + \\
&\frac{1}{2\Lambda_{KK}^2}\sum_{k=1}^{3}[M_{0,n}^{qd}]_{ik}[y_{(\mp\mp)}^{c_T^k(n)}]^{-2}([M_{0,n}^{qd}]^{\dagger}[M_{0,0}^{qd}])_{kj} + \\
&\frac{1}{2\Lambda_{KK}^2}\sum_{k=1}^{3}([M_{0,0}^{qd}][M_{n,0}^{qd}]^{\dagger})_{ik}[y_{(\pm\pm)}^{c_B^k(n)}]^{-2}[M_{n,0}^{qd}]_{kj}\Bigg\} + \\
&o(v^4/\Lambda_{KK}^4) \\
= &-\frac{v^2}{4\Lambda_{KK}^2}\sum_{k,\ l=1}^{3}\{f_{(++)}^{L,\ c_B^i}(0,\ 1)[Y_{ik}^d\{\sum{}_{(\pm\mp)}^{R,\ c_T^k}(1,\ 1)\}Y_{kl}^{d\dagger} + \\
&Y_{ik}^d\{\sum{}_{(\mp\mp)}^{R,\ c_T^k}(1,\ 1)\}Y_{kl}^{d\dagger}]f_{(++)}^{L,\ c_B^l}(0,\ 1)[M_{0,0}^{qd}]_{lj} + \\
&[M_{0,0}^{qd}]_{ik}^{\dagger}f_{(++)}^{R,\ c_T^k}(0,\ 1)Y_{kl}^{d\dagger}\{\sum{}_{(\pm\pm)}^{L,\ c_B^l}(1,\ 1)\}Y_{lj}^{u}f_{(++)}^{R,\ c_T^j}(0,\ 1)\} + \\
&o(v^4/\Lambda_{KK}^4)
\end{aligned} \tag{5.30}$$

此处，仍假设参数 $m_d^{(0)}$，$m_s^{(0)}$，$m_b^{(0)}$ 为实数。混合矩阵 $Z_{L,R}^d = 1 + \delta Z_{L,R}^d$也可以类似地近似为：

$$
\left.\begin{aligned}
\delta Z_L^d &= \begin{pmatrix} 0 & \dfrac{m_d\delta M_{21}^{d*}+m_s\delta M_{12}^d}{m_s^2-m_d^2} & \dfrac{m_d\delta M_{31}^{d*}+m_b\delta M_{13}^d}{m_b^2-m_d^2} \\ -\dfrac{m_d\delta M_{21}^{d}+m_s\delta M_{12}^{d*}}{m_s^2-m_d^2} & 0 & \dfrac{m_s\delta M_{32}^{d*}+m_b\delta M_{23}^d}{m_b^2-m_s^2} \\ -\dfrac{m_d\delta M_{31}^{d}+m_b\delta M_{13}^{d*}}{m_b^2-m_d^2} & -\dfrac{m_s\delta M_{32}^{d}+m_b\delta M_{23}^{d*}}{m_b^2-m_s^2} & 0 \end{pmatrix}+o\left(\frac{v^4}{\Lambda_{KK}^4}\right) \\
\delta Z_R^d &= \begin{pmatrix} 0 & \dfrac{m_s\delta M_{21}^{d*}+m_d\delta M_{12}^d}{m_s^2-m_d^2} & \dfrac{m_b\delta M_{31}^{d*}+m_d\delta M_{13}^d}{m_b^2-m_d^2} \\ -\dfrac{m_s\delta M_{21}^{d}+m_d\delta M_{12}^{d*}}{m_s^2-m_d^2} & 0 & \dfrac{m_b\delta M_{32}^{d*}+m_s\delta M_{23}^d}{m_b^2-m_s^2} \\ -\dfrac{m_b\delta M_{31}^{d}+m_d\delta M_{13}^{d*}}{m_b^2-m_d^2} & -\dfrac{m_b\delta M_{32}^{d}+m_s\delta M_{23}^{d*}}{m_b^2-m_s^2} & 0 \end{pmatrix}+o\left(\frac{v^4}{\Lambda_{KK}^4}\right)
\end{aligned}\right\} \tag{5.31}
$$

一般地，定义 Cabibbo-Kobayashi-Maskawa(CKM)矩阵如下：

$$
\begin{aligned}
(V_{CKM})_{tb} &= (U_L^{\dagger}D_L)_{tb} = (U_L^{(0)\dagger}D_L^{(0)})_{tb}+\frac{v^2}{\Lambda_{KK}^2}(\Delta_{KK}^{(2)})_{tb}+o\left(\frac{v^3}{\Lambda_{KK}^3}\right) \\
&= (V_{CKM}^{(0)})_{tb}+\frac{v^2}{\Lambda_{KK}^2}(\Delta_{KK}^{(2)})_{tb}+o\left(\frac{v^3}{\Lambda_{KK}^3}\right)
\end{aligned} \tag{5.32}
$$

其中，$V_{CKM}^{(0)}=U_L^{(0)\dagger}D_L^{(0)}$ 是 3×3 的幺正矩阵，而来自 KK 激发态的领头阶(Leading-Order)修正 $\Delta_{KK}^{(2)}$ 和其他更高阶的修正则破坏了 V_{CKM}的幺正性。在 $o(v^2/\Lambda_{KK}^2)$ 阶近似下，得到规范场的混合矩阵为：

$$
\left.\begin{aligned}
&(Z_W)_{0,0}=1+o\left(\frac{v^4}{\Lambda_{KK}^4}\right) \\
&(Z_W)_{0,(2n-1)}=\frac{1}{\Lambda_{KK}^2}[M_{W_{L,L}^{\pm}}^2]_{0,n}[y_{(++)}^{W_L(n)}]^{-2}+o\left(\frac{v^4}{\Lambda_{KK}^4}\right) \\
&(Z_W)_{0,(2n)}=\frac{1}{\Lambda_{KK}^2}[M_{W_{L,R}^{\pm}}^2]_{0,n}[y_{(-+)}^{W_R(n)}]^{-2}+o\left(\frac{v^4}{\Lambda_{KK}^4}\right) \\
&(Z_W)_{(2n-1),0}=-\frac{1}{\Lambda_{KK}^2}[M_{W_{L,L}^{\pm}}^2]_{0,n}[y_{(++)}^{W_L(n)}]^{-2}+o\left(\frac{v^4}{\Lambda_{KK}^4}\right) \\
&(Z_W)_{(2n),0}=-\frac{1}{\Lambda_{KK}^2}[M_{W_{L,R}^{\pm}}^2]_{0,n}[y_{(-+)}^{W_R(n)}]^{-2}+o\left(\frac{v^4}{\Lambda_{KK}^4}\right) \\
&(Z_Z)_{0,0}=1+o\left(\frac{v^4}{\Lambda_{KK}^4}\right)
\end{aligned}\right\} \tag{5.33}
$$

$$\left.\begin{aligned}
(Z_Z)_{0,(2n-1)} &= \frac{1}{\Lambda_{KK}^2}[M_{Z_L,L}^2]_{0,n}[Y_{(++)}^{Z(n)}]^{-2}+o\left(\frac{v^4}{\Lambda_{KK}^4}\right)\\
(Z_Z)_{0,(2n)} &= \frac{1}{\Lambda_{KK}^2}[M_{Z_L,X}^2]_{0,n}[Y_{(-+)}^{Z_X(n)}]^{-2}+o\left(\frac{v^4}{\Lambda_{KK}^4}\right)\\
(Z_Z)_{(2n-1),0} &= -\frac{1}{\Lambda_{KK}^2}[M_{Z_L,L}^2]_{0,n}[Y_{(++)}^{Z(n)}]^{-2}+o\left(\frac{v^4}{\Lambda_{KK}^4}\right)\\
(Z_Z)_{(2n),0} &= -\frac{1}{\Lambda_{KK}^2}[M_{Z_L,X}^2]_{0,n}[Y_{(-+)}^{Z_X(n)}]^{-2}+o\left(\frac{v^4}{\Lambda_{KK}^4}\right)
\end{aligned}\right\}\tag{5.33}$$

同时，最轻的带电和中性的规范玻色子的质量分别为：

$$\left.\begin{aligned}
m_W^2 &= \frac{e^2v^2}{4s_W^2}\left\{1+\frac{\pi e^2v^2}{2s_W^2\Lambda_{KK}^2}\left[\left\{\sum{}_{(++)}^{G}(1,1)\right\}+\left\{\sum{}_{(-+)}^{G}(1,1)\right\}\right]+o\left(\frac{v^4}{\Lambda_{KK}^4}\right)\right\}\\
m_Z^2 &= \frac{e^2v^2}{4s_W^2c_W^2}\left\{1+\frac{\pi e^2v^2}{2s_W^2c_W^2\Lambda_{KK}^2}\left[\left\{\sum{}_{(++)}^{G}(1,1)\right\}+(1-2s_W^2)\left\{\sum{}_{(-+)}^{G}(1,1)\right\}\right]+o\left(\frac{v^4}{\Lambda_{KK}^4}\right)\right\}
\end{aligned}\right\}\tag{5.34}$$

通过以上近似，得到非对角耦合在 $o(v^2/\Lambda_{KK}^2)$ 阶的近似结果为：

$$\left.\begin{aligned}
(\xi_{W^\pm}^L)_{t,b} &= (V_{CKM}^{(0)})_{tb}+(\delta Z_L^{u\dagger}V_{CKM}^{(0)})_{tb}+(V_{CKM}^{(0)}\delta Z_L^d-\frac{v^2}{4\Lambda_{KK}^2}(\Delta_{W^\pm}^L)_{tb}+o\left(\frac{v^3}{\Lambda_{KK}^3}\right)\\
(\xi_{W^\pm}^R)_{t,b} &= \frac{v^2}{2\Lambda_{KK}^2}(\Delta_{W^\pm}^R)_{tb}+o\left(\frac{v^3}{\Lambda_{KK}^3}\right)\\
(\xi_{W_{H(2n-1)}^\pm}^L)_{t,b} &= \frac{4\sqrt{2\pi}}{kr\epsilon}\sum_{i=1}^{3}(U_L^{(0)})_{ti}^\dagger\int_\epsilon^1 dt\chi_{(++)}^{W_L}(y_{(++)}^{W_L(n)},t)[f_{(++)}^{L,c_B^i}(0,t)]^2(D_L^{(0)})_{ib}+\\
&\quad o\left(\frac{v^3}{\Lambda_{KK}^3}\right)\\
(\xi_{W_{H(2n-1)}^\pm}^L)_{a,b} &= \frac{4\sqrt{2\pi}}{kr\epsilon}\sum_{i=1}^{3}\sum_{n'=1}^{\infty}\delta_{\alpha(15n'-12+i)}\int_\epsilon^1 dt\chi_{(++)}^{W_L}(y_{(++)}^{W_L(n)},t)\times\\
&\quad [f_{(++)}^{L,c_B^i}(y_{(\pm\pm)}^{c_B^i(n')},t)][f_{(++)}^{L,c_B^i}(0,t)](D_L^{(0)})_{ib}+o\left(\frac{v^2}{\Lambda_{KK}^2}\right)\quad(\alpha\geqslant 4)\\
(\xi_{W_{H(2n)}^\pm}^L)_{a,b} &= \frac{4\sqrt{2\pi}}{kr\epsilon}\sum_{i=1}^{3}\sum_{n'=1}^{\infty}\delta_{\alpha(15n'-3+i)}\int_\epsilon^1 dt\chi_{(-+)}^{W_R}(y_{(-+)}^{W_R(n)},t)\times\\
&\quad [f_{(-+)}^{L,c_B^i}(y_{(\mp\pm)}^{c_B^i(n')},t)][f_{(++)}^{L,c_B^i}(0,t)](D_L^{(0)})_{ib}+o\left(\frac{v^2}{\Lambda_{KK}^2}\right)\quad(\alpha\geqslant 4)
\end{aligned}\right\}\tag{5.35}$$

其中

$$\left.\begin{aligned}(\Delta^L_{W^\pm})_{tb} = &-\sum_{i,j,k=1}^{3}(U_L^{(0)})^\dagger_{ti}f^{L,c^i_B}_{(++)}(0,1)\{2Y^d_{ik}[\sum^{R,c^k_T}_{(\pm\mp)}(1,1)]Y^{d\dagger}_{kj}+\\ &Y^d_{ik}[\sum^{R,c^k_T}_{(\mp\mp)}(1,1)]Y^{d\dagger}_{kj}+Y^u_{ik}[\sum^{R,c^k_S}_{(\mp\mp)}(1,1)]Y^{u\dagger}_{kj}\}f^{L,c^j_B}_{(++)}(0,1)(D_L^{(0)})_{jb}-\\ &\frac{8\pi e^2}{s^2_W}\sum_{i=1}^{3}(U_L^{(0)})^\dagger_{ti}\left\{\frac{1}{kr\epsilon}\int_\epsilon^1 dt[f^{L,c^i_B}_{(++)}(0,t)]^2[\sum^{G}_{(++)}(t,1)](D_L^{(0)})_{ib}\right\}\\ (\Delta^R_{W^\pm})_{tb} = &\sum_{i,j,k=1}^{3}(U_R^{(0)})^\dagger_{ti}f^{R,c^i_S}_{(++)}(0,1)Y^{d\dagger}_{ik}[\sum^{L,c^k_B}_{(\pm\pm)}(1,1)]Y^d_{kj}f^{R,c^j_T}_{(++)}(0,1)(D_R^{(0)})_{jb}\end{aligned}\right\}\quad(5.36)$$

由此可以得到威尔逊系数在$o(v^2/\Lambda^2_{KK})$阶的近似展开：

$$\left.\begin{aligned}C^{(a)}_{7\gamma}(\mu_{EW}) = &(1-\Delta G_F)C^{SM(a)}_{7\gamma}(\mu_{EW})+\sum_{i=1}^{3}(Y^{(a)}_{i,1})_{sb}x_{W^\pm}F^{(a)}_{1,\gamma}(x_{u_i},x_{W^\pm})+\\ &\frac{2m_W^4}{\mu^2_{EW}\Lambda^2_{KK}e^2}\sum_{i=1}^{3}\frac{m_{u_i}}{m_b}(V^{(0)}_{CKM})^\dagger_{si}(\Delta^R_{W^\pm})F^{(a)}_{2,\gamma}(x_{u_i},x_{W^\pm})+o\left(\frac{v^4}{\Lambda^4_{KK}}\right)\\ C^{(a)}_{8G}(\mu_{EW}) = &(1-\Delta G_F)C^{SM(a)}_{8G}(\mu_{EW})+\sum_{i=1}^{3}(Y^{(a)}_{i,1})_{sb}x_{W^\pm}F^{(a)}_{1,g}(x_{u_i},x_{W^\pm})+\\ &\frac{2m_W^4}{\mu^2_{EW}\Lambda^2_{KK}e^2}\sum_{i=1}^{3}\frac{m_{u_i}}{m_b}(V^{(0)}_{CKM})^\dagger_{si}(\Delta^R_{W^\pm})_{ib}F^{(a)}_{2,g}(x_{u_i},x_{W^\pm})+o\left(\frac{v^4}{\Lambda^4_{KK}}\right)\\ \widetilde{C}^{(a)}_{7\gamma}(\mu_{EW}) = &\frac{2m_W^4}{\mu^2_{EW}\Lambda^2_{KK}e^2}\sum_{i=1}^{3}\frac{m_{u_i}}{m_b}(\Delta^R_{W^\pm})^\dagger_{si}(V^{(0)}_{CKM})_{ib}F^{(a)}_{2,\gamma}(x_{u_i},x_{W^\pm})+o\left(\frac{v^4}{\Lambda^4_{KK}}\right)\\ \widetilde{C}^{(a)}_{8G}(\mu_{EW}) = &\frac{2m_W^4}{\mu^2_{EW}\Lambda^2_{KK}e^2}\sum_{i=1}^{3}\frac{m_{u_i}}{m_b}(\Delta^R_{W^\pm})^\dagger_{si}(V^{(0)}_{CKM})_{ib}F^{(a)}_{2,g}(x_{u_i},x_{W^\pm})+o\left(\frac{v^4}{\Lambda^4_{KK}}\right)\end{aligned}\right\}\quad(5.37)$$

其中，来自标准模型的贡献为：

$$\left.\begin{aligned}C^{SM(a)}_{7\gamma}(\mu_{EW}) = &x_{W^\pm}\sum_{i=1}^{3}(V^{(0)}_{CKM})^\dagger_{si}(V^{(0)}_{CKM})_{ib}\left(F^{(a)}_{1,\gamma}(x_{u_i},x_{W^\pm})+\frac{23}{36x_{W^\pm}}\right)\\ C^{SM(a)}_{8G}(\mu_{EW}) = &x_{W^\pm}\sum_{i=1}^{3}(V^{(0)}_{CKM})^\dagger_{si}(V^{(0)}_{CKM})_{ib}\left(F^{(a)}_{1,g}(x_{u_i},x_{W^\pm})+\frac{1}{3x_{W^\pm}}\right)\end{aligned}\right\}\quad(5.38)$$

这里用到了如下简写：

$$\begin{aligned}(Y^a_{i,1})_{sb} = &(V^{(0)}_{CKM})^\dagger_{si}[(\delta Z^{u\dagger}_L+\delta Z^u_L)(V^{(0)}_{CKM})]_{ib}+(V^{(0)}_{CKM})^\dagger_{si}(V^{(0)}_{CKM}\delta Z^d_L)_{ib}+\\ &(V^{(0)}_{CKM}\delta Z^d_L)^\dagger_{si}(V^{(0)}_{CKM})_{ib}+\frac{v^2}{4\Lambda^2_{KK}}[(V^{(0)}_{CKM})^\dagger_{si}(\Delta^L_{W^\pm})_{ib}+(\Delta^L_{W^\pm})^\dagger_{si}(V^{(0)}_{CKM})_{ib}]\end{aligned}\quad(5.39)$$

值得一提的是：

$$\lim_{x_{u_i}\to 0}F^{(a)}_{1,\gamma}(x_{u_i},x_{W^\pm}) = -\frac{23}{36x_{W^\pm}},\quad \lim_{x_{u_i}\to 0}F^{(a)}_{1,g}(x_{u_i},x_{W^\pm}) = -\frac{1}{3x_{W^\pm}}\quad(5.40)$$

通过$V^{(0)}_{CKM}$的幺正性，容易验证，对代指标求和之后这些项是抵消的。在$o(v^2/\Lambda^2_{KK})$阶近似下，对 KK 态做无穷求和以后，内线带电玻色子的 KK 态与 2/3 电荷的夸克的

KK 态构成的费曼图给出的修正准确抵消了由标准模型中带电玻色子和带电 2/3 夸克的 KK 态构成的费曼图的修正。

类似地，图 5.1(b)中的非对角耦合可以近似表示为：

$$\left.\begin{aligned}
(\eta^L_{G^\pm})_{t,b} &= \frac{e}{\sqrt{2}s_W}\Big\{\frac{m_t}{m_W}(V^{(0)}_{CKM})_{tb} - \frac{(\delta M^u)_{33}}{m_W}(V^{(0)}_{CKM})_{tb} - \\
&\quad \frac{\pi m_t m_W}{\Lambda^2_{KK}}[\{\sum{}^G_{(++)}(1,1)\} + \{\sum{}^G_{(-+)}(1,1)\}](V^{(0)}_{CKM})_{ib} + \\
&\quad \sum_{i=1}^{3}\left[\frac{m_{u_i}}{m_W}(\delta Z^u_R)_{ti}(V^{(0)}_{CKM})_{ib} + \frac{m_t}{m_W}(V^{(0)}_{CKM})_{ti}(\delta Z^d_L)_{ib}\right] + \\
&\quad \frac{v^2}{4\Lambda^2_{KK}}(\Delta^L_{G^\pm})_{tb}\Big\} + o\left(\frac{v^3}{\Lambda^3_{KK}}\right) \\
(\eta^L_{G^\pm})_{a,b} &= \sum_{i,j=1}^{3}\sum_{n=1}^{\infty}\{\delta_{\alpha,(15n+i)}f^{R,c^i_S}_{(++)}(y^{c^i_S(n)}_{(\mp\mp)},1)Y^{u\dagger}_{ij} + \delta_{\alpha,(15n-9+i)}f^{R,c^i_T}_{(-+)}(y^{c^i_T(n)}_{(\pm\mp)},1)Y^{d\dagger}_{ij} + \\
&\quad \delta_{\alpha,(15n-6+i)}f^{R,c^i_T}_{(-+)}(y^{c^i_T(n)}_{(\pm\mp)},1)Y^{d\dagger}_{ij}\}f^{L,c^j_B}_{(++)}(0,1)(D^{(0)}_L)_{j,b} + o\left(\frac{v^2}{\Lambda^2_{KK}}\right) \\
(\eta^R_{G^\pm})_{t,b} &= \frac{e}{\sqrt{2}s_W}\Big\{(V^{(0)}_{CKM})_{tb}\frac{m_b}{m_W} - \frac{(\delta M^d)_{33}}{m_W}(V^{(0)}_{CKM})_{tb} - \\
&\quad \frac{\pi m_t m_W}{\Lambda^2_{KK}}[\{\sum{}^G_{(++)}(1,1)\} + \{\sum{}^G_{(-+)}(1,1)\}](V^{(0)}_{CKM})_{ib} + \\
&\quad \sum_{i=1}^{3}\left[\frac{m_b}{m_W}(\delta Z^u_R)_{ti}(V^{(0)}_{CKM})_{ib} + \frac{m_{d_i}}{m_W}(V^{(0)}_{CKM})_{ti}(\delta Z^d_L)_{ib}\right] + \\
&\quad \frac{v^2}{4\Lambda^2_{KK}}(\Delta^R_{G^\pm})_{tb}\Big\} + o\left(\frac{v^3}{\Lambda^3_{KK}}\right) \\
(\eta^R_{G^\pm})_{a,b} &= \sum_{i,j=1}^{3}\sum_{n=1}^{\infty}\delta_{\alpha,(15n-12+i)}f^{L,c^i_B}_{(++)}(y^{c^i_B(n)}_{(\pm\pm)},1)Y^d_{ij}f^{R,c^j_T}_{(++)}(0,1)(D^{(0)}_R)_{j,b} + o\left(\frac{v^2}{\Lambda^2_{KK}}\right)
\end{aligned}\right\} \tag{5.41}$$

其中

$$\left.\begin{aligned}
(\Delta^L_{G^\pm})_{tb} &= -\sum_{i,j,k,l=1}^{3}\frac{m_{u_l}}{m_W}(U^{(0)}_R)^\dagger_{ti}f^{R,c^i_S}_{(++)}(0,1)Y^{u\dagger}_{ik}\times \\
&\quad [\{\sum{}^{L,c^k_B}_{(\pm\pm)}(1,1)\} + \{\sum{}^{L,c^k_B}_{(\mp\pm)}(1,1)\}]Y^u_{kj}f^{R,c^j_S}_{(++)}(0,1)(U^{(0)}_R)_{jl}(V^{(0)}_{CKM})_{lb} - \\
&\quad \sum_{i,j,k,l=1}^{3}\frac{m_t}{m_W}(U^{(0)}_L)^\dagger_{ti}f^{L,c^i_B}_{(++)}(0,1)Y^d_{ik}[\{\sum{}^{R,c^k_T}_{(\pm\mp)}(1,1)\} + \\
&\quad \{\sum{}^{R,c^k_T}_{(\mp\mp)}(1,1)\}]Y^{d\dagger}_{kj}f^{L,c^j_B}_{(++)}(0,1)(U^{(0)}_L)_{jl}(V^{(0)}_{CKM})_{lb}
\end{aligned}\right\} \tag{5.42}$$

$$\left.\begin{aligned}&(\Delta_{G^\pm}^R)_{tb}=-\sum_{i,j,k,l=1}^{3}\frac{m_{d_i}}{m_{\mathrm{W}}}(V_{CKM}^{(0)})_{ti}(D_R^{(0)})_{ik}^{\dagger}f_{(++)}^{R,c_T^k}(0,1)Y_{kl}^{d\dagger}\times\\&[\sum_{(\pm\pm)}^{L,c_B^l}(1,1)]Y_{lj}^{d}f_{(++)}^{R,c_S^j}(0,1)(D_R^{(0)})_{jb}-\\&\sum_{i,j,k,l=1}^{3}\frac{m_b}{m_{\mathrm{W}}}(V_{CKM}^{(0)})_{ti}(D_L^{(0)})_{ik}^{\dagger}f_{(++)}^{L,c_B^k}(0,1)[Y_{kl}^{d}\{\sum_{(\pm\mp)}^{R,c_T^l}(1,1)\}Y_{lj}^{d\dagger}+\\&Y_{kl}^{u}\{\sum_{(\mp\mp)}^{R,c_T^l}(1,1)\}Y_{lj}^{u\dagger}]f_{(++)}^{L,c_B^j}(0,1)(D_L^{(0)})_{jb}\end{aligned}\right\}\quad(5.42)$$

在 $o(v^2/\Lambda_{KK}^2)$ 阶近似下，这部分的威尔逊系数为：

$$\left.\begin{aligned}C_{7\gamma}^{(b)}(\mu_{\mathrm{EW}})&=(1-\Delta G_F)C_{7\gamma}^{SM(b)}(\mu_{\mathrm{EW}})+\\&\sum_{i=1}^{3}\{(Y_{i,1}^{(b)})_{sb}x_{W^\pm}F_{1,\gamma}^{(b)}(x_{u_i},x_{W^\pm})+(Y_{i,2}^{(b)})_{sb}x_{W^\pm}F_{2,\gamma}^{(b)}(x_{u_i},x_{W^\pm})\}+\\&\frac{2m_{\mathrm{W}}^2s_{\mathrm{W}}^2}{9\Lambda_{KK}^2e^2}\sum_{i,j,k=1}^{3}(D_L^{(0)})_{si}^{\dagger}[f_{(++)}^{L,c_B^i}(0,1)]\{Y_{ik}^{u}[\sum_{(\mp\mp)}^{R,c_S^k}(1,1)]Y_{kj}^{u\dagger}+\\&2Y_{ik}^{d}[\sum_{(\pm\mp)}^{R,c_T^k}(1,1)]Y_{kj}^{d\dagger}\}\times[f_{(++)}^{L,c_B^j}(0,1)](D_L^{(0)})_{jb}+o(v^4/\Lambda_{KK}^4)\\C_{8G}^{(b)}(\mu_{\mathrm{EW}})&=(1-\Delta G_F)C_{8G}^{SM(b)}(\mu_{\mathrm{EW}})+\\&\sum_{i=1}^{3}\{(Y_{i,1}^{(b)})_{sb}x_{W^\pm}F_{1,g}^{(b)}(x_{u_i},x_{W^\pm})+(Y_{i,2}^{(b)})_{sb}x_{W^\pm}F_{2,g}^{(b)}(x_{u_i},x_{W^\pm})\}+\\&\frac{m_{\mathrm{W}}^2s_{\mathrm{W}}^2}{12\Lambda_{KK}^2e^2}\sum_{i,j,k=1}^{3}(D_L^{(0)})_{si}^{\dagger}[f_{(++)}^{L,c_B^i}(0,1)]\{Y_{ik}^{u}[\sum_{(\mp\mp)}^{R,c_S^k}(1,1)]Y_{kj}^{u\dagger}+\\&2Y_{ik}^{d}[\sum_{(\pm\mp)}^{R,c_T^k}(1,1)]Y_{kj}^{d\dagger}\}\times\\&[f_{(++)}^{L,c_B^j}(0,1)](D_L^{(0)})_{jb}+o(v^4/\Lambda_{KK}^4)\\\widetilde{C}_{7\gamma}^{(b)}(\mu_{\mathrm{EW}})&=\sum_{i=1}^{3}(Y_{i,3}^{(b)})_{sb}x_{u_i}F_{2,\gamma}^{(b)}(x_{u_i},x_{W^\pm})+\\&\frac{2m_{\mathrm{W}}^2s_{\mathrm{W}}^2}{9\Lambda_{KK}^2e^2}\sum_{i,j,k=1}^{3}(D_R^{(0)})_{ik}^{\dagger}[f_{(++)}^{R,c_T^i}(0,1)]Y_{ik}^{d}[\sum_{(\pm\pm)}^{L,c_B^k}(1,1)]Y_{kj}^{d\dagger}\times\\&[f_{(++)}^{R,c_T^j}(0,1)](D^{(0)R})_{jb}+o(v^4/\Lambda_{KK}^4)\\\widetilde{C}_{8G}^{(b)}(\mu_{\mathrm{EW}})&=\sum_{i=1}^{3}(Y_{i,3}^{(b)})_{sb}x_{u_i}F_{2,g}^{(b)}(x_{u_i},x_{W^\pm})+\\&\frac{m_{\mathrm{W}}^2s_{\mathrm{W}}^2}{12\Lambda_{KK}^2e^2}\sum_{i,j,k=1}^{3}(D_R^{(0)})_{si}^{\dagger}[f_{(++)}^{R,c_T^i}(0,1)]Y_{ik}^{d}[\sum_{(\pm\pm)}^{L,c_B^k}(1,1)]\times\\&Y_{kj}^{d\dagger}[f_{(++)}^{R,c_T^j}(0,1)](D_R^{(0)})_{jb}+o(v^4/\Lambda_{KK}^4)\end{aligned}\right\}\quad(5.43)$$

其中，图 5.1(b) 中，标准模型对威尔逊系数的修正可以写作：

$$\left.\begin{aligned} C_{7\gamma}^{SM(b)}(\mu_{\mathrm{EW}}) &= \sum_{i=1}^{3}(V_{CKM}^{(0)})_{si}^{\dagger}(V_{CKM}^{(0)})_{ib}x_{u_i}(F_{1,\gamma}^{(b)}+F_{2,\gamma}^{(b)})(x_{u_i}, x_{W^{\pm}}) \\ C_{8G}^{SM(b)}(\mu_{\mathrm{EW}}) &= \sum_{i=1}^{3}(V_{CKM}^{(0)})_{si}^{\dagger}(V_{CKM}^{(0)})_{ib}x_{u_i}(F_{1,g}^{(b)}+F_{2,g}^{(b)})(x_{u_i}, x_{W^{\pm}}) \end{aligned}\right\} \tag{5.44}$$

这里，我们用到了如下的缩写：

$$\left.\begin{aligned} (Y_{i,1}^{(b)})_{sb} =& -\frac{m_{u_i}}{m_{\mathrm{W}}^2}(V_{CKM}^{(0)})_{si}^{\dagger}(V_{CKM}^{(0)})_{ib}[(\delta M^u)_{ii}+(\delta M^u)_{ii}^{*}] - \\ & \frac{2\pi m_{u_i}^2}{\Lambda_{KK}^2}(V_{CKM}^{(0)})_{si}^{\dagger}(V_{CKM}^{(0)})_{ib}\{[\sum{}_{(++)}^{G}(1,1)]+[\sum{}_{(-+)}^{G}(1,1)]\} + \\ & \sum_{j=1}^{3}\frac{m_{u_i}m_{u_j}}{m_{\mathrm{W}}^2}(V_{CKM}^{(0)})_{si}^{\dagger}[(\delta Z_R^u)_{ij}+(\delta Z_R^u)_{ij}^{\dagger}](V_{CKE}^{(0)})_{jb} + \\ & \sum_{j=1}^{3}\frac{m_{u_i}^2}{m_{\mathrm{W}}^2}[(V_{CKM}^{(0)})_{si}^{\dagger}(V_{CKM}^{(0)})_{ij}(\delta Z_L^d)_{jb}+(\delta Z_L^d)_{sj}^{\dagger}(V_{CKM}^{(0)})_{ji}^{\dagger}(V_{CKM}^{(0)})_{ib}] + \\ & \frac{\upsilon^2}{4\Lambda_{KK}^2}[(V_{CKM}^{(0)})_{si}^{\dagger}(\Delta_{G^{\pm}}^{L})_{ib}+(\Delta_{G^{\pm}}^{L})_{si}^{\dagger}(V_{CKM}^{(0)})_{ib}] \\ (Y_{i,2}^{(b)})_{sb} =& -(V_{CKM}^{(0)})_{si}^{\dagger}(V_{CKM}^{(0)})_{ib}\left[\frac{m_{u_i}^2}{m_{W^{\pm}}^2m_b}(\delta M^d)_{ii}+\frac{m_{u_i}}{m_{W^{\pm}}^2}(\delta M^d)_{ii}^{*}\right] - \\ & \frac{\pi m_{u_i}^2}{\Lambda_{KK}^2}(V_{CKM}^{(0)})_{si}^{\dagger}(V_{CKM}^{(0)})_{ib}\left(1+\frac{m_{u_i}}{m_b}\right)\{[\sum{}_{(++)}^{G}(1,1)]+[\sum{}_{(-+)}^{G}(1,1)]\} + \\ & \sum_{j=1}^{3}\frac{m_{u_i}^2}{m_{\mathrm{W}}^2}(V_{CKM}^{(0)})_{si}^{\dagger}\left[(\delta Z_R^u)_{jb}(V_{CKM}^{(0)})_{jb}+\frac{m_{d_j}}{m_b}(V_{CKM}^{(0)})_{ij}(\delta Z_L^d)_{jb}\right] + \\ & \sum_{j=1}^{3}\left[\frac{m_{u_i}m_{u_j}}{m_{\mathrm{W}}^2}(V_{CKM}^{(0)})_{sj}^{\dagger}(\delta Z_R^u)_{ji}^{\dagger}+\frac{m_{u_i}^2}{m_{\mathrm{W}}^2}(\delta Z_L^d)_{sj}^{\dagger}(V_{CKM}^{(0)})_{ji}^{\dagger}\right](V_{CKM}^{(0)})_{ib} + \\ & \frac{\upsilon^2 m_{u_i}}{4\Lambda_{KK}^2 m_b}[(V_{CKM}^{(0)})_{si}^{\dagger}(\Delta_{G^{\pm}}^{R})_{ib}+(\Delta_{G^{\pm}}^{L})_{si}^{\dagger}(V_{CKM}^{(0)})_{ib}] \\ (Y_{i,3}^{(b)})_{sb} =& -\frac{(\delta M^d)_{22}^{*}}{m_b}(V_{CKM}^{(0)})_{si}^{\dagger}(V_{CKM}^{(0)})_{ib} - \\ & \frac{\pi m_{u_i}m_{\mathrm{W}}^2}{\Lambda_{KK}^2 m_b}(V_{CKM}^{(0)})_{si}^{\dagger}(V_{CKM}^{(0)})_{ib}\{[\sum{}_{(++)}^{G}(1,1)]+[\sum{}_{(-+)}^{G}(1,1)]\} + \\ & \sum_{j=1}^{3}\left[\frac{m_s}{m_b}(V_{CKM}^{(0)})_{sj}^{\dagger}(\delta Z_R^u)_{ji}^{\dagger}+\frac{m_{d_j}}{m_b}(\delta Z_L^d)_{sj}^{\dagger}(V_{CKM}^{(0)})_{ji}^{\dagger}\right](V_{CKM}^{(0)})_{ib} + \\ & \frac{\upsilon^2}{4\Lambda_{KK}^2}(\Delta_{G^{\pm}}^{R})_{si}^{\dagger}(V_{CKM}^{(0)})_{ib} \end{aligned}\right\} \tag{5.45}$$

如果选择$\mu_{\rm EW}=m_{\rm W}$，可以发现方程(5.38)和方程(5.44)的求和将回到标准模型有效算符对威尔逊系数的理论预计。由于味道改变中性流是通过有质量的中性规范玻色子Z，Z_{H_α}，$\gamma_{(n)}$来实现的，相应耦合项在v^2/Λ_{KK}^2阶的近似为：

$$
\left.\begin{aligned}
(\xi_Z^L)_{sb} &= \left(1-\frac{2}{3}s_{\rm W}^2\right)\left[\delta_{sb}+(\delta Z_L^d)_{sb}^{\dagger}+(\delta Z_L^d)_{sb}+\frac{v^2}{2\Lambda_{KK}^2}(\Delta_Z^L)_{sb}\right]+o\left(\frac{v^3}{\Lambda_{KK}^3}\right)\\
(\xi_Z^R)_{s,b} &= -\frac{2}{3}s_{\rm W}^2\left[\delta_{sb}+(\delta Z_R^d)_{sb}^{\dagger}+(\delta Z_R^d)_{sb}+\frac{v^2}{2\Lambda_{KK}^2}(\Delta_Z^R)_{sb}\right]+o\left(\frac{v^3}{\Lambda_{KK}^3}\right)\\
(\xi_{Z_{H_{(2n-1)}}}^L)_{s,b} &= \left(1-\frac{2}{3}s_{\rm W}^2\right)\frac{4\sqrt{2\pi}}{kr\epsilon}\sum_{i=1}^{3}(D_L^{(0)})_{si}^{\dagger}\int_\epsilon^1 {\rm d}t\chi_{(++)}^{Z}(y_{(++)}^{Z(n)},t)\times\\
&\qquad[f_{(++)}^{L,c_B^i}(0,t)]^2(D_L^{(0)})_{ib}+o\left(\frac{v}{\Lambda_{KK}}\right)\\
(\xi_{Z_{H(2n)}}^L)_{s,b} &= \frac{3-2s_{\rm W}^2}{3\sqrt{1-2s_{\rm W}^2}}\frac{4\sqrt{2\pi}}{kr\epsilon}\sum_{i=1}^{3}(D_L^{(0)})_{si}^{\dagger}\int_\epsilon^1 {\rm d}t\chi_{(-+)}^{Z_X}(y_{(-+)}^{Z_X(n)},t)\times\\
&\qquad[f_{(++)}^{L,c_B^i}(0,t)]^2(D_L^{(0)})_{ib}+o\left(\frac{v}{\Lambda_{KK}}\right)\\
(\xi_{Z_{H_{(2n-1)}}}^R)_{s,b} &= -\frac{2}{3}s_{\rm W}^2\frac{4\sqrt{2\pi}}{kr\epsilon}\sum_{i=1}^{3}(D_R^{(0)})_{si}^{\dagger}\int_\epsilon^1 {\rm d}t\chi_{(++)}^{Z}(y_{(++)}^{Z(n)},t)\times\\
&\qquad[f_{(++)}^{R,c_T^i}(0,t)]^2(D_R^{(0)})_{ib}+o\left(\frac{v}{\Lambda_{KK}}\right)\\
(\xi_{Z_{H_{(2n)}}}^R)_{s,b} &= -\frac{3-4s_{\rm W}^2}{3\sqrt{1-2s_{\rm W}^2}}\frac{4\sqrt{2\pi}}{kr\epsilon}\sum_{i=1}^{3}(D_R^{(0)})_{si}^{\dagger}\int_\epsilon^1 {\rm d}t\chi_{(-+)}^{Z_X}(y_{(-+)}^{Z_X(n)},t)\times\\
&\qquad[f_{(++)}^{R,c_T^i}(0,t)]^2(D_R^{(0)})_{ib}+o\left(\frac{v}{\Lambda_{KK}}\right)\\
(\xi_{Z_{H_{(2n-1)}}}^L)_{a,b} &= \left(1-\frac{2}{3}s_{\rm W}^2\right)\frac{4\sqrt{2\pi}}{kr\epsilon}\sum_{i=1}^{3}\sum_{n'=1}^{\infty}\delta_{\alpha(9n'-6+i)}\int_\epsilon^1 {\rm d}t\chi_{(++)}^{Z}(y_{(++)}^{Z(n)},t)\times\\
&\qquad[f_{(++)}^{L,c_B^i}(0,t)][f_{(++)}^{L,c_B^i}(y_{(\pm\pm)}^{c_B^i(n')},t)](D_L^{(0)})_{ib}+o\left(\frac{v}{\Lambda_{KK}}\right)\\
(\xi_{Z_{H_{(2n)}}}^L)_{a,b} &= \frac{3-2s_{\rm W}^2}{3\sqrt{1-2s_{\rm W}^2}}\frac{4\sqrt{2\pi}}{kr\epsilon}\sum_{i=1}^{3}\sum_{n'=1}^{\infty}\delta_{\alpha(9n'-6+i)}\int_\epsilon^1 {\rm d}t\chi_{(-+)}^{Z_X}(y_{(-+)}^{Z_X(n)},t)\times\\
&\qquad[f_{(++)}^{L,c_B^i}(0,t)][f_{(++)}^{L,c_B^i}(y_{(\pm\pm)}^{c_B^i(n')},t)](D_L^{(0)})_{ib}+o\left(\frac{v}{\Lambda_{KK}}\right)\\
(\xi_{H_{(2n-1)}}^R)_{a,b} &= -\frac{2}{3}s_{\rm W}^2\frac{4\sqrt{2\pi}}{kr\epsilon}\sum_{i=1}^{3}\sum_{n'=1}^{\infty}\delta_{\alpha(9n'+i)}\int_\epsilon^1 {\rm d}t\chi_{(++)}^{Z}(y_{(++)}^{Z(n)},t)\times\\
&\qquad[f_{(++)}^{R,c_T^i}(0,t)][f_{(++)}^{R,c_T^i}(y_{(\mp\mp)}^{c_T^i(n')},t)](D_R^{(0)})_{ib}+o\left(\frac{v}{\Lambda_{KK}}\right)
\end{aligned}\right\}\tag{5.46}
$$

$$\left.\begin{aligned}
(\xi^R_{Z_{H_{(2n)}}})_{a,b} &= -\frac{3-4s_W^2}{3\sqrt{1-2s_W^2}}\frac{4\sqrt{2\pi}}{kr\epsilon}\sum_{i=1}^{3}\sum_{n'=1}^{\infty}\delta_{\alpha(9n'+i)}\int_\epsilon^1 dt\chi^{Z_X}_{(-+)}(y^{Z_X(n)}_{(-+)},t)\times\\
&\quad[f^{R,c^i_T}_{(++)}(0,t)][f^{R,c^i_T}_{(++)}(y^{c^i_T(n')}_{(\mp\mp)},t)](D^{(0)R})_{ib}+o\left(\frac{v}{\Lambda_{KK}}\right)\\
(\xi^L_{\gamma(n)})_{s,b} &= -\frac{4\sqrt{2\pi}}{3kr\epsilon}\sum_{i=1}^{3}(D^{(0)}_L)^\dagger_{s,i}\int_\epsilon^1 dt\chi^A_{(++)}(y^{A(n)}_{(++)},t)[f^{L,c^i_B}_{(++)})(0,t)]^2(D^{(0)}_l)_{i,b}+\\
&\quad o\left(\frac{v}{\Lambda_{KK}}\right)\\
(\xi^L_{\gamma(n)})_{s,b} &= -\frac{4\sqrt{2\pi}}{3kr\epsilon}\sum_{i=1}^{3}(D^{(0)}_R)^\dagger_{s,i}\int_\epsilon^1 dt\chi^A_{(++)}(y^{A(n)}_{(++)},t)[f^{R,c^i_T}_{(++)}(0,t)]^2\\
&\quad(D^{(0)}_R)_{i,b}+o\left(\frac{v}{\Lambda_{KK}}\right)\\
(\xi^L_{\gamma(n)})_{a,b} &= -\frac{4\sqrt{2\pi}}{3kr\epsilon}\sum_{i=1}^{3}\sum_{n'=1}^{\infty}\delta_{\alpha,(9n'-6+i)}\int_\epsilon^1 dt\chi^A_{(++)}(y^{A(n)}_{(++)},t)\{f^{L,c^i_B}_{(++)}(0,t)\times\\
&\quad f^{L,c^i_B}_{(++)}(y^{c^i_B(n')}_{(\pm\pm)},t)\}(D^{(0)}_t)_{i,b}+o\left(\frac{v}{\Lambda_{KK}}\right)\\
(\xi^R_{\gamma(n)})_{a,b} &= -\frac{4\sqrt{2\pi}}{3kr\epsilon}\sum_{i=1}^{3}\sum_{n'=1}^{\infty}\delta_{\alpha,(9n'+i)}\int_\epsilon^1 dt\chi^A_{(++)}(y^{A(n)}_{(++)},t)\{f^{R,c^i_T}_{(++)}(0,t)\times\\
&\quad f^{R,c^i_T}_{(++)}(y^{c^i_T(n')}_{(\pm\pm)},t)\}(D^{(0)}_R)_{i,b}+o\left(\frac{v}{\Lambda_{KK}}\right)
\end{aligned}\right\}\quad(5.46)$$

这里，Δ^L_Z，Δ^R_Z 的定义如下：

$$\left.\begin{aligned}
(\Delta^L_Z)_{sb} &= \sum_{i,j,k=1}^{3}(D^{(0)}_L)^\dagger_{si}f^{L,c^i_B}_{(++)}(0,1)Y^d_{ik}([\sum\nolimits^{R,c^k_T}_{(\pm\mp)}(1,1)]-\\
&\quad\frac{3}{3-2s_W^2}[\sum\nolimits^{R,c^k_T}_{(\mp\mp)}(1,1)])Y^{d\dagger}_{kj}\times\\
&\quad f^{L,c^j_B}_{(++)}(0,1)(D^{(0)}_L)_{jb}-\frac{4\pi e^2}{s_w^2c_w^2kr\epsilon}\sum_{i=1}^{3}(D^{(0)}_L)^\dagger_{si}(\int_\epsilon^1 dt\{[\sum\nolimits^{G}_{(++)}(t,1)]+\\
&\quad[\sum\nolimits^{G}_{(-+)}(t,1)]\}[f^{L,c^i_b}_{(++)}(0,t)]^2)(D^{(0)}_l)_{ib}\\
(\Delta^R_Z)_{sb} &= -\frac{3}{2s_W^2}\sum_{i,j,k=1}^{3}(D^{(0)}_R)^\dagger_{si}f^{R,c^i_T}_{(++)}(0,1)Y^{d\dagger}_{ik}[\sum\nolimits^{L,c^k_B}_{(\pm\pm)}(1,1)]Y^d_{kj}\times\\
&\quad f^{R,c^j_T}_{(++)}(0,1)(D^{(0)}_R)_{jb}-\\
&\quad\frac{4\pi e^2}{s_W^2c_W^2kr\epsilon}\sum_{i,j=1}^{3}(D^{(0)}_R)^\dagger_{si}(\int_\epsilon^1 dt\{[\sum\nolimits^{G}_{(++)}(t,1)]+\left(\frac{3}{s_w^2}-4\right)[\sum\nolimits^{G}_{(-+)}(t,1)]\}\times\\
&\quad[f^{R,c^i_T}_{(++)}(0,t)]^2)(D^{(0)}_R)_{jb}
\end{aligned}\right\}\quad(5.47)$$

类似地，在 $o(v^2/\Lambda_{KK}^2)$ 阶近似下图，5.1(c)对威尔逊系数的贡献为：

$$
\left.\begin{aligned}
C_{7\gamma}^{(c)}(\mu_{EW}) = {} & \frac{(3-2s_W^2)^2}{162 s_W^2}\left\{\left[2(\delta Z_L^d)_{sb}^{\dagger} + 2(\delta Z_L^d)_{sb} + \frac{v^2}{2\Lambda_{KK}^2}(\Delta_Z^L)_{sb} + \frac{v^2}{2\Lambda_{KK}^2}(\Delta_Z^L)_{sb}^{\dagger}\right] + \right. \\
& \frac{1}{9}\left(1-\frac{2}{3}s_W^2\right)\left[(\delta Z_L^d)_{sb}^{\dagger} + (\delta Z_L^d)_{sb} + \frac{v^2}{2\Lambda_{KK}^2}(\Delta_Z^L)_{sb}^{\dagger}\right] + \\
& \left.\frac{1}{9}\left(1-\frac{2}{3}s_W^2\right)\frac{m_s}{m_b}\left[(\delta Z_R^d)_{sb}^{\dagger} + (\delta Z_R^d)_{sb} + \frac{v^2}{2\Lambda_{KK}^2}(\Delta_Z^R)_{sb}\right]\right\} + \\
& \frac{32\pi s_W^2 m_W^2}{27\Lambda_{KK}^2 (kr\epsilon)^2}\sum_{i,j,k=1}^{3}\left\{\frac{m_{d_k}}{m_b}(D_L^{(0)})_{si}^{\dagger}(D_L^{(0)})_{ik}(D_R^{(0)})_{kj}^{\dagger}(D_R^{(0)})_{jb}\times\right. \\
& \int_\epsilon^1 dt\int_\epsilon^1 dt'\left\{\frac{25-16s_W^2}{9c_W^2}\left[\sum\nolimits_{(++)}^{G}(t,t')\right] + \frac{(3-2s_W^2)(3-4s_W^2)}{s_W^2 c_W^2(1-2s_W^2)}\times\right. \\
& \left.\left[\sum\nolimits_{(-+)}^{G}(t,t')\right]\right)\left[f_{(++)}^{L,c_B^i}(0,t)\right]^2\left[f_{(++)}^{R,c_T^j}(0,t')\right]^2\Big\} + o\left(\frac{v^4}{\Lambda_{KK}^4}\right) \\
C_{8G}^{(c)}(\mu_{EW}) = {} & -3C_{7\gamma}^{(c)}(\mu_{EW}) \\
\widetilde{C}_{7\gamma}^{(c)}(\mu_{EW}) = {} & \left\{\frac{2}{81}s_W^2\left[2(\delta Z_R^d)_{sb}^{\dagger} + 2(\delta Z_R^d)_{sb} + \frac{v^2}{2\Lambda_{KK}^2}(\Delta_Z^R)_{sb} + \frac{v^2}{2\Lambda_{KK}^2}(\Delta_Z^R)_{sb}^{\dagger}\right] + \right. \\
& \frac{1}{9}\left(1-\frac{2}{3}s_W^2\right)\frac{m_s}{m_b}\left[(\delta Z_L^d)_{sb}^{\dagger} + (\delta Z_L^d)_{sb} + \frac{v^2}{2\Lambda_{KK}^2}(\Delta_Z^L)_{sb}\right] + \\
& \left.\frac{1}{9}\left(1-\frac{2}{3}s_W^2\right)\left[(\delta Z_R^d)_{sb}^{\dagger} + (\delta Z_R^d)_{sb} + \frac{v^2}{2\Lambda_{KK}^2}(\Delta_Z^R)_{sb}^{\dagger}\right]\right\} + \\
& \frac{32\pi s_W^2 m_W^2}{9\Lambda_{KK}^2 (kr\epsilon)^2}\sum_{i,j,k=1}^{3}\frac{m_{d_k}}{m_b}(D_R^{(0)})_{si}^{\dagger}(D_R^{(0)})_{ik}(D_L^{(0)})_{kj}^{\dagger}(D_L^{(0)})_{jb}\times \\
& \int_\epsilon^1 dt\int_\epsilon^1 dt'\left\{\frac{79-52s_W^2}{27c_W^2}\left[\sum\nolimits_{(++)}^{G}(t,t')\right] + \frac{(3-2s_W^2)(3-4s_W^2)^2}{s_W^2 c_W^2(1-2s_W^2)}\times\right. \\
& \left.\left[\sum\nolimits_{(-+)}^{G}(t,t')\right]\right)\left[f_{(++)}^{R,c_T^i}(0,t)\right]^2\left[f_{(++)}^{L,c_B^j}(0,t')\right]^2\Big\} + o\left(\frac{v^4}{\Lambda_{KK}^4}\right) \\
\widetilde{C}_{8G}^{(c)}(\mu_{EW}) = {} & -3\widetilde{C}_{7\gamma}^{(c)}(\mu_{EW})
\end{aligned}\right\}\quad(5.48)
$$

上面的讨论中已经讲过，在本书所考虑的扩展群对称下，弯曲额外维中胶子 KK 态同样给出味道改变中性流。相应的耦合近似展开如下：

$$\left.\begin{aligned}
&(\xi^L_{g_{(n)}})_{s,b} = \frac{4\sqrt{2\pi}}{kr\epsilon}\sum_{i=1}^{3}(D_L^{(0)})^\dagger_{s,i}\int_\epsilon^1 \mathrm{d}t\chi^A_{(++)}(y^{A(n)}_{(++)},t)[f^{L,c_B^i}_{(++)}(0,t)]^2(D_L^{(0)})_{t,b} + \\
&\quad o\left(\frac{v}{\Lambda_{KK}}\right) \\
&(\xi^R_{g_{(n)}})_{s,b} = \frac{4\sqrt{2\pi}}{kr\epsilon}\sum_{i=1}^{3}(D_R^{(0)})^\dagger_{s,i}\int_\epsilon^1 \mathrm{d}t\chi^A_{(++)}(y^{A(n)}_{(++)},t)[f^{R,c_T^i}_{(++)}(0,t)]^2(D_R^{(0)})_{i,b} + \\
&\quad o\left(\frac{v}{\Lambda_{KK}}\right) \\
&(\xi^L_{g_{(n)}})_{a,b} = \frac{4\sqrt{2\pi}}{kr\epsilon}\sum_{i=1}^{3}\sum_{n'=1}^{\infty}\delta_{\alpha,(9n'-6+i)}\int_\epsilon^1 \mathrm{d}t\chi^A_{(++)}(y^{A(n)}_{(++)},t)\{f^{L,c_B^i}_{(++)}(0,t)\times \\
&\quad f^{L,c_B^i}_{(++)}(y^{c_B^i(n')}_{(\pm\pm)},t)\}(D_L^{(0)})_{i,b} + o\left(\frac{v}{\Lambda_{KK}}\right) \\
&(\xi^R_{g_{(n)}})_{a,b} = \frac{4\sqrt{2\pi}}{kr\epsilon}\sum_{i=1}^{3}\sum_{n'=1}^{\infty}\delta_{\alpha,(9n'+i)}\int_\epsilon^1 \mathrm{d}t\chi^A_{(++)}(y^{A(n)}_{(++)},t)\{f^{R,c_T^i}_{(++)}(0,t)\times \\
&\quad f^{R,c_T^i}_{(++)}(y^{c_T^i(n')}_{(\pm\pm)},t)\}(D_R^{(0)})_{i,b} + o\left(\frac{v}{\Lambda_{KK}}\right)
\end{aligned}\right\}\quad(5.49)$$

在电弱能标下，这部分对威尔逊系数的修正近似表示如下：

$$\left.\begin{aligned}
&C_{7\gamma}^{(d)}(\mu_{\mathrm{EW}}) = -\frac{256\pi s_{\mathrm{W}}^2 m_{\mathrm{W}}^2 g_s^2}{9\Lambda_{KK}^2(kr\epsilon)^2 e^2}\sum_{i,j,k=1}^{3}\left\{\frac{m_{d_k}}{m_b}(D_L^{(0)})^\dagger_{si}(D_L^{(0)})_{ik}(D_R^{(0)})^\dagger_{kj}(D_R^{(0)})_{jb}\times\right. \\
&\quad\left.\int_\epsilon^1\mathrm{d}t\int_\epsilon^1\mathrm{d}t'[\textstyle\sum^G_{(++)}(t,t')][f^{L,c_B^i}_{(++)}(0,t)]^2[f^{R,c_T^j}_{(++)}(0,t')]^2\right\} + \\
&\quad o(v^4/\Lambda_{KK}^4) \\
&C_{8G}^{(d)}(\mu_{\mathrm{EW}}) = \frac{256\pi s_{\mathrm{W}}^2 m_{\mathrm{W}}^2 g_s^2}{3\Lambda_{KK}^2(kr\epsilon)^2 e^2}\sum_{i,j,k=1}^{3}\left\{\frac{m_{d_k}}{m_b}(D_L^{(0)})^\dagger_{si}(D_L^{(0)})_{ik}(D_R^{(0)})^\dagger_{kj}(D_R^{(0)})_{jb}\times\right. \\
&\quad\left.\int_\epsilon^1\mathrm{d}t\int_\epsilon^1\mathrm{d}t'[\textstyle\sum^G_{(++)}(t,t')][f^{L,c_B^i}_{(++)}(0,t)]^2[f^{R,c_T^j}_{(++)}(0,t')]^2\right\} + \\
&\quad o(v^4/\Lambda_{KK}^4) \\
&\widetilde{C}_{7\gamma}^{(d)}(\mu_{\mathrm{EW}}) = -\frac{256\pi s_{\mathrm{W}}^2 m_{\mathrm{W}}^2 g_s^2}{9\Lambda_{KK}^2(kr\epsilon)^2 e^2}\sum_{i,j,k=1}^{3}\left\{\frac{m_{d_k}}{m_b}(D_R^{(0)})^\dagger_{si}(D_R^{(0)})_{ik}(D_L^{(0)})^\dagger_{kj}(D_L^{(0)})_{jb}\times\right. \\
&\quad\left.\int_\epsilon^1\mathrm{d}t\int_\epsilon^1\mathrm{d}t'[\textstyle\sum^G_{(++)}(t,t')][f^{R,c_T^i}_{(++)}(0,t)]^2[f^{L,c_B^j}_{(++)}(0,t')]^2\right\} + \\
&\quad o(v^4/\Lambda_{KK}^4) \\
&\widetilde{C}_{8G}^{(d)}(\mu_{\mathrm{EW}}) = \frac{256\pi s_{\mathrm{W}}^2 m_{\mathrm{W}}^2 g_s^2}{3\Lambda_{KK}^2(kr\epsilon)^2 e^2}\sum_{i,j,k=1}^{3}\left\{\frac{m_{d_k}}{m_b}(D_R^{(0)})^\dagger_{si}(D_R^{(0)})_{ik}(D_L^{(0)})^\dagger_{kj}(D_L^{(0)})_{jb}\times\right. \\
&\quad\left.\int_\epsilon^1\mathrm{d}t\int_\epsilon^1\mathrm{d}t'[\textstyle\sum^G_{(++)}(t,t')][f^{R,c_T^i}_{(++)}(0,t)]^2[f^{L,c_B^j}_{(++)}(0,t')]^2\right\} + \\
&\quad o(v^4/\Lambda_{KK}^4)
\end{aligned}\right\}\quad(5.50)$$

相比于方程(5.38)和方程(5.44)中标准模型的贡献而言，方程(5.43)、方程(5.48)和方程(5.50)给出的修正来自 KK 激发态，它包含一个整体的压低因子 v^2/Λ_{KK}^2。

最终，来自中性希格斯和 Goldstone 的味道改变中性流耦合表示为：

$$
\left.\begin{aligned}
(\eta_{H_0}^h)_{s,b} = & -\frac{e}{\sqrt{2}s_W}\Big\{\frac{m_b}{m_W}\delta_{sb} - \frac{(\delta M^d)_{33}}{m_W}\delta_{sb} + \frac{m_b}{m_W}(\delta Z_R^d)_{sb}^{\dagger} + \frac{m_s}{m_W}(\delta Z_L^d)_{sb} - \\
& \delta_{sb}\frac{\pi m_b m_W}{\Lambda_{KK}^2}\Big[\Big\{\sum{}_{(++)}^{G}(1,1)\Big\} + \Big\{\sum{}_{(-+)}^{G}(1,1)\Big\}\Big] + \\
& \frac{v^2}{4\Lambda_{KK}^2}\left[\frac{m_b}{m_W}(\Delta_{H_0}^{(1)})_{sb} + \frac{m_s}{m_W}(\Delta_{H_0}^{(2)})_{sb}\right]\Big\} + o\left(\frac{v^3}{\Lambda_{KK}^3}\right) \\
(\eta_{H_0}^R)_{s,b} = & (\eta_{H_0}^L)_{s,b}^{\dagger} \\
(\eta_{H_0}^L)_{\alpha,b} = & \sum_{i,j=1}^{3}\Big\{-\sum_{n=1}^{\infty}(\delta_{\alpha,(9n+i)}f_{(++)}^{R,c_T^i}(y_{(\mp\mp)}^{c_T^i(n)},1)Y_{ij}^{d\dagger}f_{(++)}^{L,c_B^j}(0,1)(D_L^{(0)})_{j,b} + \\
& \sum_{n=1}^{\infty}(\delta_{\alpha,(9n-3+i)}f_{(-+)}^{R,c_T^i}(y_{(\pm\mp)}^{c_T^i(n)},1)Y_{ij}^{d\dagger}f_{(++)}^{L,c_B^j}(0,1)(D_L^{(0)})_{j,b}\Big\} + \\
& o\left(\frac{v}{\Lambda_{KK}}\right) \\
(\eta_{H_0}^R)_{\alpha,b} = & -\sum_{i,j=1}^{3}\sum_{n=1}^{\infty}\delta_{\alpha,(9n-6+i)}f_{(++)}^{L,c_B^i}(y_{(\pm\pm)}^{c_B^i(n)},1)Y_{ij}^{d}f_{(++)}^{R,c_T^j}(0,1)(D_R^{(0)})_{j,b} + o\left(\frac{v}{\Lambda_{KK}}\right) \\
(\eta_{G_0}^L)_{s,b} = & -(\eta_{H_0}^L)_{s,b} \\
(\eta_{G_0}^R)_{s,b} = & -(\eta_{G0}^L)_{s,b}^{\dagger} \\
(\eta_{G_0}^L)_{\alpha,b} = & \sum_{i,j=1}^{3}\Big\{\sum_{n=1}^{\infty}(\delta_{\alpha,(9n+i)}f_{(++)}^{R,c_T^i}(y_{(\mp\mp)}^{c_T^i(n)},1)Y_{ij}^{d\dagger}f_{(++)}^{L,c_B^j}(0,1)(D_L^{(0)})_{j,b} + \\
& \sum_{n=1}^{\infty}(\delta_{\alpha,(9n-3+i)}f_{(-+)}^{R,c_T^i}(y_{(\pm\mp)}^{c_T^i(n)},1)Y_{ij}^{d\dagger}f_{(++)}^{L,c_B^j}(0,1)(D_L^{(0)})_{j,b}\Big\} + o\left(\frac{v}{\Lambda_{KK}}\right) \\
(\eta_{G_0}^R)_{\alpha,b} = & \sum_{i,j=1}^{3}\sum_{n=1}^{\infty}\delta_{\alpha,(9n-6+i)}f_{(++)}^{L,c_B^i}(y_{(\pm\pm)}^{c_B^i(n)},1)Y_{ij}^{d}f_{(++)}^{R,c_T^j}(0,1)(D_R^{(0)})_{j,b} + o\left(\frac{v}{\Lambda_{KK}}\right)
\end{aligned}\right\}\quad(5.51)
$$

其中用到了简写：

$$
\left.\begin{aligned}
(\Delta_{H_0}^{(1)})_{sb} = & -\sum_{i,j,k,l=1}^{3}(D_R^{(0)})_{si}^{\dagger}f_{(++)}^{R,c_T^i}(0,1)Y_{ik}^{d\dagger}\Big[\sum{}_{(\pm\pm)}^{L,c_B^k}(1,1)\Big]Y_{kj}^{d}\times \\
& f_{(++)}^{R,c_T^j}(0,1)(D^{(0)L})_{jb} \\
(\Delta_{H_0}^{(2)})_{sb} = & -\sum_{i,j,k,l=1}^{3}(D_R^{(0)})_{si}^{\dagger}f_{(++)}^{L,c_B^i}(0,1)Y_{ik}^{d}\left[\Big\{\sum{}_{(\pm\mp)}^{R,c_T^k}(1,1)\Big\} + \Big\{\sum{}_{(\mp\mp)}^{R,c_T^k}(1,1)\Big\}\right]\times \\
& Y_{kj}^{d\dagger}f_{(++)}^{L,c_B^j}(0,1)(D_L^{(0)})_{jb}
\end{aligned}\right\}\quad(5.52)
$$

由于图 5.1(e)中的内线虚粒子为中性希格斯/Goldstone 和带电为-1/3 的标准模型

夸克，此类图对威尔逊系数的修正与式(5.38)和式(5.44)相比，含有额外的压低因子 $m_b^3 m_s/m_W^4$。此类图对威尔逊系数的主要修正来自内线为中性希格斯/Goldstone 和-1/3 电荷的夸克 KK 态构成的单圈图：

$$\left.\begin{aligned}
C_{7\gamma}^{(e)}(\mu_{EW}) &= -\frac{s_W^2 m_W^2}{18\Lambda_{KK}^2 e^2}\sum_{i,j,k=1}^{3}\{(D_L^{(0)})_{si}^{\dagger} f_{(++)}^{L,c_B^i}(0,1)Y_{ik}^d([\sum\nolimits_{(\mp\mp)}^{R,c_T^k}(1,1)]+\\
&\quad[\sum\nolimits_{(\pm\mp)}^{R,c_T^k}(1,1)])\times Y_{kj}^{d\dagger}f_{(++)}^{L,c_B^j}(0,1)(D_L^{(0)})_{jb}\}+o(v^4/\Lambda_{KK}^4)\\
&= -\frac{m_b m_s}{36\Lambda_{KK}^2}\sum_{k=1}^{3}(D_R^{(0)})_{sk}^{\dagger}\frac{[\sum\nolimits_{(\mp\mp)}^{R,c_T^k}(1,1)]+[\sum\nolimits_{(\pm\mp)}^{R,c_T^k}(1,1)]}{[f_{(++)}^{R,c_T^k}(0,1)]^2}\times\\
&\quad(D_R^{(0)})_{kb}+o(v^4/\Lambda_{KK}^4)\\
C_{8G}^{(e)}(\mu_{EW}) &= -3C_{7\gamma}^{(e)}(\mu_{EW})\\
\widetilde{C}_{7\gamma}^{(e)}(\mu_{EW}) &= -\frac{s_W^2 m_W^2}{18\Lambda_{KK}^2 e^2}\sum_{i,j,k=1}^{3}\{(D_R^{(0)})_{si}^{\dagger} f_{(++)}^{R,c_T^i}(0,1)Y_{ik}^{d\dagger}[\sum\nolimits_{(\pm\pm)}^{L,c_B^k}(1,1)]Y_{kj}^d\times\\
&\quad f_{(++)}^{R,c_T^j}(0,1)(D_R^{(0)})_{jb}+o(v^4/\Lambda_{KK}^4)\\
&= -\frac{m_b m_s}{36\Lambda_{KK}^2}\sum_{k=1}^{3}(D_L^{(0)})_{sk}^{\dagger}\frac{[\sum\nolimits_{(\pm\pm)}^{L,c_B^k}(1,1)]}{[f_{(++)}^{L,c_B^k}(0,1)]^2}(D_L^{(0)})_{kb}+o(v^4/\Lambda_{KK}^4)\\
\widetilde{C}_{8G}^{(e)}(\mu_{EW}) &= -3\widetilde{C}_{7\gamma}^{(e)}(\mu_{EW})
\end{aligned}\right\}\quad(5.53)$$

方程(5.53)给出了中性希格斯和-1/3 电荷的夸克的 KK 态贡献，与其他部分的修正相比，它除了压低因子 v^2/Λ_{KK}^2外，还包含了额外的压低因子 $m_b m_s/m_W^2$。

◆◇ 5.5 能标演化

为了得出 $B\to X_s\gamma$ 的衰变分支比，还需要考虑 QCD 部分的修正，这部分修正主要来自带电的流-流算符与偶极算符和 QCD 企鹅算符的混合[80]。由方程(5.3)中的威尔逊系数，可以定义如下两个列矢：

$$\left.\begin{aligned}
(\boldsymbol{C}^{SM})^{T} &= \{C_i, C_{7\gamma}, C_{8G}, C_{f,j}^{LL}, C_{f,j}^{LR}, \hat{C}_{d,j}^{LL}, \hat{C}_{d,j}^{LR}\}^{T}\\
(\boldsymbol{C}^{NP})^{T} &= \{\widetilde{C}_k, \widetilde{C}_{7\gamma}, \widetilde{C}_{8G}, C_{f,j}^{RL}, C_{f,j}^{RR}, \hat{C}_{d,j}^{RL}, \hat{C}_{d,j}^{RR}\}^{T}
\end{aligned}\right\}\quad(5.54)$$

其中，$i=1, 2, \cdots, 6$；$j=1, 2$；$k=3, \cdots, 6$；$f=u, c, d, s, b$。由此，威尔逊系数在强子能标 μ_b 下可以表示为：

$$\left.\begin{aligned} C_\alpha^{SM}(\mu_b) &= \sum_\beta U_{\alpha\beta}(\mu_b,\ \mu_{\rm EW})\, C_\beta^{SM}(\mu_{\rm EW}) \\ C_\alpha^{NP}(\mu_b) &= \sum_\beta W_{\alpha\beta}(\mu_b,\ \mu_{\rm EW})\, C_\beta^{NP}(\mu_{\rm EW}) \end{aligned}\right\} \tag{5.55}$$

式(5.55)中，$U_{\alpha\beta}(\mu_b,\ \mu_{\rm EW})$和$W_{\alpha\beta}(\mu_b,\ \mu_{\rm EW})$表示演化矩阵的矩阵元，它由反常维矩阵(anomalous dimension matrices)和 QCD-β 函数表示。

对带电流-流算符，威尔逊系数可以近似为：

$$\left.\begin{aligned} C_1(\mu_{\rm W}) &= C_1^{SM}(\mu_{\rm W}) + \delta C_1(\mu_{\rm W}) \\ C_2(\mu_{\rm W}) &= C_2^{SM}(\mu_{\rm W}) + \delta C_2(\mu_{\rm W}) \end{aligned}\right\} \tag{5.56}$$

其中，$C_{1,2}^{SM}(\mu_{\rm W})$的具体表达式可以在文献[80]中得到。在$o(v^2/\Lambda_{KK}^2)$阶近似下，KK 激发态给出的修正可以表示为：

$$\left.\begin{aligned} &\delta C_1(\mu_{\rm W}) = 0 \\ &\delta C_2(\mu_{\rm W}) = \frac{1}{(V_{CKM}^{(0)\dagger})_{st}(V_{CKM}^{(0)})_{tb}}\Big\{(V_{CKM}^{(0)\dagger})_{sc}[(\delta Z_L^u V_{CKM}^{(0)})_{cb} + (V_{CKM}^{(0)}\delta Z_L^d)_{cb}] + \\ &\qquad [(\delta Z_L^{d\dagger} V_{CKM}^{(0)\dagger})_{sc} + (V_{CKM}^{(0)\dagger}\delta Z_L^{u\dagger})_{sc}](V_{CKM}^{(0)})_{cb} - \\ &\qquad \frac{v^2}{4\Lambda_{KK}^2}[(V_{CKM}^{(0)\dagger})_{sc}(\Delta_{W^\pm}^L)_{cb} + (\Delta_{W^\pm}^L)_{sc}^\dagger (V_{CKM}^{(0)})_{cb}] + \\ &\qquad \frac{32\pi m_{\rm W}^2}{\Lambda_{KK}^2}\sum_{i,j=1}^{3}(D_L^{(0)})_{si}^\dagger (U_L^{(0)})_{ic}(U_L^{(0)})_{cj}^\dagger (D_L^{(0)})_{jb} \times \\ &\qquad \frac{1}{(kr\epsilon)^2}\int_\epsilon^1 \mathrm{d}t\int_\epsilon^1 \mathrm{d}t'[f_{(++)}^{L,c_B^i}(0,\ t)]^2[\sum {}^{G}_{(++)}(t,\ t')][f_{(++)}^{L,c_B^j}(0,\ t')]^2\Big\} \end{aligned}\right\} \tag{5.57}$$

类似地，KK 模对中性流-流算符的威尔逊系数的修正在附录 C 中给出。在考虑了新物理贡献的情况下，$\overline{B}\to X_s\gamma$ 衰变的分支比表达式为

$$Br(\overline{B}\to X_s\gamma) = R(|C_{7\gamma}(\mu_b)|^2 + |\widetilde{C}_{7\gamma}(\mu_b)|^2 + N(E_\gamma)) \tag{5.58}$$

式(5.58)中，括号外的整体因子取 $R=2.47\times10^{-3}$，非微扰贡献部分为[76] $N(E_\gamma)=(3.6\pm0.6)\times10^{-3}$。在第 6 章的数值分析中，取 $\mu_b=2.5$GeV，来自标准模型的贡献精确到 NNLO 阶[65-67]：$C_{7\gamma}(\mu_b)=-0.3523$，来自新物理 KK 激发态的贡献近似到领头阶(LO)。

第 6 章　数值分析

在前面的章节中，已经得到了弯曲额外维中 $\overline{B}\to X_s\gamma$ 的解析结果。接下来对上面的结果做更具体的数值分析。目前对 $\overline{B}\to X_s\gamma$ 分支比的实验观测已经达到了很高的精度，通过实验结果可以对具有 $SU(3)_c\times SU(2)_L\times SU(2)_R\times U(1)_X\times P_{LR}$ 对称的 RS 模型参数做限制。接下来，首先通过 Froggatt-Nielsen 机制得出汤川耦合项，然后分别扫描了分支比随不同的 Bulk 质量的变化曲线、分支比随新物理能标 Λ_{KK} 的变化趋势、分支比在 c_B-c_T 平面的等高线图以及分支比随汤川耦合的输入跑动的结果。

6.1　新模型对 Bulk 质量的限制

假如汤川耦合 Y^u，Y^d 的矩阵元是任意的，需要从汤川耦合重新得到上下夸克的质量。在本书的分析中，限制于红外膜上的费米场的零模函数要满足如下关系式：

$$\left.\begin{aligned}&[f^{L,c_B^1}_{(++)}(0,1)]<[f^{L,c_B^2}_{(++)}(0,1)]<[f^{L,c_B^3}_{(++)}(0,1)]\\&[f^{R,c_T^1}_{(++)}(0,1)]<[f^{R,c_T^2}_{(++)}(0,1)]<[f^{R,c_T^3}_{(++)}(0,1)]\\&[f^{R,c_S^1}_{(++)}(0,1)]<[f^{R,c_S^2}_{(++)}(0,1)]<[f^{R,c_S^3}_{(++)}(0,1)]\end{aligned}\right\}\tag{6.1}$$

在本书所考虑的对称群下，利用弯曲额外维模型的 Froggatt-Nielsen 机制[81]，得：

$$\left.\begin{aligned}m_u&=\frac{v}{\sqrt{2}}\frac{|\det(Y^u)|}{|Y^u_{11}|}|[f^{L,c_B^1}_{(++)}(0,1)][f^{R,c_S^1}_{(++)}(0,1)]|+(\delta^u)_{11}\\m_d&=\frac{v}{\sqrt{2}}\frac{|\det(Y^d)|}{|Y^d_{11}|}|[f^{L,c_B^1}_{(++)}(0,1)][f^{R,c_T^1}_{(++)}(0,1)]|+(\delta M^d)_{11}\\m_c&=\frac{v}{\sqrt{2}}\frac{|Y^u_{11}|}{|Y^u_{33}|}|[f^{L,c_B^2}_{(++)}(0,1)][f^{R,c_S^2}_{(++)}(0,1)]|+(\delta M^u)_{22}\\m_s&=\frac{v}{\sqrt{2}}\frac{|Y^d_{11}|}{|Y^d_{33}|}|[f^{L,c_B^2}_{(++)}(0,1)][f^{R,c_T^2}_{(++)}(0,1)]|+(\delta m^d)_{22}\end{aligned}\right\}\tag{6.2}$$

$$\left.\begin{aligned} m_t &= \frac{v}{\sqrt{2}}\left|Y^u_{33}\right|\left|\left[f^{L,\,c^3_B}_{(++)}(0,\,1)\right]\left[f^{R,\,c^3_S}_{(++)}(0,\,1)\right]\right| + (\delta M^u)_{33} \\ m_b &= \frac{v}{\sqrt{2}}\left|Y^d_{33}\right|\left|\left[f^{L,\,c^3_B}_{(++)}(0,\,1)\right]\left[f^{R,\,c^3_T}_{(++)}(0,\,1)\right]\right| + (\delta M^d)_{33} \end{aligned}\right\} \tag{6.2}$$

这里，Y^q_{ij}表示 Y^q 的余子式，它是将 Y^q 的第 i 和第 j 列去掉后构成的方阵的行列式。类似地，也可以将左右手混合矩阵 $U^{(0)}_{L,\,R}$，$D^{(0)}_{L,\,R}$用 Y^q，Y^q 和红外膜上的相关场函数表示。由此，Wolfenstein 参数可以用 CKM 矩阵表示如下：

$$\left.\begin{aligned} \lambda &= \frac{\left|\left[f^{L,\,c^1_B}_{(++)}(0,\,1)\right]\right|}{\left|\left[f^{L,\,c^2_B}_{(++)}(0,\,1)\right]\right|}\left|\frac{Y^d_{21}}{Y^d_{11}} - \frac{Y^u_{21}}{Y^u_{11}}\right| \\ A &= \frac{\left|\left[f^{L,\,c^2_B}_{(++)}(0,\,1)\right]\right|^3}{\left|\left[f^{L,\,c^1_B}_{(++)}(0,\,1)\right]\right|^2\left|\left[f^{L,\,c^3_B}_{(++)}(0,\,1)\right]\right|}\frac{\left|Y^d_{23}/Y^d_{33} - Y^u_{23}/Y^u_{33}\right|}{\left|\left[Y^d_{21}/Y^d_{11} - Y^u_{21}/Y^u_{11}\right]^2\right|} \\ \bar{\rho} - \mathrm{i}\,\bar{\eta} &= \frac{Y^d_{33}Y^u_{31} - Y^d_{23}Y^u_{21} + Y^d_{13}Y^u_{11}}{Y^d_{33}Y^u_{11}\left[Y^d_{23}/Y^d_{33} - Y^u_{23}/Y^u_{33}\right]\left[Y^d_{21}/Y^d_{11} - Y^u_{21}/Y^u_{11}\right]} \end{aligned}\right\} \tag{6.3}$$

通过方程(5.34)、(6.1)、(6.2)和(6.3)，当前的实验观测结果为弯曲额外维模型参数空间给出了直接的限制。

标准模型的输入参数取如下值：$\alpha_{\mathrm{EW}} = 1./128.8$，$m_{\mathrm{W}} = 80.23\mathrm{GeV}$，$m_{\mathrm{Z}} = 91.18\mathrm{GeV}$，$\alpha_s(m_{\mathrm{Z}}) = 0.117$，$m_u = 0.003\mathrm{GeV}$，$m_c = 0.62\mathrm{GeV}$，$m_t^{pole} = 173.8\mathrm{GeV}$，$m_d = 0.006\mathrm{GeV}$，$m_s = 0.115\mathrm{GeV}$，$m_b^{pole} = 4.8\mathrm{GeV}$。对 CKM 的 Wolfenstein 参数，取 $\lambda = 0.22$，$A = 0.81$，$\bar{\rho} = 0.13$，$\bar{\eta} = 0.34$。不失一般性，选取汤川耦合的输入参数为：$Y^u_{ij} = 0.01$ $(i \neq j;\ i,\,j = 1,\,2,\,3)$，$Y^d_{21} = Y^d_{31} = Y^d_{32} = 0.01$。对固定的 Bulk 质量 c^i_B，c^i_S，c^i_T，通过方程(6.2)和(6.3)导出其他汤川耦合矩阵元的数值结果。

设 Bulk 质量的设置为 $c^1_T = c^1_S = -0.75$，$c^2_T = c^2_S = -0.55$ 和 $c^3_T = c^3_S = -0.35$，在图 6.1 中给出 $\bar{B} \to X_s\gamma$ 的分支比随 c^1_B 变化的曲线，其中，实线表示的是新物理能标为 $\Lambda_{KK} = 1\mathrm{TeV}$ 的曲线，点线给出的是能标为 $\Lambda_{KK} = 2\mathrm{TeV}$ 的曲线，而虚线对应的是能标为 $\Lambda_{KK} = 3\mathrm{TeV}$ 的情况。此外，为了保证红外膜上的零膜函数满足方程(6.1)的不等关系，取 $c^2_B = -0.5 + c^1_B$ 和 $c^3_B = -1 + c^1_B$。除了整体的压低因子 v^2/Λ^2_{KK}外，KK 激发态对 $\bar{B} \to X_s\gamma$ 分支比的主要贡献还通过$\left[f^{L,\,c^i_B}_{(++)}(0,\,t)\right]\left[f^{L,\,c^j_B}_{(++)}(0,\,t)\right]$的项依赖于 $c^i_B(i = 1,\,2,\,3)$。因此，当 $c^1_B \geq 1$ 时，新物理对 $\bar{B} \to X_s\gamma$ 分支比的贡献迅速降低，相比于标准模型对 $\bar{B} \to X_s\gamma$ 分支比的贡献而言，这部分修正可以被安全地忽略掉。实际上，$c > 0.5$ 时，函数$\left[f^{L,\,c}_{(++)}(0,\,1)\right]$随着 c 的增大而急剧减小为 0。

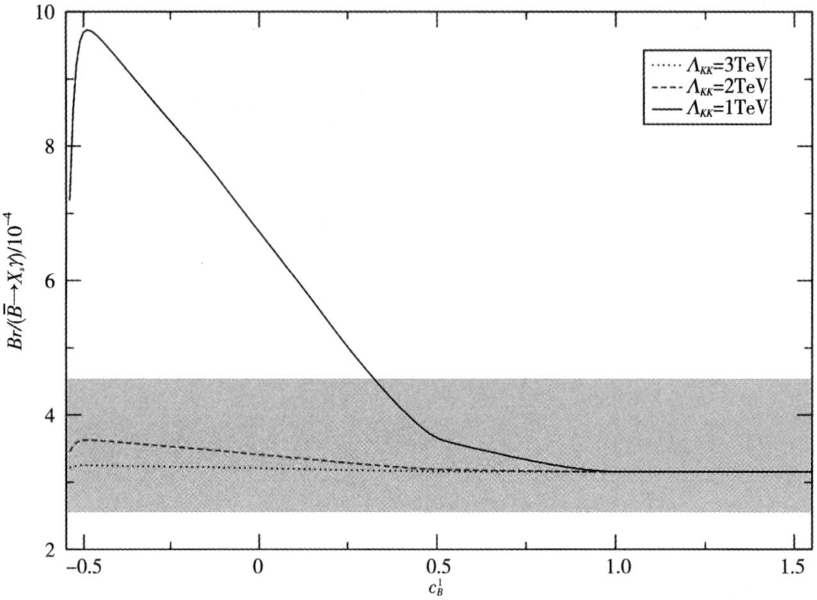

图 6.1　在 $c_T^1=c_S^1=-0.75$，$c_T^2=c_S^2=-0.55$，$c_T^3=c_S^3=-0.35$ 和 $c_B^2=-0.5+c_B^1$，$c_B^3=-1+c_B^1$ 时，$\bar{B}\to X_s\gamma$ 的分支比随 Bulk 质量 c_B^1 的变化。这里，实线表示新物理能标为 $\Lambda_{KK}=1\text{TeV}$ 时的分支比变化曲线，虚线表示 $\Lambda_{KK}=2\text{TeV}$ 的结果，而点线对应的是 $\Lambda_{KK}=3\text{TeV}$ 的结果。图中的灰色区域表示三个标准误差的实验观测值范围。

在图 6.2 中，给出 $\bar{B}\to X_s\gamma$ 的分支比随 c_T^1 变化的曲线，其他 Bulk 质量取值为 $c_S^1=-0.75$，$c_S^2=-0.55$，$c_S^3=-0.35$，$c_B^1=0.55$，$c_B^2=0.25$ 和 $c_B^3=-0.05$。其中，实线表示的是 KK 能标为 $\Lambda_{KK}=1\text{TeV}$ 时的情况，点线给出分支比在 $\Lambda_{KK}=2\text{TeV}$ 时的变化，而虚线对应的则是 $\Lambda_{KK}=3\text{TeV}$ 的曲线。此外，为了保证红外膜上的零膜函数满足方程(6.1)的不等关系，取 $c_T^2=0.5+c_T^1$ 和 $c_T^3=1+c_T^1$。除了整体压低因子 v^2/Λ_{KK}^2之外，KK 激发态对 $\bar{B}\to X_s\gamma$ 分支比的主要贡献还通过$[f_{(++)}^{R,\,c_T^i}(0,\,t)][f_{(++)}^{R,\,c_T^j}(0,\,t)]$项依赖于 $c_T^i(i=1,\,2,\,3)$。因此，当 $c_T^1\geqslant-0.5$ 时，新物理对 $\bar{B}\to X_s\gamma$ 分支比的贡献迅速增大，这部分修正对分支比的贡献占主导地位。实际上，$c>0.5$ 时，函数$[f_{(++)}^{R,\,c}(0,\,1)]$随着 c 的增大而平稳地增加。

在图 6.3 中，给出 $\bar{B}\to X_s\gamma$ 的分支比随 c_S^1 变化的曲线。其他 Buik 质量的取值为：$c_T^1=-0.75$，$c_T^2=-0.55$，$c_T^3=-0.35$，$c_B^1=0.55$，$c_B^2=0.25$ 和 $c_B^3=-0.05$。图中的实线表示能标为 $\Lambda_{KK}=1\text{TeV}$ 的分支比变化曲线，点线对应 $\Lambda_{KK}=2\text{TeV}$，虚线对应 $\Lambda_{KK}=3\text{TeV}$。为了保证红外膜上的零膜函数满足方程(6.1)的不等关系，取 $c_S^2=0.5+c_S^1$，$c_S^3=1+c_S^1$。与分支比对 c_B^1，c_T^1 的依赖关系不同，c_S^1 对分支比的影响很小。

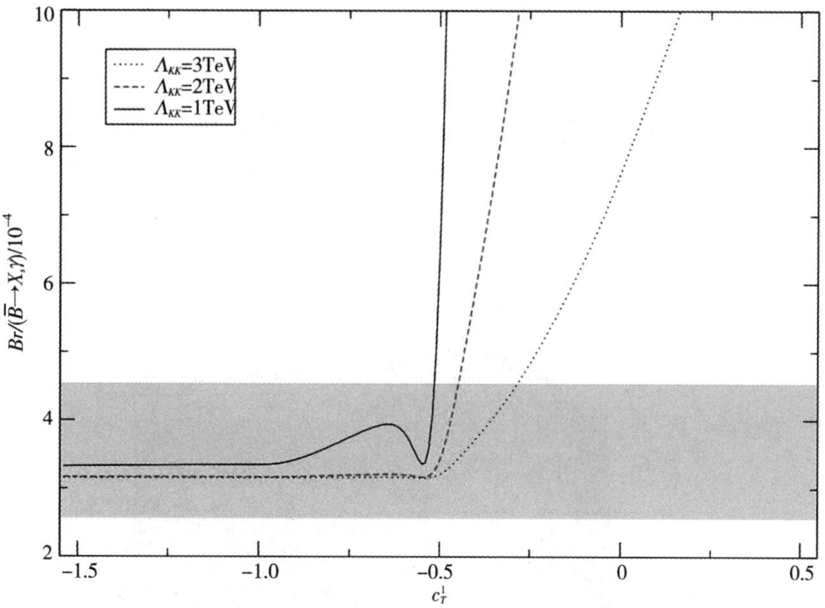

图 6.2　在 $c_S^1=-0.75$，$c_S^2=-0.55$，$c_S^3=-0.35$，$c_B^1=0.55$，$c_B^2=0.25$，$c_B^3=-0.05$ 和 $c_T^2=0.5+c_T^1$，$c_T^3=1+c_T^1$ 时，$\overline{B}\to X_s\gamma$ 的分支比随 Bulk 质量 c_T^1 的变化。这里，实线表示新物理能标为 $\Lambda_{KK}=1\text{TeV}$ 时的分支比变化曲线，虚线表示 $\Lambda_{KK}=2\text{TeV}$ 的结果，而点线对应的是 $\Lambda_{KK}=3\text{TeV}$ 的结果。图中的灰色区域表示三个标准误差的实验观测值范围。

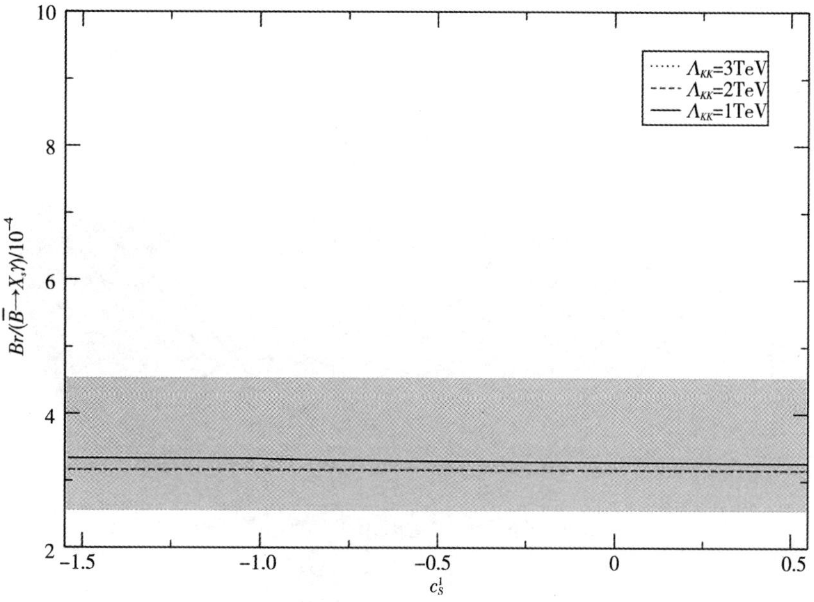

图 6.3　取 $c_T^1=-0.75$，$c_T^2=-0.55$，$c_T^3=-0.35$，$c_B^1=0.55$，$c_B^2=0.25$，$c_B^3=-0.05$ 和 $c_S^2=0.5+c_S^1$，$c_S^3=1+c_S^1$ 时，$\overline{B}\to X_s\gamma$ 的分支比随 Bulk 质量 c_S^1 的变化。其中，实线表示新物理能标为 $\Lambda_{KK}=1\text{TeV}$ 时的分支比变化曲线，虚线对应 $\Lambda_{KK}=2\text{TeV}$，点线对应 $\Lambda_{KK}=3\text{TeV}$。图中的灰色区域表示三个标准误差的实验观测值范围。

在图6.4中，给出$\overline{B}\to X_s\gamma$的分支比在$c_B^1$-$c_T^1$平面的扫描结果，其他Bulk质量满足$c_B^3=c_B^2-0.1=c_B^1-0.2$和$c_T^3=c_T^2+0.1=c_T^1+0.2$。对于实线上的点，由$c_B^1$和$c_T^1$得到的分支比理论值刚好符合实验中心值$Br(\overline{B}\to X_s\gamma)=3.55\times10^{-4}$。而灰色区域内，分支比理论值与实验中心值的差在一个标准误差之内，灰色斜线部分的理论值与实验中心值的差在两个标准误差之内，灰色网格线区域内，分支比的理论值与实验中心值的差在三个标准误差内。图6.4(b)中，给出$\overline{B}\to X_s\gamma$的分支比随$c_B^1$-$c_T^1$变化的三维

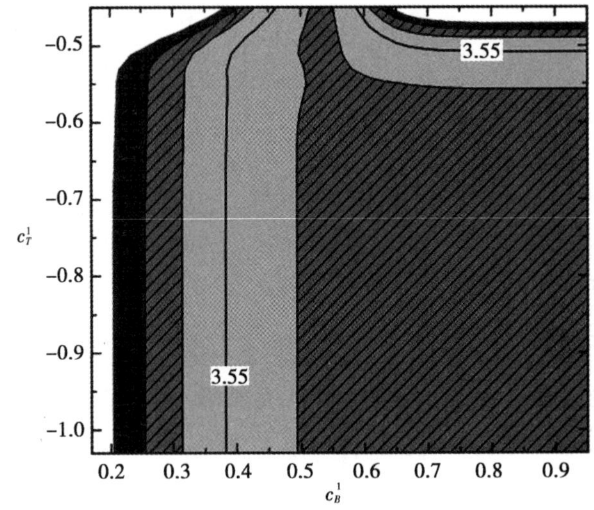

(a)

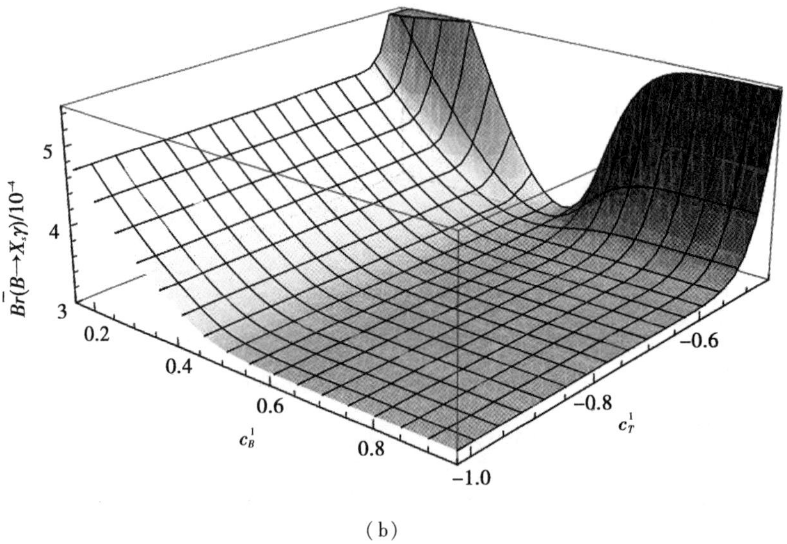

(b)

图6.4　当$c_B^3=c_B^2-0.1=c_B^1-0.2$和$c_T^3=c_T^2+0.1=c_T^1+0.2$时，(a)图给出$\overline{B}\to X_s\gamma$分支比在$c_B^1$-$c_T^1$平面的限制。(b)图为对应的分支比随$c_B^1$，$c_T^1$变化的三维图。

图。除了整体压低因子 v^2/Λ_{KK}^2 之外，KK 激发态对 $\overline{B}\to X_s\gamma$ 分支比的主要贡献还通过 $[f^{L,c_B^i}_{(++)}(0,t)][f^{L,c_B^j}_{(++)}(0,t)]$ 的项依赖于 $c_B^i(i=1,2,3)$。因此，当 $c_B^1\geqslant 1$ 时，新物理对 $\overline{B}\to X_s\gamma$ 分支比的贡献迅速降低，相比于标准模型对 $\overline{B}\to X_s\gamma$ 分支比的贡献而言，这部分修正可以被忽略。实际上，$c>0.5$ 时，函数 $[f^{L,c}_{(++)}(0,1)]$ 随着 c 的增大而平稳地减小为 0。

在图 6.5(a) 中，给出了 $\overline{B}\to X_s\gamma$ 分支比在 $c_B^1-c_T^1$ 平面的扫描图，扫描中假设 Bulk 质量满足 $c_B^3/c_B^2=c_B^2/c_B^1=(2/3)^{\mathrm{sgn}(c_B^1)}$ 和 $c_T^3/c_T^2=c_T^2/c_T^1=(2/3)^{-\mathrm{sgn}(c_T^1)}$。图中，灰色、灰色斜线和灰色网格区域分别表示分支比的理论值与实验中心值差值在一个、两个和三个标准误差的区域。在图 6.5(b) 中，对应地给出 $\overline{B}\to X_s\gamma$ 分支比在 $c_B^1-c_T^1$ 的三维扫描图。在 $c>1$ 时，由于函数 $[f^{L,c}_{(++)}(0,1)]$ 平稳地减少至 0，新物理对 $\overline{B}\to X_s\gamma$ 分支比的贡献在 $c_B^1\geqslant 1$ 时迅速降低，相比于标准模型的贡献而言，这部分修正是可以被忽略的。

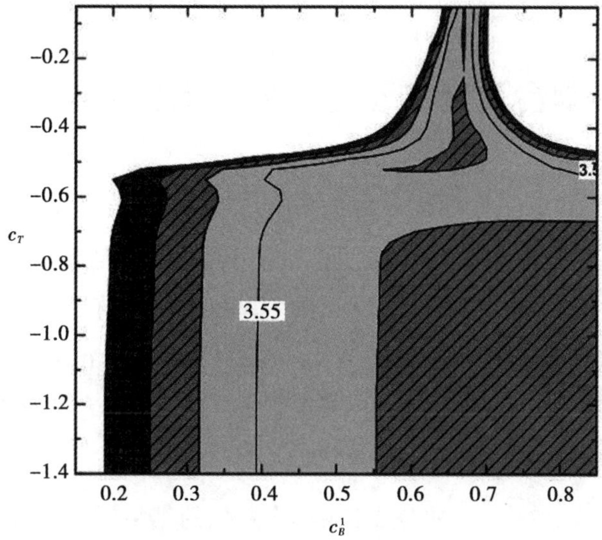

(a)

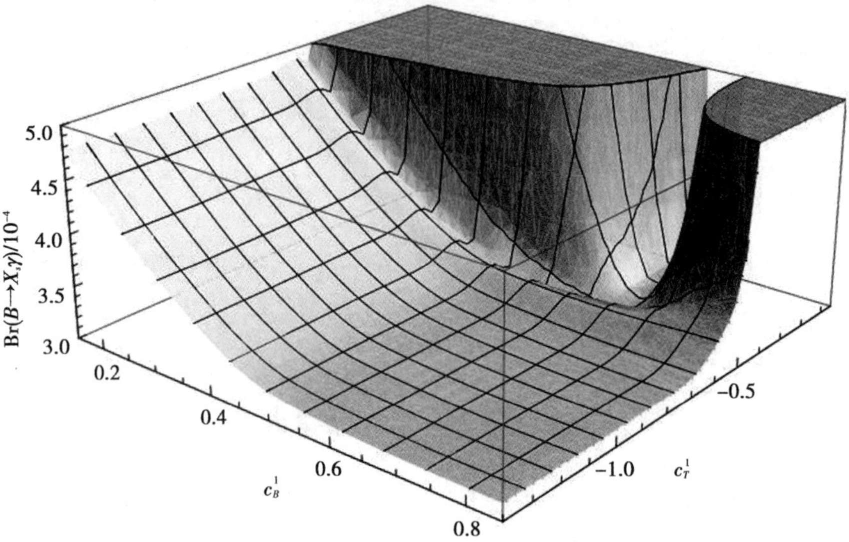

(b)

图 6.5 当 $c_B^3/c_B^2=c_B^2/c_B^1=(2/3)^{\mathrm{sgn}(c_B^1)}$ 和 $c_T^3/c_T^2=c_T^2/c_T^1=(2/3)^{-\mathrm{sgn}(c_T^1)}$ 时，(a)图给出分支比在 $c_B^1-c_T^1$ 平面的限制。(b)图为对应的分支比随 c_B^1，c_T^1 变化的三维图。

◆◇ 6.2 汤川耦合及新物理能标对分支比的影响

由上面的章节可以看到弯曲额外维模型对 $B\to X_s\gamma$ 分支比的贡献对 Bulk 的依赖关系十分敏感。然而，除了 Bulk 质量之外，汤川耦合和新物理能标也是新模型中非常重要的输入参数。在前面对 Bulk 质量扫描的基础上，本节取 Bulk 质量固定于 $c_S^i=\{-0.75, -0.55, -0.35\}$，$c_B^i=\{0.65, 0.55, 0.45\}$ 和 $c_T^i=\{-0.5, -0.4, -0.3\}$ 时，研究新物理对汤川耦合的输入项和新物理能标 Λ_{KK} 的限制。为了方便数值计算和尽可能地减少汤川耦合的自由参数，取汤川耦合的虚部为 0。

在图 6.6 中，给出 $\overline{B}\to X_s\gamma$ 的分支比随 Y_{21}^d 变化的结果。其他汤川耦合的自由参数设置为 $Y_{i,j}^u=Y_{31}^d=Y_{32}^d=0.01(i\neq j;\ i,\ j=1,\ 2,\ 3)$。图中的灰色区域表示的是三个标准误差的实验值范围。图中的实线表示在 $\Lambda_{KK}=1\mathrm{TeV}$ 能标下分支比随 Y_{21}^d 跑动的曲线，点线给出的是能标为 $\Lambda_{KK}=1.5\mathrm{TeV}$ 的结果，点-虚线给出的是能标 $\Lambda_{KK}=2\mathrm{TeV}$ 下的结果，虚线表示的是能标 $\Lambda_{KK}=2.5\mathrm{TeV}$ 的结果，而点-点-虚线对应的是能标 $\Lambda_{KK}=3\mathrm{TeV}$ 的结果。由图中可以看到 $\overline{B}\to X_s\gamma$ 分支比随着 Y_{21}^d 的增加而增加。在 Y_{21}^d 从 0.0001 到 0.25 之间跑动时，分支比随着 Y_{21}^d 的增加而增大。由灰色区域表示的实验值上界，可以得到汤川项的自由参数 Y_{21}^d 在不同能标下的边界。通过类似的参数扫描，可以得到新物理对其他汤川耦合参数(例如 Y_{31}^d 和 Y_{32}^d)的限制。

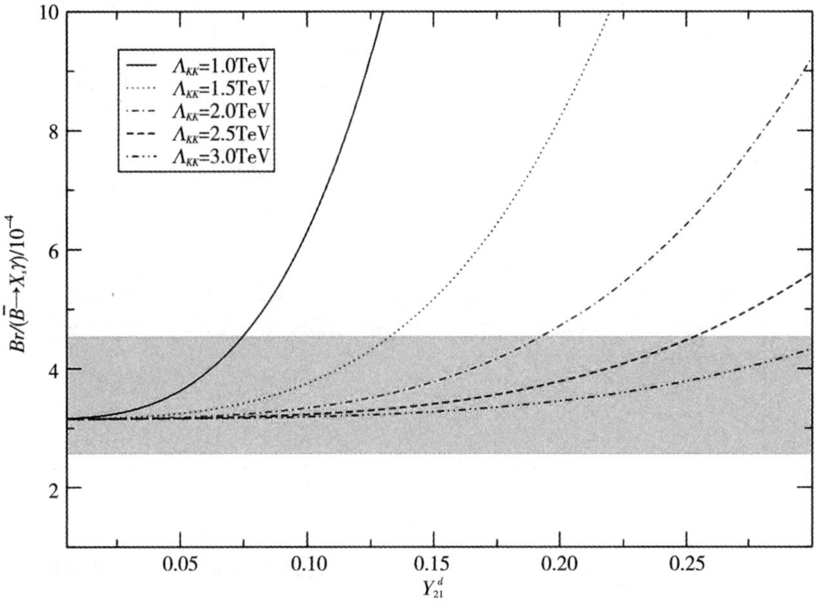

图 6.6　$\overline{B}\to X_s\gamma$ 的分支比随 Y_{21}^d 的变化曲线，这里取 $Y_{i,j}^u = Y_{31}^d = Y_{32}^d = 0.01$ ($i\neq j$; i, $j=1, 2, 3$)。图中的五条线分别对应不同的能标取值 $\Lambda_{KK} = \{1, 1.5, 2, 2.5, 3\}$。

作为弯曲额外维的一个重要模型参数，Λ_{KK}为 $\overline{B}\to X_s\gamma$ 分支比提供了压低因子 Λ_{KK}^{-2}。在图 6.7 中，给出所有汤川耦合取相同输入值时分支比随 Λ_{KK}变化的曲线。图中的灰色区域表示三个标准误差的实验值，由此区域的上界可以得到新物理能标的限制。由于弯曲额外维模型中新物理对 $\overline{B}\to X_s\gamma$ 分支比的修正包含压低因子 Λ_{KK}，因此随着 Λ_{KK}的增大，分支比迅速减小，来自新物理的贡献趋于 0，而分支比则回到标准模型的理论值 3.15。所以，图 6.7 显示的结果证明了弯曲额外维模型下 $\overline{B}\to X_s\gamma$ 分支比满足退耦定理。在此图中，实线表示在汤川耦合的参数取 $Y_{ij}^u = Y_{mn}^d = 0.03$ ($i\neq j$, $m>n$)时分支比随能标 Λ_{KK}的变化曲线，点线给出的是 $Y_{ij}^u = Y_{mn}^d = 0.04$ ($i\neq j$, $m>n$)的结果，点-虚线给出的是 $Y_{ij}^u = Y_{mn}^d = 0.05$ ($i\neq j$, $m>n$)的结果，虚线表示的是 $Y_{ij}^u = Y_{mn}^d = 0.06$ ($i\neq j$, $m>n$)的结果，而点-点-虚线对应 $Y_{ij}^u = Y_{mn}^d = 0.07$ ($i\neq j$, $m>n$)的结果。

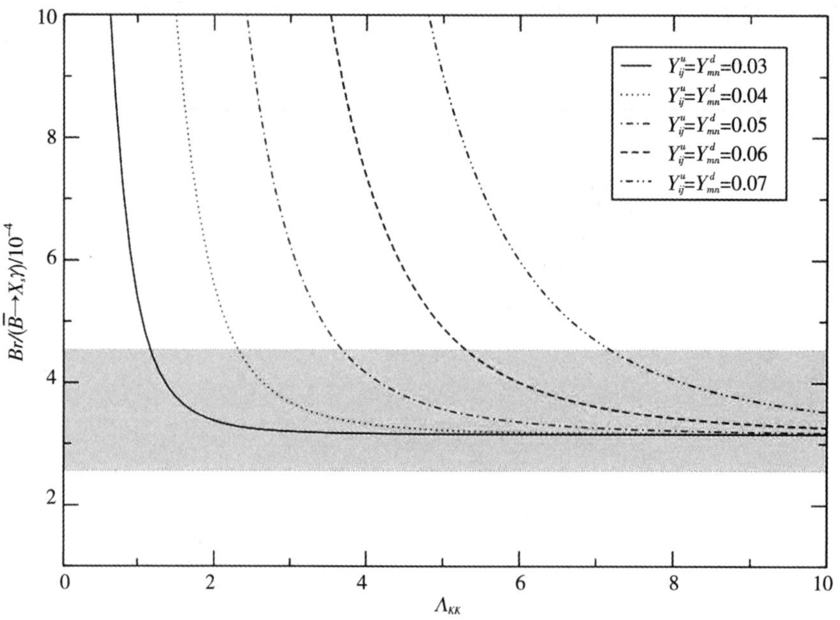

图 6.7　不同汤川耦合下，$\overline{B}\to X_s\gamma$ 分支比随新物理能标 Λ_{KK} 的变化曲线。

◆◇ 6.3　额外维模型总结

基于前面的章节，给出了弯曲额外维模型中 $\overline{B}\to X_s\gamma$ 过程分支比的单圈电弱修正。具体而言，证明了弯曲额外维模型中 KK 态本征值为实数，引入了与之相关的三个引理，并给出了详细证明，得到含激发态的无穷级数收敛的充分条件，并通过留数定理的方法对其求和。此外，进一步分析了五维基础理论的传播子和四维有效理论中 Bulk 函数乘相应 KK 激发态传播子之间的关系。通过对满足(+，+)边界条件的规范玻色子的无穷求和，得到的结果与文献中运用运动方程得到的结果是一致的。

同样地，计算得出 KK 态无穷级数 $\sum^{G}_{(-+)}(t,\ t')$，$\sum^{L,\ c}_{(BCs)}(t,\ t')$ 和 $\sum^{(R,\ c)}_{(BCs)}(t,\ t')$ 在红外膜和紫外膜上分别满足相应边界条件时的求和结果。利用求和结果，进一步得到了满足 $SU(3)_c\times SU(2)_L\times SU(2)_R\times U(1)_X\times P_{LR}$ 对称的弯曲额外维模型对 $\overline{B}\to X_s\gamma$ 分支比的单圈电弱修正。由于来自 KK 激发态的修正含有整体的压低因子 v^2/Λ_{KK}，分支比随新物理能标的演化满足退耦定理。

通过数值分析，可以看出 $\overline{B}\to X_s\gamma$ 分支比随能标 Λ_{KK} 的变化曲线，可以看出分支比随 Λ_{KK} 的增加而减小。同时，数值结果显示弯曲额外维对分支比的贡献随 Bulk 质

量 c_S，c_B，c_T 的变化最明显。这主要是因为 Bulk 场函数对 c 的变化十分敏感。通过当前的实验数据和理论得到的数值曲线，可以得到不同参数下 $\overline{B}\to X_s\gamma$ 分支比对弯曲额外维模型参数空间有显著的限制。

第 7 章　BLMSSM 模型中的 B 物理

寻找标准模型之外的新物理是当前粒子物理的一个重要方向。除了前面章节中介绍的额外维理论，超对称也是一个重要的标准模型扩充。基于最小超对称模型，本章将对具有重子数与轻子数局域规范对称的扩展模型中对味道改变中性流 $b \to s\gamma$ 过程进行解析计算和数值分析。

◆◇ 7.1　BLMSSM 模型

作为最简单的扩展，最小超对称模型(MSSM)通过为每个标准模型粒子引入一个超对称伴粒子，不仅自然解释了规范等级来源，还解决了希格斯玻色子的不稳定性。在这个框架下，最轻的超对称粒子(LSP)也为暗物质提供了弱相互作用大质量粒子(WIMPs)的候选者。然而，MSSM 无法自然地产生解释中微子振荡所需的微小中微子质量。为了获得中微子质量，在跷跷板机制中引入了重的马约拉纳中微子，这意味着轻子数被打破。此外，由于宇宙中的物质-反物质不对称，重子数也预计被打破。文献[82-83]的作者提出了所谓 BLMSSM 模型，在该模型中，重子数和轻子数在 TeV 尺度上是局部规范的并自发打破。对质子衰变寿命的实验限制是“大沙漠”假设的主要动机。在 BLMSSM 中，可以通过一种被称为物质奇偶性和 R 奇偶性的离散对称性来避免质子衰变。

为了描述重子数和轻子数的对称性，规范群被扩展为 $SU(3)_C \otimes SU(2)_L \otimes U(1)_Y \otimes U(1)_B \otimes U(1)_L$。在这个框架下，新规范玻色子和奇异场可以对各种观测结果产生修正。在文献[84]中，通过有效拉格朗日方法研究了从单圈图和双圈 Barr-Zee 类型图对异常磁矩的修正。文献[85]给出了 CP 破坏的 BLMSSM 中对 $c(t)$ 电偶极矩的单圈贡献。为了解释希格斯的实验数据，文献[86]的作者研究了 125 GeV 希格斯的 $h \to \gamma\gamma$ 和 $h \to VV^*$ ($V = Z$, W)的信号。文中使用衰变分支比对模型参数进行了一定限制。此外，还给出了该模型中新引入参数对 CP 破坏的 $b \to s\gamma$ 的修正。

BLMSSM 模型基于对称群 $SU(3)_C \otimes SU(2)_L \otimes U(1)_Y \otimes U(1)_B \otimes U(1)_L$。为了消除重子数和额外夸克的反常，需要引入多个夸克场：

$$\left.\begin{aligned}
&\hat{Q}_4\sim(3,\ 2,\ 1/6,\ B_4,\ 0)\\
&\hat{U}_4^c\sim(\bar{3},\ 1,\ -2/3,\ -B_4,\ 0)\\
&\hat{D}_4^c\sim(\bar{3},\ 1,\ 1/3,\ -B_4,\ 0)\\
&\hat{Q}_5^c\sim(\bar{3},\ 2,\ -1/6,\ -(1+B_4),\ 0)\\
&\hat{U}_5\sim(3,\ 1,\ 2/3,\ 1+B_4,\ 0)\\
&\hat{D}_5\sim(3,\ 1,\ -1/3,\ 1+B_4,\ 0)
\end{aligned}\right\}\tag{7.1}$$

当希格斯场 $\hat{\Phi}_B\sim(1,\ 1,\ 0,\ 1,\ 0)$，$\hat{\varphi}_B\sim(1,\ 1,\ 0,\ -1,\ 0)$获得非零的真空期望值后，重子数产生自发破缺。类似地，为了消除轻子数反常，还需引入额外的轻子场：

$$\left.\begin{aligned}
&\hat{L}_4\sim(1,\ 2,\ -1/2,\ 0,\ L_4)\\
&\hat{E}_4^c\sim(1,\ 1,\ 1,\ 0,\ -L_4)\\
&\hat{N}_4^c\sim(1,\ 1,\ 0,\ 0,\ -L_4)\\
&\hat{L}_5^c\sim(1,\ 2,\ 1/2,\ 0,\ -(3+L_4))\\
&\hat{E}_5\sim(1,\ 1,\ -1,\ 0,\ 3+L_4)\\
&\hat{N}_5\sim(1,\ 1,\ 0,\ 0,\ 3+L_4)
\end{aligned}\right\}\tag{7.2}$$

新的希格斯场 $\hat{\Phi}_L\sim(1,\ 1,\ 0,\ 0,\ -2)$，$\hat{\varphi}_L\sim(1,\ 1,\ 0,\ 0,\ 2)$获得真空期望值后产生轻子数自发破缺。此外，为了避免新引入重夸克的稳定性，模型必须引入新的场与其耦合，从而提供衰变的可能道，这些场的定义及量子数为

$$\left.\begin{aligned}
&\hat{X}\sim(1,\ 1,\ 0,\ 2/3+B_4,\ 0)\\
&\hat{X}\sim(1,\ 1,\ 0,\ -(2/3+B_4),\ 0)
\end{aligned}\right\}\tag{7.3}$$

在给定上述场后，模型的超势可以表示为

$$\mathcal{W}_{BLMSSM}=\mathcal{W}_{MSSM}+\mathcal{W}_B+\mathcal{W}_L+\mathcal{W}_X\tag{7.4}$$

其中，$\mathcal{W}_{MSSM}$是最小超对称的超势，其他部分的具体表示为

$$\left.\begin{aligned}
\mathcal{W}_B=&\lambda_Q\hat{Q}_4\hat{Q}_5^c\hat{\Phi}_B+\lambda_U\hat{U}_4^c\hat{U}_5\hat{\varphi}_B+\lambda_D\hat{D}_4^c\hat{D}_5\hat{\varphi}_B+\\
&\mu_B\hat{\Phi}_B\hat{\varphi}_B+Y_{u_4}\hat{Q}_4\hat{H}_u\hat{U}_4^c+Y_{d_4}\hat{Q}_4\hat{H}_d\hat{D}_4^c+Y_{u_5}\hat{Q}_5^c\hat{H}_d\hat{U}_5+Y_{d_5}\hat{Q}_5^c\hat{H}_u\hat{D}_5\\
\mathcal{W}_L=&Y_{e_4}\hat{L}_4\hat{H}_d\hat{E}_4^c+Y_{\nu_4}\hat{L}_4\hat{H}_u\hat{N}_4^c+Y_{e_5}\hat{L}_5^c\hat{H}_u\hat{E}_5+Y_{\nu_5}\hat{L}_5^c\hat{H}_d\hat{N}_5+Y_\nu\hat{L}\hat{H}_u\hat{N}^c+\\
&\lambda_{N^c}\hat{N}^c\hat{N}^c\hat{\varphi}_L+\mu_L\hat{\Phi}_L\hat{\varphi}_L\\
\mathcal{W}_X=&\lambda_1\hat{Q}\hat{Q}_5^c\hat{X}+\lambda_2\hat{U}^c\hat{U}_5\hat{X}'+\lambda_3\hat{D}^c\hat{D}_5\hat{X}'+\mu_X\hat{X}\hat{X}'
\end{aligned}\right\}\tag{7.5}$$

相应的软破缺项为

$$
\begin{aligned}
\mathcal{L}_{soft} = {} & \mathcal{L}_{soft}^{MSSM} - (m_{\tilde{N}^c}^2)_{IJ}\widetilde{N}_I^{c*}\widetilde{N}_J^c - m_{\tilde{Q}_4}^2\widetilde{Q}_4^{\dagger}\widetilde{Q}_4 - m_{\tilde{U}_4}^2\widetilde{U}_4^{c*}\widetilde{U}_4^c - m_{\tilde{D}_4}^2\widetilde{D}_4^{c*}\widetilde{D}_4^c - \\
& m_{\tilde{Q}_5}^2\widetilde{Q}_5^{c\dagger}\widetilde{Q}_5^c - m_{\tilde{U}_5}^2\widetilde{U}_5^*\widetilde{U}_5 - m_{\tilde{D}_5}^2\widetilde{D}_5^*\widetilde{D}_5 - m_{\tilde{L}_4}^2\widetilde{L}_4^{\dagger}\widetilde{L}_4 - M_{\tilde{\nu}_4}^2\widetilde{\nu}_4^{c*}\widetilde{\nu}_4^c - m_{\tilde{E}_4}^2\widetilde{e}_4^{c*}\widetilde{e}_4^c - \\
& m_{\tilde{L}_5}^2\widetilde{L}_5^{c\dagger}\widetilde{L}_5^c - M_{\tilde{\nu}_5}^2\widetilde{\nu}_5^*\widetilde{\nu}_5 - m_{\tilde{E}_5}^2\widetilde{e}_5^*\widetilde{e}_5 - m_{\Phi_B}^2\Phi_B^*\Phi_B - m_{\varphi_B}^2\varphi_B^*\varphi_B - \\
& m_{\Phi_L}^2\Phi_L^*\Phi_L - m_{\varphi_L}^2\varphi_L^*\varphi_L - (m_B\lambda_B\lambda_B + m_L\lambda_L\lambda_L + h.c.) + \\
& \{A_{u_4}Y_{u_4}\widetilde{Q}_4H_u\widetilde{U}_4^c + A_{d_4}Y_{d_4}\widetilde{Q}_4H_d\widetilde{D}_4^c + A_{u_5}Y_{u_5}\widetilde{Q}_5^cH_d\widetilde{U}_5 + A_{d_5}Y_{d_5}\widetilde{Q}_5^cH_u\widetilde{D}_5 + \\
& A_{BQ}\lambda_Q\widetilde{Q}_4\widetilde{Q}_5^c\Phi_B + A_{BU}\lambda_U\widetilde{U}_4^c\widetilde{U}_5\varphi_B + A_{BD}\lambda_D\widetilde{D}_4^c\widetilde{D}_5\varphi_B + B_B\mu_B\Phi_B\varphi_B + h.c.\} + \\
& \{A_{e_4}Y_{e_4}\widetilde{L}_4H_d\widetilde{E}_4^c + A_{N_4}Y_{N_4}\widetilde{L}_4H_u\widetilde{N}_4^c + A_{e_5}Y_{e_5}\widetilde{L}_5^cH_u\widetilde{E}_5 + A_{N_5}Y_{\nu_5}\widetilde{L}_5^cH_d\widetilde{N}_5 + \\
& A_NY_N\widetilde{L}H_u\widetilde{N}^c + A_{N^c}\lambda_{N^c}\widetilde{N}^c\widetilde{N}^c\varphi_L + B_L\mu_L\Phi_L\varphi_L + h.c.\} + \\
& \{A_1\lambda_1\widetilde{Q}\widetilde{Q}_5^cX + A_2\lambda_2\widetilde{U}^c\widetilde{U}_5X' + A_3\lambda_3\widetilde{D}^c\widetilde{D}_5X' + B_X\mu_XXX' + h.c.\}
\end{aligned}
\tag{7.6}
$$

这里，第一项$\mathcal{L}_{soft}^{MSSM}$来自最小超对称。为了使对称性从 $SU(3)_C\otimes SU(2)_L\otimes U(1)_Y\otimes U(1)_B\otimes U(1)_L$ 破缺到电磁对称 $U(1)_e$，非零的真空期望值 v_u，v_d 和 v_B，$\bar{v}_B$，v_L，$\bar{v}_L$ 分别分配给 $SU(2)_L$ 二重态 H_u，H_d 和 $SU(2)_L$ 单态 Φ_B，φ_B，Φ_L，φ_L。

$$
\left.
\begin{aligned}
H_u &= \begin{pmatrix} H_u^+ \\ (v_u + H_u^0 + \mathrm{i}P_u^0)/\sqrt{2} \end{pmatrix} \\
H_d &= \begin{pmatrix} (v_d + H_d^0 + \mathrm{i}P_d^0)/\sqrt{2} \\ H_d^- \end{pmatrix} \\
\Phi_B &= (v_B + \Phi_B^0 + \mathrm{i}P_B^0)/\sqrt{2} \\
\varphi_B &= (\bar{v}_B + \varphi_B^0 + \mathrm{i}\,\bar{P}_B^0)/\sqrt{2} \\
\Phi_L &= (v_L + \Phi_L^0 + \mathrm{i}P_L^0)/\sqrt{2} \\
\varphi_L &= (\bar{v}_L + \varphi_L^0 + \mathrm{i}\,\bar{P}_L^0)/\sqrt{2}
\end{aligned}
\right\}
\tag{7.7}
$$

其中，希格斯的真空期望值之比定义为 $\tan\beta = v_u/v_d$，$\tan\beta_B = \bar{v}_B/v_B$ 和 $\tan\beta_L = \bar{v}_L/v_L$。在自发对称破缺并经过从相互作用本征态到质量本征态的幺正变换后，可以得到BLMSSM模型中粒子质量谱和相关的费曼规则。计算 $b\to s\gamma$ 单圈图所需的质量矩阵可以参考文献[87]，而相关的费曼规则可以从如下的耦合项中提取，需要注意的是表达式中的重复指标需要求和，即采用了爱因斯坦求和约定：

$$\left.\begin{aligned}
&\mathcal{L}_{H^\pm du}=(-Y_d^I Z_H^{1i}P_L+Y_u^J Z_H^{2i}P_R)K^{JI*}\bar{d}^I u^J H_i^-\\
&\mathcal{L}_{\tilde{D}\chi^0 d}=\left[\left(\frac{-e}{\sqrt{2}s_W c_W}Z_D^{Ii}\left(\frac{1}{3}Z_N^{1j}s_W-Z_N^{2j}c_W\right)+Y_d^I Z_D^{(I+3)i}Z_N^{3j}\right)P_L+\right.\\
&\qquad\left.\left(\frac{-e\sqrt{2}}{3c_W}Z_D^{(I+3)i}Z_N^{1j*}+Y_d^I Z_D^{Ii}Z_N^{3j*}\right)P_R\right]\bar{\chi}_j^0 d^I\widetilde{D}_i^+\\
&\mathcal{L}_{\tilde{D}\chi_B^0 d}=\frac{\sqrt{2}}{3}g_B(Z_{N_B}^{1j}Z_D^{Ii}P_L+Z_{N_B}^{1j*}Z_D^{(I+3)i}P_R)\bar{\chi}_{B_j}^0 d^I\widetilde{D}^+\\
&\mathcal{L}_{\tilde{U}\chi^- d}=\left[\left(\frac{-e}{s_W}Z_U^{Ji*}Z_+^{1j}+Y_u^J Z_U^{(J+3)i*}Z_+^{2j}\right)P_L-Y_d^I Z_U^{Ji*}Z_-^{2j*}P_R\right]K^{JI}\bar{\chi}^- d\,\widetilde{U}^-\\
&\mathcal{L}_{Xb'd}=[\lambda_1(W_b^\dagger)_{j1}(Z_X)_{1k}P_L-\lambda_3^*(U_b^\dagger)_{j2}(Z_X)_{2k}P_R]\bar{b}_j' d^I X_k\\
&\mathcal{L}_{\tilde{b}'\tilde{X}d}=-[\lambda_1(W_{\tilde{b}'}^*)_{3\rho}P_L+\lambda_3^*(W_{\tilde{b}'})_{4\rho}P_R]\bar{\tilde{X}}d^I\widetilde{b}_\rho'\\
&\mathcal{L}_{\tilde{D}\Lambda_G d}=g_3\sqrt{2}Y_{\alpha\beta}^a(-Z_D^{Ii}P_L+Z_D^{(I+3)i}P_R)\bar{\Lambda}_G^a d_\beta^I\widetilde{D}_{i\alpha}^+
\end{aligned}\right\}\tag{7.8}$$

为了给出计算所需的所有费曼规则，此处将最小超对称的部分也在此一并给出。为和最小超对称保持一致，此处统一采用费曼规范。

7.2　$B\to K_s\gamma$ 过程分支比及 CP 破坏的解析过程

味道改变中性流 $b\to s\gamma$ 过程的计算可以用有效哈密顿算法计算，在 $\mu=o(m_b)$ 能标处，该哈密顿的定义可以表示为

$$\mathcal{H}_{eff}(b\to s\gamma)=-\frac{4G_F}{\sqrt{2}}V_{ts}^*V_{tb}\left[C_1Q_1^c+C_2Q_2^c+\sum_{i=3}^{6}C_iQ_i+\sum_{i=7}^{8}(C_iQ_i+\widetilde{C}_i\widetilde{Q}_i)\right]\tag{7.9}$$

其中的有效算子定义如下：

$$\left.\begin{aligned}
\mathcal{O}_1^c&=(\bar{s}_L\gamma_\mu T^a b_L)(\bar{c}_L\gamma^\mu T^a b_L)\\
\mathcal{O}_2^c&=(\bar{s}_L\gamma_\mu b_L)(\bar{c}_L\gamma^\mu T^a b_L)\\
\mathcal{O}_3&=(\bar{s}_L\gamma_\mu b_L)\sum_q(\bar{q}\gamma^\mu q)\\
\mathcal{O}_4&=(\bar{s}_L\gamma_\mu T^a b_L)\sum_q(\bar{q}\gamma^\mu T^a q)\\
\mathcal{O}_5&=(\bar{s}_L\gamma_\mu\gamma_\nu\gamma_\rho b_L)\sum_q(\bar{q}\gamma^\mu\gamma^\mu\gamma^\nu\gamma^\rho q)\\
\mathcal{O}_6&=(\bar{s}_L\gamma_\mu\gamma_\nu\gamma_\rho T^a b_L)\sum_q(\bar{q}\gamma^\mu\gamma^\mu\gamma^\nu\gamma^\rho T^a q)
\end{aligned}\right\}\tag{7.10}$$

$$\left.\begin{aligned}\mathcal{O}_7 &= e/g_s^2 m_b(\bar{s}_L\sigma_{\mu\nu}b_R)F^{\mu\nu}\\ \mathcal{O}_8 &= 1/g_s^2 m_b(\bar{s}_L\sigma_{\mu\nu}T^a b_R)G^{a,\mu\nu}\\ \widetilde{\mathcal{O}}_7 &= e/g_s^2 m_b(\bar{s}_R\sigma_{\mu\nu}b_L)F^{\mu\nu}\\ \widetilde{\mathcal{O}}_8 &= 1/g_s^2 m_b(\bar{s}_R\sigma_{\mu\nu}T^a b_L)G^{a,\mu\nu}\end{aligned}\right\}\tag{7.10}$$

相应的系数 C_i 需要计算费曼图得到相应振幅后提取。实际上，在采用如下的分支比计算公式时，只需要计算 $O_{7,8}$，$\widetilde{O}_{7,8}$算子的贡献即可。

$$\begin{aligned}&BR(\overline{B}\to X_s\gamma)_{NP}\\ &=10^{-4}\times\left\{(3.32\pm0.15)+\frac{16\pi^2 a_{77}}{\alpha_s^2(\mu_b)}[\,|C_{7,NP}(\mu_{EW})|^2+|\widetilde{C}_{7,NP}(\mu_{EW})|^2]+\right.\\ &\frac{16\pi^2 a_{88}}{\alpha_s^2(\mu_b)}[\,|C_{8,NP}(\mu_{EW})|^2+|\widetilde{C}_{8,NP}(\mu_{EW})|^2]+\frac{4\pi}{\alpha_s(\mu_b)}\mathrm{Re}[a_7 C_{7,NP}(\mu_{EW})+\\ &\left.a_8 C_{8,NP}(\mu_{EW})+\frac{4\pi a_{78}}{\alpha_s(\mu_b)}(C_{7,NP}(\mu_{EW})C_{8,NP}(\mu_{EW})+\widetilde{C}_{7,NP}(\mu_{EW})\widetilde{C}_{8,NP}(\mu_{EW}))]\right\}\end{aligned}\tag{7.11}$$

式(7.11)中，第一项来自标准模型的理论 4，其余的则是来自新物理的贡献，$C_{7,NP}(\mu_{EW})$，$C_{8,NP}(\mu_{EW})$，$\widetilde{C}_{7,NP}(\mu_{EW})$，$\widetilde{C}_{8,NP}(\mu_{EW})$是电弱能标下的威尔逊系数。计算中采用式(7.11)的一个优点是不必再进行能标演化，即不必利用重整化群演化方程将威尔逊系数从电弱能标 $\mu_{EW}\sim m_W$ 演化到强子能标 $\mu\sim m_b$，因为系数 a_7，a_8，a_{77}，a_{88}，a_{78}已经考虑了威尔逊系数的演化效果，其具体数值如表 7.1 所示。

表 7.1　分支比公式的演化系数

a_7	a_8	a_{77}	a_{88}	a_{78}
-7.184+0.612i	-2.225-0.557i	4.743	0.789	2.454-0.884i

在单圈水平，BLMSSM 模型允许的单圈费曼图如图 7.1 所示。图中省略了外线的光子和胶子。当外线接光子时对应 $b\to s\gamma$，从相关费曼图的振幅中可以提取算子 $\mathcal{O}_7$ 和$\widetilde{\mathcal{O}}_7$ 的系数。当外线接胶子时，对应 $b\to sg$ 过程，基于此费曼图的振幅可以提取算子$\mathcal{O}_8$ 和$\widetilde{\mathcal{O}}_8$ 对应的威尔逊系数。

原则上，光子和胶子可以接在外线夸克 b 和 s 上。然而由于 Ward-Takahashi 恒等式，在实际计算中并不需要考虑这类自能修正图。如第 2.3 节所述，当外线夸克有一个在壳时，这个自能图的贡献就为零。由于 b 和 s 都在质量壳层上，为了在 $\bar{s}bg$ 和 $\bar{s}b\gamma$ 顶点的重整化过程中保持 Ward-Takahashi 恒等式成立，总可以在重整化之后

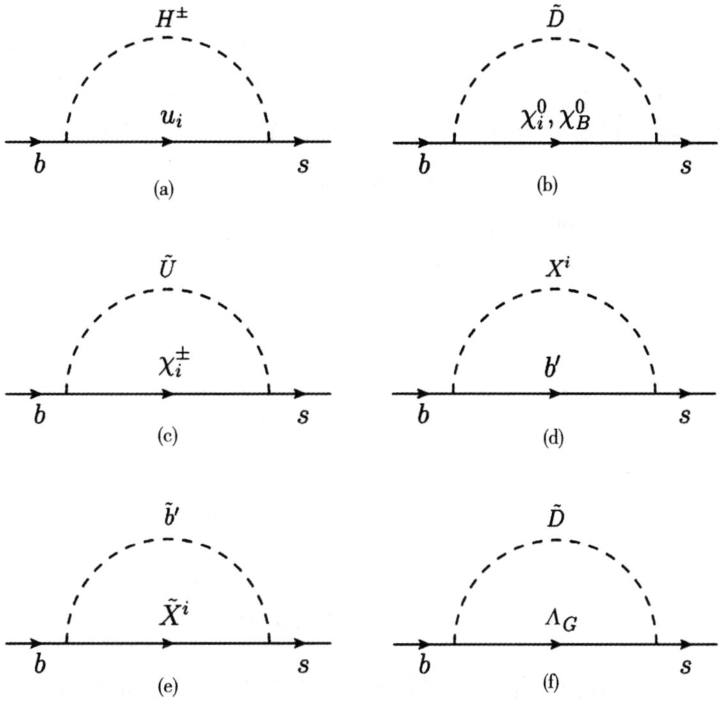

图 7.1　$b \to s$ 过程单圈费曼图。内线粒子 χ_B^0 表示重子类型的中性微子(neutralino)，X 是 BLMSSM 模型新引入的标量超场粒子，b' 和 $\widetilde{b'}$ 分别表示新增的夸克和标量夸克。外线光子和胶子可以接在任意允许的位置。

使得来自这类自能图的贡献为零。

具体而言，在图 7.1(a)中可以将光子接在带电荷的内线希格斯粒子 $H^{\pm}$ 和标准模型的夸克 $u_i(i=1, 2, 3)$ 上，从而构成 $b \to s\gamma$ 过程的完整费曼图。而 $b \to sg$ 过程的完整费曼图需要外接胶子，它只能接在带色荷的内线夸克上。完整的计算结果应该包含所有可能的内线粒子贡献，因此对内线夸克的代指标需要求和，然后和来自带电希格斯的贡献加在一起构成此图的完整贡献。

在完善了费曼图后，结合费曼规则，可以通过标准的解析计算步骤来计算费曼振幅，经化简、积分运算后对比有效哈密顿的定义，可以进一步提取电弱能标下的电偶算子和色磁偶极算子 $\mathcal{O}_7$，$\widetilde{\mathcal{O}}_7$ 的威尔逊系数

$$\left.\begin{aligned}
\frac{G_F}{\sqrt{2}}C_{7\gamma}^{a}(\Lambda) &= -\mathrm{i}\Lambda^{-2}(V_{tb}^{*}v_{tb})^{-1}\Big\{(\eta_{H^{\pm}}^{L})_{su_i}^{\dagger}(\eta_{H^{\pm}}^{L})_{u_ib}F_{1,\gamma}^{(a)}(x_{u_i}, x_{H^{\pm}}) + \\
&\qquad \frac{m_f}{m_b}(\eta_{H^{\pm}}^{L})_{su_i}^{\dagger}(\eta_{H^{\pm}}^{R})_{u_ib}F_{2,\gamma}^{(a)}(x_{u_i}, x_{H^{\pm}})\Big\} \\
\frac{G_F}{\sqrt{2}}\widetilde{C}_{7\gamma}^{a}(\Lambda) &= \frac{G_F}{\sqrt{2}}C_{7\gamma}^{a}(\Lambda)(\eta_{H^{\pm}}^{L} \leftrightarrow \eta_{H^{\pm}}^{R})
\end{aligned}\right\} \tag{7.12}$$

式中，$x_i=m_i^2/\mu_{EW}^2$，其中不同粒子耦合的具体表达式已经在前文的耦合项中给出。具体的计算表明，从这类单圈三角图提取的威尔逊系数中不存在发散，这可以通过将振幅中的传播子按照 $1/(q^2-m_{f,S}^2)$ 展开来证明。其中，q 是内线夸克的动量，也是单圈积分的变量。在动量展开表达式中，来自分母的动量 q 的幂次总是高于分子中的幂次。因此在解析计算中不需要处理发散问题。形状因子 $F_{1,\gamma}^{(a)}$，$F_{2,\gamma}^{(a)}$的下标表示来自光子的贡献，上标表示来自图 7.1(a)，其具体形式为

$$\left.\begin{aligned}F_{1,\gamma}^{(a)}(x,y)&=\left[\frac{1}{72}\frac{\partial^3\varrho_{3,1}}{\partial y^3}+\frac{1}{24}\frac{\partial^2\varrho_{2,1}}{\partial y^2}-\frac{1}{6}\frac{\partial\varrho_{1,1}}{\partial y}\right](x,y)\\F_{2,\gamma}^{(a)}(x,y)&=\left[\frac{1}{12}\frac{\partial^2\varrho_{2,1}}{\partial y^2}-\frac{1}{6}\frac{\partial\varrho_{1,1}}{\partial y}-\frac{1}{3}\frac{\partial\varrho_{1,1}}{\partial x}\right](x,y)\end{aligned}\right\}\tag{7.13}$$

函数$\varrho_{mn}(x,y)$的定义为

$$\varrho_{mn}(x,y)=\frac{x^m\ln^n x-y^m\ln^n y}{x-y}\tag{7.14}$$

其他图对威尔逊系数 $C_{7\gamma}$，$\widetilde{C}_{7\gamma}$的贡献也可以通过同样的方式得到。

从图 7.1(b)可以看出，光子只能接在带−1/3 电荷的标量夸克 $\widetilde{D}$ 上。在电弱能标下，来自中性微子χ_i^0 和重子型中性微子χ_B^0 的贡献为

$$\left.\begin{aligned}\frac{G_F}{\sqrt{2}}C_{7\gamma}^b(\Lambda)=&-\mathrm{i}\Lambda^{-2}(V_{ts}^*V_{tb})^{-1}\Big\{(\xi_{\chi_i^0}^L)_{s\widetilde{D}}^{\dagger}(\xi_{\chi_i^0}^L)_{\widetilde{D}b}F_{1,\gamma}^{(b)}(x_{\chi_i^0},x_{\widetilde{D}})+\\&\frac{m_f}{m_b}(\xi_{\chi_i^0}^L)_{s\widetilde{D}}^{\dagger}(\xi_{\chi_i^0}^R)_{\widetilde{D}b}F_{2,\gamma}^{(b)}(x_{\chi_i^0},x_{\widetilde{D}})+(\xi_{\chi_B^0}^L)_{s\widetilde{D}}^{L}(\xi_{\chi_B^0}^L)_{\widetilde{D}b}F_{1,\gamma}^{(b)}(x_{\chi_B^0},x_{\widetilde{D}})+\\&\frac{m_f}{m_b}(\xi_{\chi_B^0}^L)_{s\widetilde{D}}^{\dagger}(\xi_{\chi_B^0}^R)_{\widetilde{D}b}F_{2,\gamma}^{(b)}(x_{\chi_B^0},x_{\widetilde{D}})\Big\}\\\frac{G_F}{\sqrt{2}}\widetilde{C}_{7\gamma}^b(\Lambda)=&\frac{G_F}{\sqrt{2}}C_{7\gamma}^b(\Lambda)(\xi_{\chi_i^0}^L\leftrightarrow\xi_{\chi_i^0}^R,\ \xi_{\chi_B^0}^L\leftrightarrow\xi_{\chi_B^0}^R)\end{aligned}\right\}\tag{7.15}$$

$$\left.\begin{aligned}F_{1,\gamma}^{(b)}(x,y)&=\left[-\frac{1}{72}\frac{\partial^3\varrho_{3,1}}{\partial^3 y}+\frac{1}{24}\frac{\partial^2\varrho_{2,1}}{\partial^2 y}\right](x,y)\\F_{2,\gamma}^{(b)}(x,y)&=\left[-\frac{1}{12}\frac{\partial^2\varrho_{2,1}}{\partial^2 y}+\frac{1}{6}\frac{\partial\varrho_{1,1}}{\partial y}\right](x,y)\end{aligned}\right\}\tag{7.16}$$

基于图 7.1(c)，光子可以接在带有+2/3 的标量夸克 $\widetilde{U}$ 或带电微子$\chi_i^{\pm}$ 上。由此得到的威尔逊系数为

$$\left.\begin{aligned}&\frac{G_F}{\sqrt{2}}C^c_{7\gamma}(\Lambda)=-\mathrm{i}\Lambda^{-2}(V^*_{ts}V_{tb})^{-1}\Big\{(\eta^L_{\tilde{U}})^{\dagger}_{s\chi^\pm_i}(\eta^L_{\tilde{U}})_{\chi^\pm_i b}F^{(c)}_{1,\gamma}(x_{\chi^\pm_i},x_{\tilde{U}})+\\&\qquad\frac{m_f}{m_b}(\eta^L_{\tilde{U}})^{\dagger}_{s\chi^\pm_i}(\eta^R_{\tilde{U}})_{\chi^\pm_i b}F^{(c)}_{2,\gamma}(x_{\chi^\pm_i},x_{\tilde{U}})\Big\}\\&\frac{G_F}{\sqrt{2}}\widetilde{C}^c_{7\gamma}(\Lambda)=\frac{G_F}{\sqrt{2}}C^c_{7\gamma}(\Lambda)(\eta^L_{\tilde{U}}\leftrightarrow\eta^R_{\tilde{U}})\end{aligned}\right\}\tag{7.17}$$

$$\left.\begin{aligned}&F^{(c)}_{1,\gamma}(x,y)=\left[-\frac{1}{72}\frac{\partial^3\varrho_{3,1}}{\partial^3y}+\frac{1}{6}\frac{\partial^2\varrho_{2,1}}{\partial^2y}-\frac{1}{4}\frac{\partial\varrho_{1,1}}{\partial y}\right](x,y)\\&F^{(c)}_{2,\gamma}(x,y)=\left[-\frac{1}{12}\frac{\partial^2\varrho_{2,1}}{\partial^2y}+\frac{1}{6}\frac{\partial\varrho_{1,1}}{\partial y}-\frac{1}{2}\frac{\partial\varrho_{1,1}}{\partial x}\right](x,y)\end{aligned}\right\}\tag{7.18}$$

图 7. 1(d)中的内线费米子 b' 是 BLMSSM 模型新引入的夸克，带有−1/3 电荷，而超场 X 是中性标量粒子。将光子接在带电的内线，后经计算提取的威尔逊系数为

$$\left.\begin{aligned}&\frac{G_F}{\sqrt{2}}C^d_{7\gamma}(\Lambda)=-\mathrm{i}\Lambda^{-2}(V^*_{ts}V_{tb})^{-1}\Big\{(\eta^L_{X^j})^{\dagger}_{sb'}(\eta^L_{X^j})_{b'b}F^{(d)}_{1,\gamma}(x_{b'},x_{X^j})+\\&\qquad\frac{m_f}{m_b}(\eta^L_{X^j})^{\dagger}_{sb'}(\eta^R_{X^j})_{b'b}F^{(d)}_{2,\gamma}(x_{b'},x_{X^j})\Big\}\\&\frac{G_F}{\sqrt{2}}\widetilde{C}^d_{7\gamma}(\Lambda)=\frac{G_F}{\sqrt{2}}C^d_{7\gamma}(\Lambda)(\eta^L_{X^j}\leftrightarrow\eta^R_{X^j})\end{aligned}\right\}\tag{7.19}$$

相应地，带有−1/3 电荷的标量夸克 $\tilde{b}'$ 和费米场 $\tilde{X}$ 的贡献由图 7. 1(e)可以得到：

$$\left.\begin{aligned}&\frac{G_F}{\sqrt{2}}C^e_{7\gamma}(\Lambda)=-\mathrm{i}\Lambda^{-2}(V^*_{ts}V_{tb})^{-1}\Big\{(\eta^L_{\tilde{b}'})^{\dagger}_{s\tilde{X}^j}(\eta^L_{\tilde{b}'})_{\tilde{X}^j b}F^{(e)}_{1,\gamma}(x_{\tilde{X}^j},x_{\tilde{b}'})+\\&\qquad\frac{m_f}{m_b}(\eta^L_{\tilde{b}'})^{\dagger}_{s\tilde{X}^j}(\eta^R_{\tilde{b}'})_{\tilde{X}^j b}F^{(e)}_{2,\gamma}(x_{\tilde{X}^j},x_{\tilde{b}'})\Big\}\\&\frac{G_F}{\sqrt{2}}\widetilde{C}^e_{7\gamma}(\Lambda)=\frac{G_F}{\sqrt{2}}C^e_{7\gamma}(\Lambda)(\eta^L_{\tilde{b}'}\leftrightarrow\eta^R_{\tilde{b}'})\end{aligned}\right\}\tag{7.20}$$

相应的形状因子为

$$\left.\begin{aligned}&F^{(e)}_{1,\gamma}(x,y)=\left[-\frac{1}{72}\frac{\partial^3\varrho_{3,1}}{\partial^3y}+\frac{1}{24}\frac{\partial^2\varrho_{2,1}}{\partial^2y}\right](x,y)\\&F^{(e)}_{2,\gamma}(x,y)=\left[-\frac{1}{12}\frac{\partial^2\varrho_{2,1}}{\partial^2y}+\frac{1}{6}\frac{\partial\varrho_{1,1}}{\partial y}\right](x,y)\end{aligned}\right\}\tag{7.21}$$

图 7. 1(f)中的场 Λ_G 是 Glunio 粒子，来自该图的威尔逊系数为

$$\left.\begin{aligned}&\frac{G_F}{\sqrt{2}}C^f_{7\gamma}(\Lambda)=-\mathrm{i}\Lambda^{-2}(V^*_{ts}V_{tb})^{-1}\Big\{(\eta^k_D)^\dagger_{s\Lambda_G}(\eta^k_D)_{\Lambda_G b}F^{(f)}_{1,\gamma}(x_{\Lambda_G},x_{\tilde{D}})+\\&\qquad\frac{m_f}{m_b}(\eta^k_D)^\dagger_{s\Lambda_G}(\eta^R_D)_{\Lambda_G b}F^{(f)}_{2,\gamma}(x_{\Lambda_G},x_{\tilde{D}})\Big\}\\&\frac{G_F}{\sqrt{2}}\widetilde{C}^f_{7\gamma}(\Lambda)=\frac{G_F}{\sqrt{2}}C^f_{7\gamma}(\Lambda)(\eta^k_D\leftrightarrow\eta^R_D)\end{aligned}\right\}\tag{7.22}$$

其中

$$\left.\begin{aligned}&F^{(f)}_{1,\gamma}(x,y)=\left[\frac{1}{24}\frac{\partial^3\varrho_{3,1}}{\partial^3 y}-\frac{1}{8}\frac{\partial^2\varrho_{2,1}}{\partial^2 y}\right](x,y)\\&F^{(f)}_{2,\gamma}(x,y)=\left[\frac{1}{4}\frac{\partial^2\varrho_{2,1}}{\partial^2 y}-\frac{1}{2}\frac{\partial\varrho_{1,1}}{\partial y}\right](x,y)\end{aligned}\right\}\tag{7.23}$$

电弱尺度下对 C_{8g}和 $\widetilde{C}_{8g}$的修正可以通过将胶子接在带有色荷的中间粒子上得到。

在图 7.1 中的各图中，胶子可以接在标准模型中上类型夸克 u_i，最小超对称中的标量夸克 $\widetilde{U}$、$\widetilde{D}$，带有 −1/3 电荷的新增夸克 b'和它的超对称伴 $\tilde{b}'$以及 Glunios 场 Λ_G。在电弱能标下，由外接胶子产生的费曼图中可以提取的威尔逊系数为

$$\left.\begin{aligned}&\frac{G_F}{\sqrt{2}}C^a_{8G}(\Lambda)=-\mathrm{i}\Lambda^{-2}(V^*_{ts\ tb})^{-1}\Big\{(\eta^L_{H^\pm})^\dagger_{su_i}(\eta^L_{H^\pm})_{u_ib}F^{(a)}_{1,g}(x_{u_i},x_{H^\pm})+\\&\qquad\frac{m_f}{m_b}(\eta^L_{H^\pm})^\dagger_{su_i}(\eta^R_{H^\pm})_{u_ib}F^{(a)}_{2,g}(x_{u_i},x_{H^\pm})\Big\}\\&\frac{G_F}{\sqrt{2}}\widetilde{C}^a_{8G}(\Lambda)=\frac{G_F}{\sqrt{2}}C^a_{8G}(\Lambda)(\eta^L_{H^\pm}\leftrightarrow\eta^R_{H^\pm},\ \eta^L_{G^\pm}\leftrightarrow\eta^R_{G^\pm})\\&\frac{G_F}{\sqrt{2}}C^b_{8G}(\Lambda)=-\mathrm{i}\Lambda^{-2}(V^*_{ts}V_{tb})^{-1}\Big\{(\xi^L_{\chi^0_i})^\dagger_{s\tilde{D}}(\xi^L_{\chi^0_i})_{\tilde{D}b}F^{(b)}_{1,g}(x_{\chi^0_i},x_{\tilde{D}})+\\&\qquad\frac{m_f}{m_b}(\xi^L_{\chi^0_i})^\dagger_{s\tilde{D}}(\xi^R_{\chi^0_i})_{\tilde{D}b}F^{(b)}_{2,g}(x_{\chi^0_i},x_{\tilde{D}})+\\&\qquad(\xi^L_{\chi^0_B})^\dagger_{s\tilde{D}}(\xi^L_{\chi^0_B})_{\tilde{D}b}F^{(b)}_{1,g}(x_{\chi^0_B},x_{\tilde{D}})+\frac{m_f}{m_b}(\xi^L_{\chi^0_B})^\dagger_{s\tilde{D}}(\xi^R_{\chi^0_B})_{\tilde{D}b}F^{(b)}_{2,g}(x_{\chi^0_B},x_{\tilde{D}})\Big\}\\&\frac{G_F}{\sqrt{2}}\widetilde{C}^b_{8G}(\Lambda)=\frac{G_F}{\sqrt{2}}C^b_{8g}(\Lambda)(\xi^L_{\chi^0_i}\leftrightarrow\xi^R_{\chi^0_i},\ \xi^L_{\chi^0_B}\leftrightarrow\xi^R_{\chi^0_B})\\&\frac{G_F}{\sqrt{2}}C^c_{8G}(\Lambda)=-\mathrm{i}\Lambda^{-2}(V^*_{ts}V_{tb})^{-1}\Big\{(\xi^L_{\chi^\pm_i})^\dagger_{s\tilde{D}}(\xi^L_{\chi^\pm_i})_{\tilde{D}b}F^{(c)}_{1,g}(x_{\chi^\pm_i},x_{\tilde{U}})+\\&\qquad\frac{m_f}{m_b}(\xi^L_{\chi^\pm_i})^\dagger_{s\tilde{D}}(\xi^R_{\chi^\pm_i})_{\tilde{D}b}F^{(c)}_{2,g}(x_{\chi^\pm_i},x_{\tilde{U}})\Big\}\end{aligned}\right\}\tag{7.24}$$

$$\left.\begin{aligned}
&\frac{G_F}{\sqrt{2}}\widetilde{C}^c_{8G}(\Lambda)=\frac{G_F}{\sqrt{2}}C^c_{8g}(\Lambda)(\xi^L_{\chi^\pm_i}\leftrightarrow\xi^R_{\chi^\pm_i})\\
&\frac{G_F}{\sqrt{2}}C^d_{8G}(\Lambda)=-\mathrm{i}\Lambda^{-2}(V^*_{ts}V_{tb})^{-1}\Big\{(\eta^L_{X^j})^\dagger_{sb'}(\eta^L_{X^j})_{b'b}F^{(d)}_{1,g}(x_{b'},x_{X^j})+\\
&\qquad\frac{m_f}{m_b}(\eta^L_{X^j})^\dagger_{sb'}(\eta^R_{X^j})_{b'b}F^{(d)}_{2,g}(x_{b'},x_{X^j})\Big\}\\
&\frac{G_F}{\sqrt{2}}\widetilde{C}^d_{8G}(\Lambda)=\frac{G_F}{\sqrt{2}}C^d_{8G}(\Lambda)(\eta^L_{X^j}\leftrightarrow\eta^R_{X^j})\\
&\frac{G_F}{\sqrt{2}}C^e_{8G}(\Lambda)=-\mathrm{i}\Lambda^{-2}(V^*_{ts}V_{tb})^{-1}\Big\{(\xi^L_{\tilde{b}'})^\dagger_{s\tilde{X}^j}(\xi^L_{\tilde{b}'})_{\tilde{X}^jb}F^{(e)}_{1,g}(x_{\tilde{X}^j},x_{\tilde{b}'})+\\
&\qquad\frac{m_f}{m_b}(\xi^L_{\tilde{b}'})^\dagger_{s\tilde{X}^j}(\xi^R_{\tilde{b}'})_{\tilde{X}^jb}F^{(e)}_{2,g}(x_{\tilde{X}^j},x_{\tilde{b}'})\Big\}\\
&\frac{G_F}{\sqrt{2}}\widetilde{C}^e_{8G}(\Lambda)=\frac{G_F}{\sqrt{2}}C^e_{8G}(\Lambda)(\xi^L_{\tilde{b}'}\leftrightarrow\xi^R_{\tilde{b}'}))
\end{aligned}\right\}\quad(7.24)$$

其中的形状因子在下面给出。在图 7.1 的(a)和(d)图中，胶子只能接在内部费米子 u_i 和 b'的位置，因此两个图具有相同的形状因子。图(b)、(c)和(e)中，胶子只能接在内部标量夸克上，来自这两个图的形状因子也完全相同。对(f)图，胶子可以接在 Λ_G 和标量夸克 $\widetilde{D}$ 上，将两种情况对威尔逊系数的贡献加在一起，可以得到图(f)贡献的威尔逊系数。

$$\left.\begin{aligned}
&F^{(a)}_{1,g}(x,y)=F^{(d)}_{1,g}(x,y)=\left[-\frac{1}{24}\frac{\partial^3\varrho_{3,1}}{\partial^3y}+\frac{1}{4}\frac{\partial^2\varrho_{2,1}}{\partial^2y}-\frac{1}{4}\frac{\partial\varrho_{1,1}}{\partial y}\right](x,y)\\
&F^{(a)}_{2,g}(x,y)=F^{(d)}_{2,g}(x,y)=\left[-\frac{1}{4}\frac{\partial^2\varrho_{2,1}}{\partial^2y}+\frac{1}{2}\frac{\partial\varrho_{1,1}}{\partial y}-\frac{1}{2}\frac{\partial\varrho_{1,1}}{\partial x}\right](x,y)\\
&F^{(b)}_{1,g}(x,y)=F^{(c)}_{1,g}(x,y)=F^{(e)}_{1,g}(x,y)=\left[\frac{1}{24}\frac{\partial^3\varrho_{3,1}}{\partial^3y}-\frac{1}{8}\frac{\partial^2\varrho_{2,1}}{\partial^2y}\right](x,y)\\
&F^{(b)}_{2,g}(x,y)=F^{(c)}_{2,g}(x,y)=F^{(e)}_{2,g}(x,y)=\left[\frac{1}{4}\frac{\partial^2\varrho_{2,1}}{\partial^2y}-\frac{1}{2}\frac{\partial\varrho_{1,1}}{\partial y}\right](x,y)\\
&F^{(f)}_{1,g}(x,y)=\left[\frac{1}{8}\frac{\partial^2\varrho_{2,1}}{\partial^2y}-\frac{1}{4}\frac{\partial\varrho_{1,1}}{\partial y}\right](x,y)\\
&F^{(f)}_{2,g}(x,y)=\left[-\frac{1}{2}\frac{\partial\varrho_{1,1}}{\partial x}\right](x,y)
\end{aligned}\right\}\quad(7.25)$$

通过有效哈密顿方法提取的威尔逊系数不仅可以用于计算 B 介子衰变的分支比，还可以用于计算 $\overline{B}\to X_s\gamma$ 过程的直接 CP 破坏和与 $B\to K^*\gamma$ 过程时间相关的 CP 不对称。在强子能标下，这两个过程的直接 CP 破坏 $A^{CP}_{B\to X_s\gamma}$和 CP 不对称 $S_{K^*\gamma}$的定义如下：

$$
\left.\begin{aligned}
A^{CP}_{B\to X_s\gamma} &= \left.\frac{\Gamma(\overline{B}\to X_s\gamma)-\Gamma(B\to X_{\bar{s}}\gamma)}{\Gamma(\overline{B}\to X_s\gamma)+\Gamma(B\to X_{\bar{s}}\gamma)}\right|_{E_\gamma>(1-\delta)E_\gamma^{\max}} \\
&\simeq \frac{10^{-2}}{|C_7(\mu_b)|^2}[1.23\mathrm{Im}(C_2(\mu_b)C_7^*(\mu_b))- \\
&\quad 9.52\mathrm{Im}(C_8(\mu_b)C_7^*(\mu_b))+0.01\mathrm{Im}(C_2(\mu_b)C_8^*(\mu_b))] \\
S_{K^*\gamma} &\simeq \frac{2\mathrm{Im}[\mathrm{e}^{-\mathrm{i}\varphi_d}C_7(\mu_b)C_7'(\mu_b)]}{|C_7(\mu_b)|^2+|C_7'(\mu_b)|^2}
\end{aligned}\right\} \quad (7.26)
$$

其中，$E_\gamma>(1-\delta)E_\gamma^{\max}$ 表示光子能量截断，为下面的数值讨论，可以取 $\delta=3$，CP 不对称 $S_{K^*\gamma}$ 中的 φ_d 表示 B_d 混合振幅的相位。在数值计算中可以直接取实验观测给出的数据 $\phi_d=0.67\pm0.02$。同样地，上面有效哈密顿给出的威尔逊系数是电弱能标下的结果，为了将其演化到强子能标 $\mu\sim m_b$，可以利用如下演化方程：

$$
\left.\begin{aligned}
\vec{C}_{NP}(\mu) &= \hat{U}(\mu,\mu_0)\vec{C}_{NP}(\mu_0) \\
\vec{C}'_{NP}(\mu) &= \hat{U}'(\mu,\mu_0)\vec{C}'_{NP}(\mu_0)
\end{aligned}\right\} \quad (7.27)
$$

矢量符号表示的威尔逊系数由多个威尔逊系数按如下顺序构造：

$$
\left.\begin{aligned}
\vec{C}^{\mathrm{T}}_{NP} &= (C_{1,NP},\cdots,C_{6,NP},C^{eff}_{7,NP},C^{eff}_{8,NP}) \\
\vec{C}'^{\mathrm{T}}_{NP} &= (C'^{eff}_{7,NP},C'^{eff}_{8,NP})
\end{aligned}\right\} \quad (7.28)
$$

其中的演化矩阵为

$$
\left.\begin{aligned}
\hat{U}(\mu,\mu_0) &\simeq 1-\left[\frac{1}{2\beta_0}\ln\frac{\alpha_s(\mu)}{\alpha_s(\mu_0)}\right]\hat{\gamma}^{(0)\mathrm{T}} \\
\hat{U}'(\mu,\mu_0) &\simeq 1-\left[\frac{1}{2\beta_0}\ln\frac{\alpha_s(\mu)}{\alpha_s(\mu_0)}\right]\hat{\gamma}'^{(0)\mathrm{T}}
\end{aligned}\right\} \quad (7.29)
$$

其中的伽马矩阵是由具体数值构成的方阵反常量纲矩阵，其具体数值可以参考文献[88]。由于来自新物理的重整化群演化可以独立于标准模型进行，将新物理贡献从电弱尺度单独演化到强子尺度。然后将标准模型部分相加，得到强子尺度下完整的威尔逊系数，将其表示为 $C^{eff}_{7\gamma}$，C^{eff}_{8g}。为了得到尽可能准确的结果，在数值分析中对标准模型的贡献采用 NNLO 阶精度 $C^{eff}_7(m_b)=-0.304$，$C^{eff}_8(m_b)=-0.167$。

7.3　BLMSSM 模型的数值分析

标准模型对 $\overline{B}\to X_s\gamma$ 的预测与实验结果的一致性对新的物理参数提出了严格限制。这一节将基于一定的参数选择讨论分支比的数值结果。

在圈计算中，内线粒子越重，则相应的威尔逊系数贡献就会越小。并且，质量太大的新粒子在当前实验观测中又难以发现，因此并不具有现实意义。此外，至今实验上尚未发现确凿的新粒子信号。因此，对新物理粒子质量的合理期望应该在几个 TeV 量级。基于文献[87]中对 BLMSSM 质谱的讨论，可以对初始模型参数设置为：

$$m_{Z_B}=1000$$

$$m_1=m_2=1200$$

$$M^2_{\tilde{Q}_4}=M^2_{\tilde{Q}_5}=M^2_{\tilde{U}_4}=M^2_{\tilde{U}_5}=M^2_{\tilde{D}_4}=M^2_{\tilde{D}_5}=2500$$

$$A_{BU}=A_{BD}=A_{BQ}=A'_{BU}=A'_{BD}=A'_{BQ}=100$$

$$A_{d_4}=A_{d_5}=A_{u_4}=A_{u_5}=A'_{d_4}=A'_{d_5}=A'_{u_4}=A'_{u_5}=100$$

超场 X 是 BLMSSM 中引入的一个新场，它与模型中新引入的夸克之间存在相互作用。在模型构建中，X 与 $\hat{Q}_\zeta$，$\hat{U}_\zeta$ 之间的耦合系数用 $\lambda_i(i=1,2,3)$ 表示。从解析表达式可以看出，对威尔逊系数比较敏感的参数包括这些耦合系数、X 场质量参数，这些参数的定义出现在 $\mathcal{W}_X$，μ_X 和 B_X 中。本节仅给出对数值结果较为敏感的几个参数的讨论。图 7.2 给出了 $\overline{B}\to X_s\gamma$ 分支比随 λ_1，λ_3，μ_X 和 B_X 变化的曲线。

从图 7.2(a)中可以看出，当耦合系数 λ_1 增大时，$\overline{B}\to X_s\gamma$ 分支比随之变大。该数值结果所设置的输出参数为 $\lambda_3/(4\pi)=0.07$，$\tan\beta=10$，$\lambda_Q=0.7$，$\lambda_U=0.3$，$\lambda_D=0.2$，$\mu=-600$，$\mu_B=m_{Z_B}=m_B=1000$，$\mu_X=1100$，$B_X=400$，$v_{bt}=6000$。图中灰色区域给出了实验允许的范围。从图中可以看出，分支比在 $\lambda_1/(4\pi)=0.95$ 时达到实验极限的上限，则得到约束为 $\lambda_1/(4\pi)<0.95$。

图 7.2(b)中给出了分支比随 λ_3 变化的曲线。基于(a)图已经做出的限制，可以进一步选取模型参数 $\lambda_1/(4\pi)=0.07$，$\tan\beta=5$，$\lambda_Q=0.7$，$\lambda_U=0.5$，$\lambda_D=0.8$，$\mu=-800$，$\mu_B=\mu_X=1100$，$m_{Z_B}=1000$，$m_B=500$，$B_X=400$，$v_{bt}=6000$。当 $\lambda_3/(4\pi)$ 从 0.01 变化到 1.5 的过程中，分支比上升非常缓慢。整个曲线处于灰色区域，这意味着分支比满足该参数选择下的实验约束。

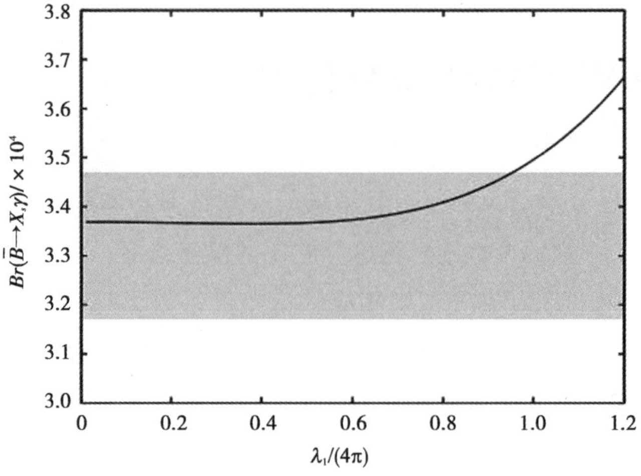
3.8
3.7
3.6
3.5
3.4
3.3
3.2
3.1
3.0
$Br(\bar{B}\to X_s\gamma)/\times10^4$
0
0.2
0.4
0.6
0.8
1.0
1.2
$\lambda_1/(4\pi)$

(a)

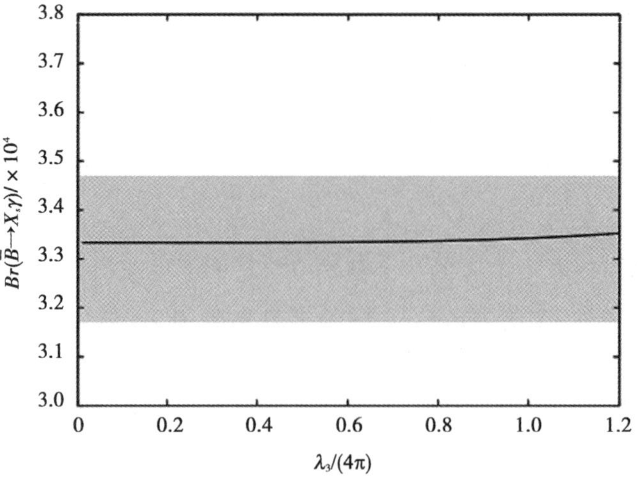
3.8
3.7
3.6
3.5
3.4
3.3
3.2
3.1
3.0
$Br(\bar{B}\to X_s\gamma)/\times10^4$
0
0.2
0.4
0.6
0.8
1.0
1.2
$\lambda_3/(4\pi)$

(b)

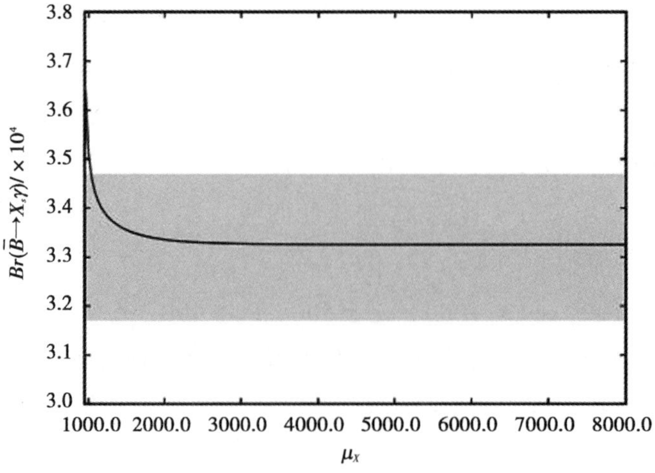
3.8
3.7
3.6
3.5
3.4
3.3
3.2
3.1
3.0
$Br(\bar{B}\to X_s\gamma)/\times10^4$
1000.0
2000.0
3000.0
4000.0
5000.0
6000.0
7000.0
8000.0
μ_X

(c)

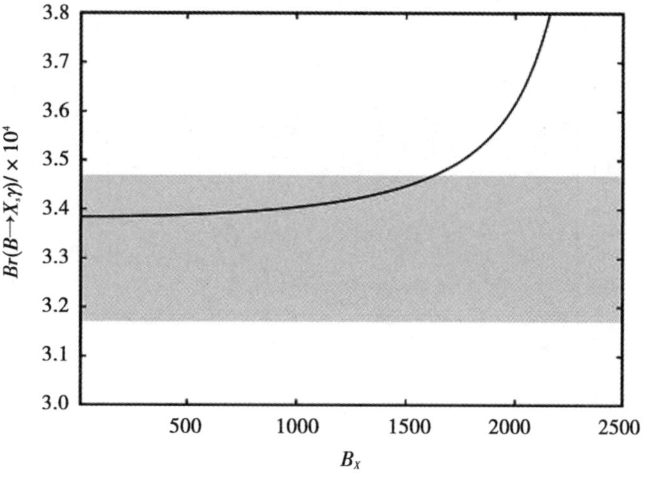

(d)

图 7.2　$\overline{B}\to X_s\gamma$ 分支比随 λ_1，λ_3，μ_X 和 B_X 变化的曲线

为了给出分支比随 μ_X 变化的趋势，可以设置参数为：$\lambda_1/(4\pi)=0.06$，$\lambda_3/(4\pi)=0.08$，$\tan\beta=5$，$\lambda_Q=0.8$，$\lambda_U=0.5$，$\lambda_D=0.2$，$\mu=-600$，$\mu_B=1000$，$B_X=400$，$m_{z_B}=1100$，$v_{bt}=6000$，$m_B=2500$。从图 7.2(c) 中可以看出，分支比随 μ_X 的增大而急剧减小，最终趋于标准模型的值。图 7.2(d) 给出了分支比随 B_X 变化的图。其中，参数设置为 $\lambda_1/(4\pi)=0.15$，$\lambda_3/(4\pi)=0.08$，$\tan\beta=5$，$\lambda_Q=0.7$，$\lambda_U=0.2$，$\lambda_D=0.3$，$\mu=-1000$，$\mu_B=1100$，$\mu_X=2500$，$m_{z_B}=900$，$v_{bt}=5500$，$m_B=2000$。利用实验结果的上限，得到约束条件 $B_X<1625$。

CP 破坏是 B 介子衰变过程中另一个值得研究的物理量。标准模型对 CP 破坏的理论预期为 $-0.6\%<A_{CP}^{SM}<+2.8\%$，这个相应的实验观测平均值为 $A_{CP}^{exp}=-0.009\pm0.018$。在一定的误差范围内，理论值与实验结果一致。与 $\overline{B}\to X_s\gamma$ 的直接 CP 破坏相比，$S_{K^*\gamma}$的实验值与标准模型之间存在显著的偏差。在领头阶，$B\to K^*\gamma$ 随时间变化的 CP 不对称性的 SM 预测为 $S_{K^*\gamma}^{SM}\sim(-2.3\pm1.6)\%$，而实验结果则为 $S_{K^*\gamma}\simeq-0.15\pm0.22$。

前面的章节中已经给出了直接 CP 破坏和含时 CP 不对称的定义，以及相关威尔逊系数的解析结果。为了更直接地了解其数值大小，图 7.3 给出了在一定参数选择下，$\overline{B}\to X_s\gamma$ 直接 CP 破坏和 $B\to K^*\gamma$ 的时间依赖性 CP 不对称性随 μ_X，B_X 变化的趋势。如图 7.3(a) 所示，BLMSSM 模型下相关单圈费曼图对 $S_{K^*\gamma}$的贡献可以达到-0.25。随 μ_X 的增大，CP 不对称快速减小并趋于稳定。而 CP 破坏 A_{CP}则对此参数变化并不敏感，始终保持在较小数值。图 7.3(b) 描述了 B_X 对 CP 破坏的影响。由图可以看到直接 CP 破坏 A_{CP}变化仍不明显，而 $S_{K^*\gamma}$则随 B_X 的增大而增大。在参数设

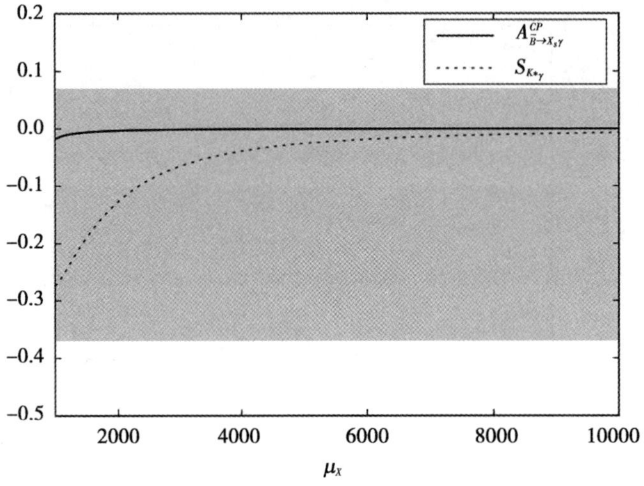

(a)

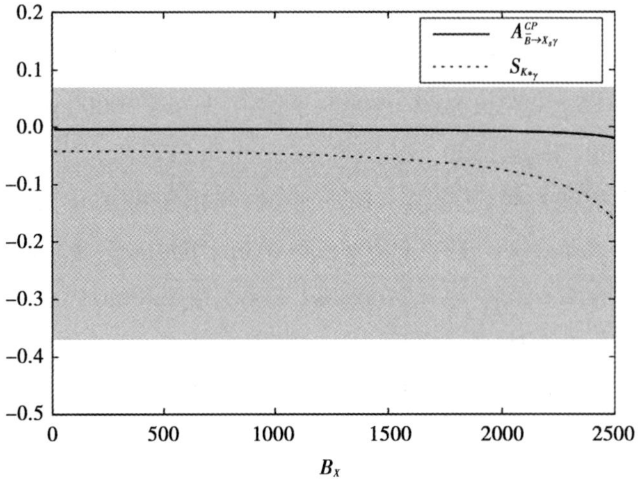

(b)

图 7.3　直接 CP 破坏和含时 μ_X 不对称随 μ_X 和 B_X 的变化曲线

置下，A_{CP}与$S_{K^*\gamma}$在参数变化范围内始终与实验观测结果一致，并未超出实验上下限所对应的灰色区域。

第 8 章　总结与展望

自希格斯粒子被发现以后，粒子物理研究的方向主要有精确检验标准模型和寻找可能的新物理信号。在这两个领域，B 介子物理都因其特殊的粒子属性、衰变和 CP 破坏特性受到广泛关注。

当前大多数实验观测结果都与标准模型越来越接近，但随着 B 介子实验数据的快速积累和理论计算精度的提高，新物理与标准模型都将接受更严格的检验。一方面，理论与实验精度的提高，可以更明确地确定理论和观测之间是否存在偏离，以此确定可能的新物理信号。另一方面，标准模型与实验观测的一致性也为新物理的参数空间提供了严格限制。

可以预见的是，无论将来是否出现新物理信号，B 介子物理的理论研究都可以为粒子物理的发展提供有价值的参考。

参考文献

[1] 谢诒成,勾亮.诺贝尔奖百年鉴:探索物质最深处[M].上海:上海科技教育出版社,2001.

[2] GELL-MANN.A schematic model of baryons and mesons[J].Physics letters,1964,8(3):214-215.

[3] ZWEIG G.An $SU(3)$ model for strong interaction symmetry and its breaking[R].CERN report,CERN-TH-401,1964.

[4] ZWEIG G.An $SU(3)$ model for strong interaction symmetry and its breaking:II[R].CERN report,CERN-TH-412,1964.

[5] GLASHOW S L.Partial-symmetries of weak interactions[J].Nuclear physics,1961,22(4):579-588.

[6] WEINBERG S.A model of leptons[J].Physical review letters,1967,19(21):1264-1266.

[7] SLLAM A.Weak and electromagnetic interactions[C].The Proceedings of the 8th Nobel Symposium,C680519:367-377.

[8] 丁亦兵,乔从丰,任德龙,等.神奇的粒子世界[M].北京:世界图书出版公司,2007.

[9] BARGER V D,PHILLIPS R J N.Collider physics:updated edition[M].Boston:Addison Wesley Publishing Company,Inc.,1997.

[10] HIGGS P W.Broken symmetries,massless particles and gauge fields[J].Physics letters,1964,12:132-133.

[11] HIGGS P W.Spontaneous symmetry breakdown without massless bosons[J].Physical review,1966,145:1156-1163.

[12] KIBBLE T W B.Symmetry breaking in non-Abelian gauge theories[J].Physical review,1967,155:1554-1561.

[13] KORUTLU B.Lepton flavor violating radion decays in the Randall-Sundrum scenario[D].Ankara:Middle East Technical University,2006.

[14] 黄克孙.夸克、轻子与规范场[M].北京:北京师范大学出版社,1988.

[15] 胡瑶光.规范场论[M].上海:华东师范大学出版社,1984.

[16] 李政道.粒子物理和场论简引[M].北京:科学出版社,1984.

[17] ENGLERT F, BROUT R. Broken symmetry and the mass of gauge vector mesons [J]. Physical review letters, 1964, 13(9): 321-323.

[18] HIGGS P W. Broken symmetries and the masses of gauge bosons[J]. Physical review letters, 1964, 13(16): 508-509.

[19] GURALLNIK G S, HAGEN C R, KIBBLE T W B. Global conservation laws and massless particles[J]. Physical review letters, 1964, 13(20): 585-587.

[20] SOHNIUS M F. Introducing supersymmetry[J]. Physics reports, 1985, 128(2/3): 39-204.

[21] BARBIERI R, HALL L J. Signals for supersymmetric unification[J]. Physics letters B, 1994, 338(2/3): 212-218.

[22] BARBIERI R, HALL L J, STRUMIA A. Violations of lepton flavor and CP in supersymmetric unified theories[J]. Nuclear physics B, 1995, 445: 219-251.

[23] BARBIERI R, HALL L J, STRUMIA A. Hadronic flavor and CP violating signals of superunification[J]. Nuclear physics B, 1995, 449: 437-461.

[24] FAYET P. Supergauge invariant extension of the Higgs mechanism and a model for the electron and its neutrino[J]. Nuclear physics B, 1975, 90: 104-124.

[25] DINE M, FISCHLER W, SREDNICKI M. A simple solution to the strong CP problem with a harmless axion[J]. Physics letters B, 1981, 104: 199.

[26] NILLES H P, SREDNICKI M, WYLER D. Weak interaction breakdown induced by supergravity[J]. Physics letters B, 1983, 120: 346.

[27] FRERE J M, JONES D R T, RABY S. Fermion masses and induction of the weak scale by supergravity[J]. Nuclear physics B, 1983, 222: 11.

[28] DERENDINGER J P, SAVOY C A. Quantum effects and $SU(2)\times U(1)$ breaking in supergravity gauge theories[J]. Nuclear physics B, 1984, 237: 307.

[29] MANIATIS M. The next-to-minimal supersymmetric extension of the standard model reviewed[J]. International journal of modern physics A, 2010, 25: 3505-3602.

[30] ELLWANGER U, HUGONIE C, TEIXEIRA A M. The next-to-minimal supersymmetric tandard model[J]. Physics reports, 2010, 496: 1-77.

[31] ARKANI-HAMED N, DIMOPOULOS S, DVALI G R. The hierarchy problem and new dimensions at a millimeter[J]. Physics letters B, 1998, 429: 263-272.

[32] ANTONIADIS I, ARKANI-HAMED N, DIMOPOULOS S, et al. New dimensions at a millimeter to a Fermi and superstrings at a TeV[J]. Physics letters B, 1998, 436: 257-263.

[33] ANTONIADIS I, DIMOPOULOS S, DVALI G. Millimeter range forces in superstring theories with weak scale compactification[J]. Nuclear physics B, 1998, 516: 70-82.

[34] ANTONIADIS I, BACHAS C, LEWELLEN D, et al. On supersymmetry breaking in superstrings[J]. Physics letters B, 1988, 207: 441.

[35] ARKANI-HAMED N, DIMOPOULOS S, DVALI G R. Phenomenology, astrophysics and cosmology of theories with submillimeter dimensions and TeV scale quantum gravity[J]. Physical review D, 1999, 59: 086004.

[36] APPELQUIST T, CHENG H C, DOBRESCU B A. Bounds on universal extra dimensions[J]. Physical review D, 2001, 64: 035002.

[37] APPELQUIST T, YEE H. Universal extra dimensions and the Higgs boson mass [J]. Physical review D, 2003, 67: 055002.

[38] PAPAVASSILIOU J, SANTAMARIA A. Extra dimensions at the one loop level: $\vec{Z} \rightarrow b\,\bar{b}$and $B-\bar{B}$ mixing[J]. Physical review D, 2001, 63: 016002.

[39] CHAKRAVERTYD, HUITU K, KUNDU A. Effects of universal extra dimensions on $B^0-\bar{B}^0$ mixing[J]. Physics letters B, 2003, 558: 173-181.

[40] BURAS A J, SPRANGER M, WEILER A. The impact of universal extra dimensions on the unitarity triangle and rare *K* and *B* decays[J]. Nuclear physics B, 2003, 660: 225-268.

[41] ARKANI-HAMED N, DIMOPOULOS S, DVALI G. The hierarchy problem and new dimensions at a millimeter[J]. Physics letters B, 1998, 429: 263-272.

[42] ARKANI-HAMED N, DIMOPOULOS S, DVALI G. Phenomenology, astrophysics and cosmology of theories with submillimeter dimensions and TeV scale quantum gravity[J]. Physical review D, 1999, 59(8): 086004.

[43] RANDALL L, SUNDRUM R. A large mass hierarchy from a small extra dimension [J]. Physical review letters, 1999, 83: 3370-3373.

[44] RANDALL L, SUNDRUM R. An alternative to compactification[J]. Physical review letters, 1999, 83: 4690-4693.

[45] GROSSMAN Y, NEUBERT M. Neutrino masses and mixings in non-factorizable geometry[J]. Physics letters B, 2000, 474: 361-371.

[46] GHERGHETTA T, POMAROL A. Bulk fields and supersymmetry in a slice of AdS [J]. Nuclear physics B, 2000, 586: 141-162.

[47] HUBER S J. Flavor violation and warped geometry[J]. Nuclear physics B, 2003, 666: 269-288.

[48] AZATOV A, TOHARIA M, ZHU L. Higgs mediated FCNC's in warped extra dimensions[J]. Physical review D, 2009, 80:035016.

[49] AGASHE K, CONTINO R, ROLD L DA, et al. A custodial symmetry for $Zb\bar{b}$ [J]. Physics letters B, 2006, 641:62-66.

[50] CARENA M S, PONTON E, SANTIAGO J, et al. Electroweak constraints on warped models with custodial symmetry[J]. Physical review D, 2007, 76:035006.

[51] AGASHE K, DAVOUDIASL H, GOPALAKRISSHNA S, et al. LHC signals for warped electroweak neutral gauge bosons [J]. Physical review D, 2007, 76:115015.

[52] AGASHE K, GOPALAKRISSHNA S, HAN T, et al. LHC signals for warped electroweak charged gauge bosons. [J]. Physical review D, 2009, 80:075007.

[53] AGASHE K, BELYAEV A, KRUPOVNICKAS T, et al. LHC signals from warped extra dimensions[J]. Physical review D, 2008, 77:015003.

[54] BURAS A J, DULING B, GORI S. The impact of Kaluza-Klein fermions on standard model fermion couplings in a RS model with custodial protection[J]. Journal of high energy physics, 2009, 0909:076.

[55] ABBOTT L F. The background field method beyond one loop[J]. Nuclear physics B, 1981, 185:189.

[56] GAVELA M B, GIRARDI G, MALLEVILLE C, et al. A nonlinear R_ξ gauge condition for the electroweak $SU(2)\times U(1)$ model[J]. Nuclear physics B, 1981, 193:257.

[57] DESHPANDE N G, NAZERIMONFARED M. Flavor-changing electromagnetic vertex in a non-linear R_ξ gauge[J]. Nuclear physics B, 1983, 213:390.

[58] RANDALL L, SCHWARTZ M D. Quantum field theory and unification in AdS5[J]. Journal of high energy physics, 2001(11):1128-1132.

[59] RANDALL L, SCHWARTZ M D. Unification and the hierarchy from AdS5 [J]. Physical review letters, 2002, 88:081801.

[60] CONTINO R, POMAROL A. Holography for fermions [J]. Journal of high energy physics, 2004, 0411:058.

[61] ZHU H X, LI C S, DAI L, et al. One-loop helicity amplitudes for top quark pair production in Randall-Sundrum model [J]. Journal of high energy physics, 2011, 1109:043.

[62] WANG Z X, GUO D R. An introduction to special functions[M]. Beijing: Science Press, 1965. (in Chinese)

[63] ALBRECHT M E, BLANKE M, BURASA J, et al. Electroweak and flavour structure

of a warped extra dimension with custodial protection[J]. Journal of high energy physics, 2009, 0909: 064.

[64] CASAGRANDE S, GOERTZ F, HAISCH U, et al. Flavor physics in the Randall-Sundrum model: I: Theoretical setup and electroweak precision tests[J]. Journal of high energy physics, 2008, 0810: 094.

[65] MISIAK M, ASATRIAN H, BIERI K, et al. Estimate of $B(\bar{B}\to X_s\gamma)$ at $o(\alpha_s^2)$ [J]. Physical review letters, 2007, 98: 022002.

[66] GAMBINO P, MISIAK M. Quark mass effects in $\bar{B}\to X_s\gamma$ [J]. Nuclear physics B, 2001, 611: 338-366.

[67] MISIAK M, STEINHAUSER M. NNLO QCD corrections to the $\bar{B}\to X_s\gamma$ matrix elements using interpolation in m_c [J]. Nuclear physics B, 2007, 764: 62-82.

[68] NAKAMURA K, PARTICLE DATA GROUP. Review of particle physics[J]. Journal of physics G: Nuclear and particle physics, 2010, 37: 075021.

[69] BLANKE M, BURAS A J, DULING B, et al. $\Delta F=2$ observables and fine-tuning in a warped extra dimension with custodial protection[J]. Journal of high energy physics, 2009, 0903: 001.

[70] AGASHE K, PEREZ G, SONI A. Flavor structure of warped extra dimension models [J]. Physical review D, 2005, 71: 016002.

[71] BLANKE M, SHAKYA B, TANEDO P, et al. The birds and the Bs in RS: the $b\to s\gamma$ penguin in a warped extra dimension[J]. Journal of high energy physics, 2012, 1208: 038.

[72] CSAKI C, FALKOWSKI A, WEILER A. The flavor of the composite pseudo-Goldstone Higgs[J]. Journal of high energy physics, 2008, 0809: 008.

[73] GEDALIA O, ISIDORI G, PEREZ G. Combining direct and indirect kaon CP violation to constrain the warped KK scale[J]. Physics letters B, 2009, 682: 200.

[74] BAUER M, MALM R, NEUBERT M. A solution to the flavor problem of warped extra-dimension models[J]. Physical review letters, 2012, 108: 081603.

[75] BUCHALLA G, BURAS A J, LAUTENBACHER M E. Weak decays beyond leading logarithms[J]. Reviews of modern physics, 1996, 68: 1125-1244.

[76] BURAS A J, MERLO L, STAMOU E. The impact of flavour changing neutral gauge bosons on $\bar{B}\to X_s\gamma$ [J]. Journal of high energy physics, 2011, 1108: 124.

[77] GOERTZ P, PFOH T. Randall-Sundrum corrections to the width difference and CP-violating phase in B_s^0 -meson decays[J]. Physical review D, 2011, 84: 095016.

[78] BURAS A J, DULING B, GORI S. The impact of Kaluza-Klein fermions on standard

model fermion couplings in a RS model with custodial protection[J].Journal of high energy physics,2009,0909:076.

[79] AGUILA F A, SANTIAGO J, PÉREZ-VICTORIA M. Observable contributions of new exotic quarks to quark mixing[J].Journal of high energy physics,2000,0009:011.

[80] BURAS A J. Weak Hamiltonian, CP violation and rare decays[OL]. DOI: 10.48550/arXiv.hep-ph/9806471.

[81] FROGGATT C D, NIELSEN H B. Hierarchy of quark masses, cabibbo angles and CP violation[J].Nuclear physics B,1979,147:277-298.

[82] PEREZ P F, M WISE M B. Breaking local baryon and lepton number at the TeV scale[J].Journal of high energy physics,2011,8:68.

[83] PEREZ P F, M WISE M B. Baryon and lepton number as local gauge symmetries [J].Physical review D,2010,82:011901.

[84] ZHAO S M, FENG T F, ZHANG H B, et al[J].The corrections from one loop and two-loop Barr-Zee type diagrams to muon MDM in BLMSSM[J].Journal of high energy physics,2014,11:119.

[85] ZHAO S M, FENG T F, YANG Z J, et al.The one-loop contributions to c(t) electric dipole moment in the CP-violating BLMSSM[J].European physical journal C, 2017,77:102.

[86] FENG T F, ZHAO S M, ZHANG H B, et al Gauged baryon and lepton numbers in supersymmetry with a 125 GeV Higgs[J]. Nuclear physics B, 2013, 223, 871: 223-244.

[87] LI H, CHEN J B, XING L L. Exotic particle mass spectrum of the BLMSSM[J]. Modern physics letters A,2018,33(6):1850034.

[88] CHEN J B, ZHANG M, XING L L, et al. $B \to X_s \gamma$ in BLMSSM[J].Chinese physics C,2021.45(5):053101.

附　录

◆◇ 附录 A　质量矩阵的非零项

$$[M^{qu}_{0,0}]_{ij}=f^{L,c^i_B}_{(++)}(0,1)\frac{\upsilon Y^u_{ij}}{\sqrt{2}}f^{R,c^j_S}_{(++)}(0,1)$$

$$[M^{qU}_{0,n}]_{ij}=-f^{L,c^i_B}_{(++)}(0,1)\frac{\upsilon Y^d_{ij}}{2}f^{R,c^j_T}_{(-+)}(y^{c^j_T(n)}_{(\pm\mp)},1)$$

$$[M^{q\tilde{U}}_{0,n}]_{ij}=-[M^{qU}_{0,n}]_{ij}$$

$$[M^{qu}_{0,n}]_{ij}=f^{L,c^i_B}_{(++)}(0,1)\frac{\upsilon Y^u_{ij}}{\sqrt{2}}f^{R,c^j_S}_{(++)}(y^{c^j_S(n)}_{(\mp\mp)},1)$$

$$[M^{qu}_{n,0}]_{ij}=f^{L,c^i_B}_{(++)}(y^{c^i_B(n)}_{(\pm\pm)},1)\frac{\upsilon Y^u_{ij}}{\sqrt{2}}f^{R,c^j_S}_{(++)}(0,1)$$

$$[M^{qU}_{n,n'}]_{ij}=-f^{L,c^i_B}_{(++)}(y^{c^i_B(n)}_{(\pm\pm)},1)\frac{\upsilon Y^d_{ij}}{2}f^{R,c^j_T}_{(-+)}(y^{c^j_T(n')}_{(\pm\mp)},1)$$

$$[M^{q\tilde{U}}_{n,n'}]_{ij}=-[M^{qU}_{n,n'}]_{ij}$$

$$[M^{qu}_{n,n'}]_{ij}=f^{L,c^i_B}_{(++)}(y^{c^i_B(n)}_{(\pm\pm)},1)\frac{\upsilon Y^u_{ij}}{\sqrt{2}}f^{R,c^j_S}_{(++)}(y^{c^j_S(n')}_{(\mp\mp)},1)$$

$$[M^{\chi u}_{n,0}]_{ij}=-f^{L,c^i_B}_{(-+)}(y^{c^i_B(n)}_{(\mp\pm)},1)\frac{\upsilon Y^u_{ij}}{\sqrt{2}}f^{R,c^j_S}_{(++)}(0,1)$$

$$[M^{\chi U}_{n,n'}]_{ij}=-f^{L,c^i_B}_{(-+)}(y^{c^i_B(n)}_{(\mp\pm)},1)\frac{\upsilon Y^d_{ij}}{2}f^{R,c^j_T}_{(-+)}(y^{c^j_T(n')}_{(\pm\mp)},1)$$

$$[M^{\chi\tilde{U}}_{n,n'}]_{ij}=-[M^{\chi U}_{n,n'}]_{ij}$$

$$[M^{\chi u}_{n,n'}]_{ij}=-f^{L,c^i_B}_{(-+)}(y^{c^i_B(n)}_{(\mp\pm)},1)\frac{\upsilon Y^u_{ij}}{\sqrt{2}}f^{R,c^j_S}_{(++)}(y^{c^j_S(n')}_{(\mp\mp)},1)$$

$$[M^{qd}_{0,0}]_{ij}=f^{L,c^i_B}_{(++)}(0,1)\frac{\upsilon Y^d_{ij}}{\sqrt{2}}f^{R,c^j_T}_{(++)}(0,1)$$

$$[M_{0,n}^{qD}]_{ij}=-f_{(++)}^{L,c_B^i}(0,1)\frac{vY_{ij}^d}{\sqrt{2}}f_{(-+)}^{R,c_T^j}(y_{(\pm\mp)}^{c_T^j(n)},1)$$

$$[M_{0,n}^{qd}]_{ij}=f_{(++)}^{L,c_B^i}(0,1)\frac{vY_{ij}^d}{\sqrt{2}}f_{(++)}^{R,c_T^j}(y_{(\mp\mp)}^{c_T^j(n)},1)$$

$$[M_{n,0}^{qd}]_{ij}=f_{(++)}^{L,c_B^i}(y_{(\pm\pm)}^{c_B^i(n)},1)\frac{vY_{ij}^d}{\sqrt{2}}f_{(++)}^{R,c_T^j}(0,1)$$

$$[M_{n,n'}^{qD}]_{ij}=-f_{(++)}^{L,c_B^i}(y_{(\pm\pm)}^{c_B^i(n)},1)\frac{vY_{ij}^d}{\sqrt{2}}f_{(-+)}^{R,c_T^j}(y_{(\pm\mp)}^{c_T^j(n')},1)$$

$$[M_{n,n'}^{qd}]_{ij}=f_{(++)}^{L,c_B^i}(y_{(\pm\pm)}^{c_B^i(n)},1)\frac{vY_{ij}^d}{\sqrt{2}}f_{(++)}^{R,c_T^j}(y_{(\mp\mp)}^{c_T^j(n')},1)$$

$$[M_{W_{L,L}^\pm}^2]_{0,n}=\frac{\sqrt{2\pi}e^2v^2}{4s_W^2}\chi_{(++)}^{W_L}(y_{(++)}^{W_L(n)},1)$$

$$[M_{W_{L,R}^\pm}^2]_{0,n}=\frac{\sqrt{2\pi}e^2v^2}{4s_W^2}\chi_{(-+)}^{W_R}(y_{(-+)}^{W_R(n)},1)$$

$$[M_{W_{L,R}^\pm}^2]_{n,n'}=\frac{2\pi e^2v^2}{4s_W^2}\chi_{(++)}^{W_L}(y_{(++)}^{W_L(n)},1)\chi_{(-+)}^{W_R}(y_{(-+)}^{W_R(n')},1)$$

$$[M_{W_{L,L}^\pm}^2]_{n,n'}=\frac{2\pi e^2v^2}{4s_W^2}\chi_{(++)}^{W_L}(y_{(++)}^{W_L(n)},1)\chi_{(++)}^{W_L}(y_{(++)}^{W_L(n')},1)+[\Lambda_{KK}y_{(++)}^{W_L(n)}]^2\delta_{nn'}$$

$$[M_{W_{R,R}^\pm}^2]_{n,n'}=\frac{2\pi e^2v^2}{4s_W^2}\chi_{(-+)}^{W_R}(y_{(-+)}^{W_R(n)},1)\chi_{(-+)}^{W_R}(y_{(-+)}^{W_R(n')},1)+[\Lambda_{KK}y_{(-+)}^{W_R(n)}]^2\delta_{nn'}$$

$$[M_{Z_{L,L}}^2]_{0,n}=\frac{\sqrt{2\pi}e^2v^2}{4s_W^2c_W^2}\chi_{(++)}^{Z}(y_{(++)}^{Z(n)},1)$$

$$[M_{Z_{L,X}}^2]_{0,n}=\frac{\sqrt{2\pi(1-2s_W^2)}e^2v^2}{4s_W^2c_W^2}\chi_{(-+)}^{Z_X}(y_{(-+)}^{Z_X(n)},1)$$

$$[M_{Z_{L,X}}^2]_{n,n'}=\frac{2\pi(1-2s_W^2)e^2v^2}{4s_W^2c_W^2}\chi_{(++)}^{Z}(y_{(++)}^{Z(n)},1)\chi_{(-+)}^{Z_X}(y_{(-+)}^{Z_X(n')},1)$$

$$[M_{Z_{L,L}}^2]_{n,n'}=\frac{2\pi(1-2s_W^2)e^2v^2}{4s_W^2c_W^2}\chi_{(++)}^{Z}(y_{(++)}^{Z(n)},1)\chi_{(++)}^{Z}(y_{(++)}^{Z(n')},1)+[\Lambda_{KK}y_{(++)}^{Z(n)}]^2\delta_{nn'}$$

$$[M_{Z_{X,X}}^2]_{n,n'}=\frac{2\pi(1-2s_W^2)e^2v^2}{4s_W^2c_W^2}\chi_{(-+)}^{Z_X}(y_{(-+)}^{Z_X(n)},1)\chi_{(-+)}^{Z_X}(y_{(-+)}^{Z_X(n')},1)+[\Lambda_{KK}y_{(-+)}^{Z_X(n)}]^2\delta_{nn'}$$

◆◇ 附录 B　玻色子与夸克的耦合

$$
\begin{aligned}
(\xi^L_{W^\pm})_{\alpha_1,\alpha_2} = {} & (Z_W)_{0,0}\sum_{i=1}^{3}\Big\{(U_L^\dagger)_{\alpha_1,i}(D_L)_{i,\alpha_2}+\sum_{n=1}^{\infty}(U_L^\dagger)_{\alpha_1,(15n-12+i)}(D_L)_{(9n-6+i),\alpha_2}\Big\}+\\
& \frac{4\sqrt{2\pi}}{kr\epsilon}\sum_{i=1}^{3}\sum_{n_0=1}^{\infty}(Z_W)_{(2n_0-1),0}\int_\epsilon^1 \mathrm{d}t\chi^{W_L}_{(++)}(y^{W_L(n_0)}_{(++)},t)\times\\
& \Big\{f^{L,c_B^i}_{(++)}(0,t)f^{L,c_B^i}_{(++)}(0,t)(U_L^\dagger)_{\alpha_1,i}(D_L)_{i,\alpha_2}+\\
& \sum_{n'=1}^{\infty}f^{L,c_B^i}_{(++)}(0,t)f^{L,c_B^i}_{(++)}(y^{c_B^i(n')}_{(\pm\pm)},t)(U_L^\dagger)_{\alpha_1,i}(D_L)_{(9n'-6+i),\alpha_2}+\\
& \sum_{n=1}^{\infty}f^{L,c_B^i}_{(++)}(y^{c_B^i(n)}_{(\pm\pm)},t)f^{L,c_B^i}_{(++)}(0,t)(U_L^\dagger)_{\alpha_1,(15n-12+i)}(D_L)_{i,\alpha_2}+\\
& \sum_{n=1}^{\infty}\sum_{n'=1}^{\infty}f^{L,c_B^i}_{(++)}(y^{c_B^i(n)}_{(\pm\pm)},t)f^{L,c_B^i}_{(++)}(y^{c_B^i(n')}_{(\pm\pm)},t)(U_L^\dagger)_{\alpha_1,(15n-12+i)}(D_L)_{(9n'-6n+i),\alpha_2}+\\
& \sum_{n=1}^{\infty}\sum_{n'=1}^{\infty}f^{L,c_T^i}_{(+-)}(y^{c_T^i(n)}_{(\pm\mp)},t)f^{L,c_T^i}_{(+-)}(y^{c_T^i(n')}_{(\pm\mp)},t)(U_L^\dagger)_{\alpha_1,(15n-9+i)}(D_L)_{(9n'-3+i),\alpha_2}\Big\}+\\
& \frac{4\sqrt{2\pi}e}{kr\epsilon}\sum_{i=1}^{3}\sum_{n_0=1}^{\infty}(Z_W)_{2n_0,0}\int_\epsilon^1 \mathrm{d}t\chi^{W_R}_{(-+)}(y^{W_R(n_0)}_{(-+)},t)\times\\
& \Big\{\sum_{n=1}^{\infty}f^{L,c_B^i}_{(-+)}(y^{c_B^i(n)}_{(\mp\pm)},t)f^{L,c_B^i}_{(++)}(0,t)(U_L^\dagger)_{\alpha_1,(15n-3+i)}(D_L)_{i,\alpha_2}+\\
& \sum_{n=1}^{\infty}\sum_{n'=1}^{\infty}f^{L,c_B^i}_{(-+)}(y^{c_B^i(n)}_{(\mp\pm)},t)f^{L,c_B^i}_{(++)}(y^{c_B^i(n')}_{(\pm\pm)},t)(U_L^\dagger)_{\alpha_1,(15n-3+i)}(D_L)_{(9n'-6+i),\alpha_2}+\\
& \sum_{n=1}^{\infty}\sum_{n'=1}^{\infty}f^{L,c_T^i}_{(+-)}(y^{c_T^i(n)}_{(\pm\mp)},t)f^{L,c_T^i}_{(--)}(y^{c_T^i(n')}_{(\mp\mp)},t)(U_L^\dagger)_{\alpha_1,(15n-6+i)}(D_L)_{(9n'+i),\alpha_2}\Big\}
\end{aligned}
$$

$$
\begin{aligned}
(\xi^R_{W^\pm})_{\alpha_1,\alpha_2} = {} & (Z_W)_{0,0}\sum_{i=1}^{3}\sum_{n=1}^{\infty}(U_R^\dagger)_{\alpha_1,(15n-12+i)}(D_R)_{(9n-6+i),\alpha_2}+\\
& \frac{4\sqrt{2\pi}}{kr\epsilon}\sum_{i=1}^{3}\sum_{n_0=1}^{\infty}\sum_{n=1}^{\infty}\sum_{n'=1}^{\infty}(Z_W)_{(2n_0-1),0}\int_\epsilon^1 \mathrm{d}t\chi^{W_L}_{(++)}(y^{W_L(n_0)}_{(++)},t)\times\\
& \Big\{f^{R,c_B^i}_{(--)}(y^{c_B^i(n)}_{(\pm\pm)},t)f^{R,c_B^i}_{(--)}(y^{c_B^i(n')}_{(\pm\pm)},t)(U_R^\dagger)_{\alpha_1,(15n-12+i)}(D_R)_{(9n'-6+i),\alpha_2}+\\
& f^{R,c_T^i}_{(-+)}(y^{c_T^i(n)}_{(\pm\mp)},t)f^{R,c_T^i}_{(-+)}(y^{c_T^i(n')}_{(\pm\mp)},t)(U_R^\dagger)_{\alpha_1,(15n-9+i)}(D_R)_{(9n'-3+i),\alpha_2}\Big\}+\\
& \frac{4\sqrt{2\pi}}{kr\epsilon}\sum_{i=1}^{3}\sum_{n_0=1}^{\infty}\sum_{n=1}^{\infty}\sum_{n'=1}^{\infty}(Z_W)_{2n_0,0}\int_\epsilon^1 \mathrm{d}t\chi^{W_R}_{(-+)}(y^{W_R(n_0)}_{(-+)},t)\times\\
& \Big\{f^{R,c_B^i}_{(+-)}(y^{c_B^i(n)}_{(\mp\pm)},t)f^{R,c_B^i}_{(--)}(y^{c_B^i(n')}_{(\pm\pm)},t)(U_R^\dagger)_{\alpha_1,(15n-3+i)}(D_R)_{(9n'-6+i),\alpha_2}+\\
& f^{R,c_T^i}_{(-+)}(y^{c_T^i(n)}_{(\pm\mp)},t)f^{R,c_T^i}_{(++)}(y^{c_T^i(n')}_{(\mp\mp)},t)(U_R^\dagger)_{\alpha_1,(15n-6+i)}(D_R)_{(9n'+i),\alpha_2}\Big\}
\end{aligned}
$$

$$
(\xi^L_{W^\pm_{H_\alpha}})_{\alpha_1,\alpha_2}=(\xi^L_{W^\pm})_{\alpha_1,\alpha_2}\Big\{(Z_W)_{0,0}\to(Z_W)_{0,\alpha},\ (Z_W)_{(2n_0-1),0}\to(Z_W)_{(2n_0-1),\alpha},
$$

$$(Z_W)_{2n_0,0}\to(Z_W)_{2n_0,\alpha}\}$$

$$(\xi^R_{W^\pm_{H_\alpha}})_{\alpha_1,\alpha_2}=(\xi^R_{W^\pm})_{\alpha_1,\alpha_2}\{(Z_W)_{0,0}\to(Z_W)_{0,\alpha},\ (Z_W)_{(2n_0-1),0}\to(Z_W)_{(2n_0-1),\alpha},$$
$$(Z_W)_{2n_0,0}\to(Z_W)_{2n_0,\alpha}\}$$

$$(\xi^L_Z)_{\alpha_1,\alpha_2}=(Z_Z)_{(0,0)}\sum_{i=1}^{3}\left\{\left(1-\frac{2}{3}s^2_W\right)[(D^\dagger_L)_{\alpha_1,i}(D_L)_{i,\alpha_2}+\right.$$
$$\sum_{n=1}^{\infty}(D^\dagger_L)_{\alpha_1,(9n-6+i)}(D_L)_{(9n-6+i),\alpha_2}+2\sum_{n=1}^{\infty}(D^\dagger_L)_{\alpha_1,(9n-3+i)}(D_L)_{(9n-3+i),\alpha_2}]-$$
$$\left.\frac{2}{3}s^2_W\sum_{n=1}^{\infty}(D^\dagger_L)_{\alpha_1,(9n+i)}(D_L)_{(9n+i),\alpha_2}\right\}+$$
$$\frac{4\sqrt{2\pi}}{kr\epsilon}\sum_{n_0=1}^{\infty}\sum_{i=1}^{3}(Z_Z)_{(2n_0-1),0}\int_\epsilon^1 dt[\chi^Z_{(++)}(y^{Z(n_0)}_{(++)},t)]\times$$
$$\left\{\left(1-\frac{2}{3}s^2_W\right)[f^{L,c^i_B}_{(++)}(0,t)f^{L,c^i_B}_{(++)}(0,t)(D^\dagger_L)_{\alpha_1,i}(D_L)_{i,\alpha_2}+\right.$$
$$\sum_{n=1}^{\infty}f^{L,c^i_B}_{(++)}(0,t)f^{L,c^i_B}_{(++)}(y^{c^i_B(n)}_{(\pm\pm)},t)((D^\dagger_L)_{\alpha_1,i}(D_L)_{(9n-6+i),\alpha_2}+(D^\dagger_L)_{\alpha_1,(9n-6+i)}(D_L)_{i,\alpha_2})+$$
$$\sum_{n,n'=1}^{\infty}f^{L,c^i_B}_{(++)}(y^{c^i_B(n)}_{(\pm\pm)},t)f^{L,c^i_B}_{(++)}(y^{c^i_B(n')}_{(\pm\pm)},t)(D^\dagger_L)_{\alpha_1,(9n-6+i)}(D_L)_{(9n'-6+i),\alpha_2}+$$
$$2\sum_{n,n'=1}^{\infty}f^{L,c^i_T}_{(+-)}(y^{c^i_T(n)}_{(\pm\mp)},t)f^{L,c^i_T}_{(+-)}(y^{c^i_T(n')}_{(\pm\mp)},t)(D^\dagger_L)_{\alpha_1,(9n-6+i)}(D_L)_{(9n'-3+i),\alpha_2}]-$$
$$\left.\frac{2}{3}s^2_W\sum_{n,n'=1}^{\infty}f^{L,c^i_T}_{(--)}(y^{c^i_T(n)}_{(\mp\mp)},t)f^{L,c^i_T}_{(--)}(y^{c^i_T(n')}_{(\mp\mp)},t)(D^\dagger_L)_{\alpha_1,(9n+i)}(D_L)_{(9n'+i),\alpha_2}\right\}+$$
$$\frac{4\sqrt{2\pi}}{3\sqrt{2c^2_W-1}\,kr\epsilon}\sum_{n_0=1}^{\infty}\sum_{i=1}^{3}(Z_Z)_{2n_0,0}\int_\epsilon^1 dt\chi^{Z_X}_{(-+)}(y^{Z_X(n_0)}_{(-+)},t)\times$$
$$\{(1+2c^2_W)[f^{L,c^i_B}_{(++)}(0,t)f^{L,c^i_B}_{(++)}(0,t)(D^\dagger_L)_{\alpha_1,i}(D_L)_{i,\alpha_2}+$$
$$\sum_{n=1}^{\infty}f^{L,c^i_B}_{(++)}(0,t)f^{L,c^i_B}_{(++)}(y^{c^i_B(n)}_{(\pm\pm)},t)((D^\dagger_L)_{\alpha_1,i}(D_L)_{(9n-6+i),\alpha_2}+(D^\dagger_L)_{\alpha_1,(9n-6+i)}(D_L)_{i,\alpha_2})+$$
$$\sum_{n,n'=1}^{\infty}f^{L,c^i_B}_{(++)}(y^{c^i_B(n)}_{(\pm\pm)},t)f^{L,c^i_B}_{(++)}(y^{c^i_B(n')}_{(\pm\pm)},t)(D^\dagger_L)_{\alpha_1,(9n-6+i)}(D_L)_{(9n'-6+i),\alpha_2}]+$$
$$4s^2_W\sum_{n,n'=1}^{\infty}f^{L,c^i_T}_{(+-)}(y^{c^i_T(n)}_{(\pm\mp)},t)f^{L,c^i_T}_{(+-)}(y^{c^i_T(n')}_{(\pm\mp)},t)(D^\dagger_L)_{\alpha_1,(9n-6+i)}(D_L)_{(9n'-6+i),\alpha_2}-$$
$$2(3-4s^2_W)\sum_{n,n'=1}^{\infty}f^{L,c^i_T}_{(--)}(y^{c^i_T(n)}_{(\mp\mp)},t)f^{L,c^i_T}_{(--)}(y^{c^i_T(n')}_{(\mp\mp)},t)(D^\dagger_L)_{\alpha_1,(9n+i)}(D_L)_{(9n'+i),\alpha_2}\}$$

$$(\xi^R_Z)_{\alpha_1,\alpha_2}=(Z_Z)_{0,0}\sum_{i=1}^{3}\left\{\left(1-\frac{2}{3}s^2_W\right)\sum_{n=1}^{\infty}[(D^\dagger_R)_{\alpha_1,(9n-6+i)}(D_R)_{(9n-6+i),\alpha_2}+\right.$$
$$2(D^\dagger_R)_{\alpha_1,(9n-3+i)}(D_R)_{(9n-3+i),\alpha_2}]-$$

$$\frac{2}{3}s_{\mathrm{W}}^2\left[(D_R^\dagger)_{\alpha_1,i}(D_R)_{i,\alpha_2}+\sum_{n=1}^{\infty}(D_R^\dagger)_{\alpha_1,(9n+i)}(D_R)_{(9n+i),\alpha_2}\right]\Bigg\}+$$

$$\frac{4\sqrt{2\pi}}{kr\epsilon}\sum_{n_0=1}^{\infty}\sum_{i=1}^{3}(Z_Z)_{(2n_0-1),0}\int_{\epsilon}^{1}\mathrm{d}t[\chi_{(++)}^{Z}(y_{(++)}^{Z(n_0)},t)]\times$$

$$\Bigg\{-\frac{2}{3}s_{\mathrm{W}}^2[f_{(++)}^{R,c_T^i}(0,t)f_{(++)}^{R,c_T^i}(0,t)(D_R^\dagger)_{\alpha_1,i}(D_R)_{i,\alpha_2}+$$

$$\sum_{n=1}^{\infty}f_{(++)}^{R,c_T^i}(0,t)f_{(++)}^{R,c_T^i}(y_{(\mp\mp)}^{c_T^i(n)},t)((D_R^\dagger)_{\alpha_1,i}(D_R)_{(9n+i),\alpha_2}+(D_R)_{\alpha_1,(9n'+i)}(D_R)_{i\alpha_2})+$$

$$\sum_{n,n'=1}^{\infty}f_{(++)}^{R,c_T^i}(y_{(\mp\mp)}^{c_T^i(n)},t)f_{(++)}^{R,c_T^i}(y_{(\mp\mp)}^{c_T^i(n')},t)(D_R^\dagger)_{\alpha_1,(9n+i)}(D_R)_{(9n'+i),\alpha_2}]+$$

$$\left(1-\frac{2}{3}s_{\mathrm{W}}^2\right)\sum_{n,n'=1}^{\infty}f_{(--)}^{R,c_B^i}(y_{(\pm\pm)}^{c_B^i(n)},t)f_{(--)}^{R,c_B^i}(y_{(\pm\pm)}^{c_B^i(n')},t)(D_R^\dagger)_{\alpha_1,(9n-6+i)}(D_R)_{(9n'-6+i),\alpha_2}+$$

$$2\sum_{n,n'=1}^{\infty}f_{(-+)}^{R,c_T^i}(y_{(\pm\mp)}^{c_T^i(n)},t)f_{(-+)}^{R,c_T^i}(y_{(\pm\mp)}^{c_T^i(n')},t)(D_R^\dagger)_{\alpha_1,(9n-3+i)}(D_R)_{(9n'-3+i),\alpha_2}]\Bigg\}+$$

$$\frac{4\sqrt{2\pi}e}{3\sqrt{2c_{\mathrm{W}}^2-1}\,kr\epsilon}\sum_{n_0=1}^{\infty}\sum_{i=1}^{3}(Z_Z)_{2n_0,0}\int_{\epsilon}^{1}\mathrm{d}t\chi_{(-+)}^{Z_X}(y_{(-+)}^{Z_X(n_0)},t)\times$$

$$\{-2(3-4s_{\mathrm{W}}^2)[f_{(++)}^{R,c_T^i}(0,t)f_{(++)}^{R,c_T^i}(0,t)(D_R^\dagger)_{\alpha_1,i}(D_R)_{i,\alpha_2}+$$

$$\sum_{n=1}^{\infty}f_{(++)}^{R,c_T^i}(0,t)f_{(++)}^{R,c_T^i}(y_{(\mp\mp)}^{c_T^i(n)},t)((D_R^\dagger)_{\alpha_1,i}(D_R)_{(9n+i),\alpha_2}+(D_R^\dagger)_{\alpha_1,(9n'+i)}(D_{Ri})_{\alpha_2})+$$

$$\sum_{n,n'=1}^{\infty}f_{(++)}^{R,c_T^i}(y_{(\mp\mp)}^{c_T^i(n)},t)f_{(++)}^{R,c_T^i}(y_{(\mp\mp)}^{c_T^i(n')},t)(D_R^\dagger)_{\alpha_1,(9n+i)}(D_R)_{(9n'+i),\alpha_2}\Big]+$$

$$(3-2s_{\mathrm{W}}^2)\sum_{n,n'=1}^{\infty}f_{(--)}^{R,c_B^i}(y_{(\pm\pm)}^{c_B^i(n)},t)f_{(--)}^{R,c_B^i}(y_{(\pm\pm)}^{c_B^i(n')},t)(D_R^\dagger)_{\alpha_1,(9n-6+i)}(D_R)_{(9n'-6+i),\alpha_2}+$$

$$4s_{\mathrm{W}}^2\sum_{n,n'=1}^{\infty}f_{(-+)}^{R,c_T^i}(y_{(\pm\mp)}^{c_T^i(n)},t)f_{(-+)}^{R,c_T^i}(y_{(\pm\mp)}^{c_T^i(n')},t)(D_R^\dagger)_{\alpha_1,(9n-3+i)}(D_R)_{(9n'-3+i),\alpha_2}\Big\}$$

$$(\xi_{Z_{H_\alpha}}^{L})_{\alpha_1,\alpha_2}=(\xi_Z^L)_{\alpha_1,\alpha_2}\{(Z_Z)_{0,0}\to(Z_Z)_{0,\alpha},\ (Z_Z)_{(2n_0-1),0}\to(Z_Z)_{(2n_0-1),\alpha},$$
$$(Z_Z)_{2n_0,0}\to(Z_Z)_{2n_0,\alpha}\}$$

$$(\xi_{Z_{H_a}}^{R})_{\alpha_1,\alpha_2}=(\xi_Z^R)_{\alpha_1,\alpha_2}\{(Z_Z)_{0,0}\to(Z_Z)_{0,\alpha},\ (Z_Z)_{(2n_0-1),0}\to(Z_Z)_{(2n_0-1),\alpha},$$
$$(Z_Z)_{2n_0,0}\to(Z_Z)_{2n_0,\alpha}\}$$

$$(\xi_{\gamma(\alpha)}^{L})_{\alpha_1,\alpha_2}=\frac{4\sqrt{2\pi}}{3kr\epsilon}\sum_{i=1}^{3}\int_{\epsilon}^{1}\mathrm{d}t\chi_{(++)}^{A}(y_{(++)}^{A(n)},t)\{f_{(++)}^{L,c_B^i}(0,t)f_{(++)}^{L,c_B^i}(0,t)(D_L^\dagger)_{\alpha_1,i}(D_L)_{i,\alpha_2}+$$

$$\sum_{n=1}^{\infty}f_{(++)}^{L,c_B^i}(0,t)f_{(++)}^{L,c_B^i}(y_{(\pm\pm)}^{c_B^i(n)},t)((D_L^\dagger)_{\alpha_1,i}(D_L)_{(9n-6+i),\alpha_2}+$$
$$(D_L^\dagger)_{\alpha_1,(9n-6+i)}\times(D_L)_{i,\alpha_2})+$$

$$\sum_{n,n'=1}^{\infty}f_{(++)}^{L,c_B^i}(y_{(\pm\pm)}^{c_B^i(n)},t)f_{(++)}^{L,c_B^i}(y_{(\pm\pm)}^{c_B^i(n')},t)(D_L^\dagger)_{\alpha_1,(9n-6+i)}(D_L)_{(9n'-6+i),\alpha_2}+$$

$$\sum_{n,n'=1}^{\infty} f^{L,c_T^i}_{(+-)}(y^{c_T^i(n)}_{(\pm\mp)},t)f^{L,c_T^i}_{(+-)}(y^{c_T^i(n')}_{(\pm\mp)},t)(D_L^{\dagger})_{\alpha_1,(9n-3+i)}(D_L)_{(9n'-3+i),\alpha_2}+$$

$$\sum_{n,n'=1}^{\infty} f^{L,c_T^i}_{(--)}(y^{c_T^i(n)}_{(\mp\mp)},t)f^{L,c_T^i}_{(--)}(y^{c_T^i(n')}_{(\mp\mp)},t)(D_L^{\dagger})_{\alpha_1,(9n+i)}(D_L)_{(9n'+i),\alpha_2}\}$$

$$(\xi^R_{\gamma(\alpha)})_{\alpha_1,\alpha_2}=\frac{4\sqrt{2\pi}}{3kr\epsilon}\sum_{i=1}^{3}\int_{\epsilon}^{1}\mathrm{d}t\chi^A_{(++)}(y^{A(n)}_{(++)},t)\{f^{R,c_T^i}_{(++)}(0,t)f^{R,c_T^i}_{(++)}(0,t)(D_R^{\dagger})_{\alpha_1,i}(D_R)_{i,\alpha_2}+$$

$$\sum_{n=1}^{\infty} f^{R,c_T^i}_{(++)}(0,t)f^{R,c_T^i}_{(++)}(y^{c_T^i(n)}_{(\mp\mp)},t)((D_R^{\dagger})_{\alpha_1,i}(D_R)_{(9n+i),\alpha_2}+$$

$$(D_R^{\dagger})_{\alpha_1,(9n+i)},(D_R)_{i,\alpha_2})+$$

$$\sum_{n,n'=1}^{\infty} f^{R,c_T^i}_{(++)}(y^{c_T^i(n)}_{(\mp\mp)},t)f^{R,c_T^i}_{(++)}(y^{c_T^i(n')}_{(\mp\mp)},t)(D_R^{\dagger})_{\alpha_1,(9n+i)}(D_n)_{(9n'+i),\alpha_2}+$$

$$\sum_{n,n'=1}^{\infty} f^{R,c_B^i}_{(--)}(y^{c_B^i(n)}_{(\pm\pm)},t)f^{R,c_B^i}_{(--)}(y^{c_B^i(n')}_{(\pm\pm)},t)(D_R^{\dagger})_{\alpha_1,(9n-6+i)}(D_n)_{(9n'-6+1),\alpha_2}+$$

$$\sum_{n,n'=1}^{\infty} f^{R,c_T^i}_{(-+)}(y^{c_T^i(n)}_{(\pm\mp)},t)f^{R,c_T^i}_{(-+)}(y^{c_T^i(n')}_{(\pm\mp)},t)(D_R^{\dagger})_{\alpha_1,(9n-3+i)}(D_R)_{(9n'-3+i),\alpha_2}\}$$

$$(\xi^L_{g(n)})_{\alpha_1,\alpha_2}=\frac{4\sqrt{2\pi}}{kr\epsilon}\sum_{i=1}^{3}\int_{\epsilon}^{1}\mathrm{d}t\chi^g_{(++)}(y^{g(n)}_{(++)},t)\{f^{L,c_B^i}_{(++)}(0,t)f^{L,c_B^i}_{(++)}(0,t)(D_L^{\dagger})_{\alpha_1,i}(D_L)_{i,\alpha_2}+$$

$$\sum_{n=1}^{\infty} f^{L,c_B^i}_{(++)}(0,t)f^{L,c_B^i}_{(++)}(y^{c_B^i(n)}_{(\pm\pm)},t)((D_L^{\dagger})_{\alpha_1,i}(D_L)_{(9n-6+i),\alpha_2}+$$

$$(D_L^{\dagger})_{\alpha_1,(9n-6+i)}(D_L)_{i,\alpha_2})+$$

$$\sum_{n,n'=1}^{\infty} f^{L,c_B^i}_{(++)}(y^{c_B^i(n)}_{(\pm\pm)},t)f^{L,c_B^i}_{(++)}(y^{c_B^i(n')}_{(\pm\pm)},t)(D_L^{\dagger})_{\alpha_1,(9n-6+i)}(D_L)_{(9n'-6+i),\alpha_2}+$$

$$\sum_{n,n'=1}^{\infty} f^{L,c_T^i}_{(+-)}(y^{c_T^i(n)}_{(\pm\mp)},t)f^{L,c_T^i}_{(+-)}(y^{c_T^i(n')}_{(\pm\mp)},t)(D_L^{\dagger})_{\alpha_1,(9n-3+i)}(D_L)_{(9n'-3+i),\alpha_2}+$$

$$\sum_{n,n'=1}^{\infty} f^{L,c_T^i}_{(--)}(y^{c_T^i(n)}_{(\mp\mp)},t)f^{L,c_T^i}_{(--)}(y^{c_T^i(n')}_{(\mp\mp)},t)(D_L^{\dagger})_{\alpha_1,(9n+i)}(D_L)_{(9n'+i),\alpha_2}\}$$

$$(\xi^R_{g(n)})_{\alpha_1,\alpha_2}=\frac{4\sqrt{2\pi}}{kr\epsilon}\sum_{i=1}^{3}\int_{\epsilon}^{1}\mathrm{d}t\chi^g_{(++)}(y^{g(n)}_{(++)},t)\{f^{R,c_T^i}_{(++)}(0,t)f^{R,c_T^i}_{(++)}(0,t)(D_R^{\dagger})_{\alpha_1,i}(D_R)_{i,\alpha_2}+$$

$$\sum_{n=1}^{\infty} f^{R,c_T^i}_{(++)}(0,t)f^{R,c_T^i}_{(++)}(y^{c_T^i(n)}_{(\mp\mp)},t)((D_R^{\dagger})_{\alpha_1,i}(D_R)_{(9n+i),\alpha_2}+$$

$$(D_R^{\dagger})_{\alpha_1,(9n+i)}(D_R)_{i,\alpha_2})+$$

$$\sum_{n,n'=1}^{\infty} f^{R,c_T^i}_{(++)}(y^{c_T^i(n)}_{(\mp\mp)},t)f^{R,c_T^i}_{(++)}(y^{c_T^i(n')}_{(\mp\mp)},t)(D_R^{\dagger})_{\alpha_1,(9n+i)}(D_n)_{(9n'+i),\alpha_2}+$$

$$\sum_{n,n'=1}^{\infty} f^{R,c_B^i}_{(--)}(y^{c_B^i(n)}_{(\pm\pm)},t)f^{R,c_B^i}_{(--)}(y^{c_B^i(n')}_{(\pm\pm)},t)(D_R^{\dagger})_{\alpha_1,(9n-6+i)}(D_n)_{(9n'-6+i),\alpha_2}+$$

$$\sum_{n,n'=1}^{\infty} f^{R,c_T^i}_{(-+)}(y^{c_T^i(n)}_{(\pm\mp)},t)f^{R,c_T^i}_{(-+)}(y^{c_T^i(n')}_{(\pm\mp)},t)(D_R^{\dagger})_{\alpha_1,(9n-3+i)}(D_n)_{(9n'-3+i),\alpha_2}\}$$

$$
\begin{aligned}
(\eta^{L}_{G^{\pm}})_{\alpha_1,\alpha_2} = \sum_{i,j=1}^{3} \Big\{ & (U_R^{\dagger})_{\alpha_1,i} f^{R,c_S^i}_{(++)}(0,1) Y^{u\dagger}_{ij} f^{L,c_B^j}_{(++)}(0,1)(D_L)_{j,\alpha_2} + \\
& \sum_{n=1}^{\infty} (U_R^{\dagger})_{\alpha_1,(15n+i)} f^{R,c_S^i}_{(++)}(y^{c_S^i(n)}_{(\mp\mp)},1) Y^{u\dagger}_{ij} f^{L,c_B^j}_{(++)}(0,1)(D_L)_{j,\alpha_2} + \\
& \sum_{n=1}^{\infty} (U_R^{\dagger})_{\alpha_1,i} f^{R,c_S^i}_{(++)}(0,1) Y^{u\dagger}_{ij} f^{L,c_B^j}_{(++)}(y^{c_B^j(n)}_{(\pm\pm)},1)(D_L)_{(9n-6+j),\alpha_2} + \\
& \sum_{n,n'=1}^{\infty} (U_R^{\dagger})_{\alpha_1,(15n+i)} f^{R,c_S^i}_{(++)}(y^{c_S^i(n)}_{(\mp\mp)},1) Y^{u\dagger}_{ij} f^{L,c_B^j}_{(++)}(y^{c_B^j(n')}_{(\pm\pm)},1)(D_L)_{(9n'-6+j),\alpha_2} + \\
& \sum_{n=1}^{\infty} (U_R^{\dagger})_{\alpha_1,(15n-9+i)} f^{R,c_T^i}_{(-+)}(y^{c_T^i(n)}_{(\mp\pm)},1) Y^{d\dagger}_{ij} f^{L,c_B^j}_{(++)}(0,1)(D_L)_{j,\alpha_2} + \\
& \sum_{n,n'=1}^{\infty} (U_R^{\dagger})_{\alpha_1,(15n-9+i)} f^{R,c_T^i}_{(-+)}(y^{c_T^i(n)}_{(\pm\mp)},1) Y^{d\dagger}_{ij} f^{L,c_B^j}_{(++)}(y^{c_B^j(n')}_{(\pm\pm)},1)(D_L)_{(9n'-6+j),\alpha_2} + \\
& \sum_{n=1}^{\infty} (U_R^{\dagger})_{\alpha_1,(15n-6+i)} f^{R,c_T^i}_{(-+)}(y^{c_T^i(n)}_{(\pm\mp)},1) Y^{d\dagger}_{ij} f^{L,c_B^j}_{(++)}(0,1)(D_L)_{j,\alpha_2} + \\
& \sum_{n,n'=1}^{\infty} (U_R^{\dagger})_{\alpha_1,(15n-6+i)} f^{R,c_T^i}_{(-+)}(y^{c_B^i(n)}_{(\pm\mp)},1) Y^{d\dagger}_{ij} f^{L,c_B^j}_{(++)}(y^{c_B^j(n')}_{(\pm\pm)},1)(D_L)_{(9n'-6+j),\alpha_2} \Big\}
\end{aligned}
$$

$$
\begin{aligned}
(\eta^{R}_{G^{\pm}})_{\alpha_1,\alpha_2} = \sum_{i,j=1}^{3} \Big\{ & (U_L^{\dagger})_{\alpha_1,i} f^{L,c_B^i}_{(++)}(0,1) Y^{d}_{ij} f^{R,c_T^j}_{(++)}(0,1)(D_R)_{j,\alpha_2} + \\
& \sum_{n=1}^{\infty} (U_L^{\dagger})_{\alpha_1,(15n-12+i)} f^{L,c_B^i}_{(++)}(y^{c_B^i(n)}_{(\pm\pm)},1) Y^{d}_{ij} f^{R,c_T^j}_{(++)}(0,1)(D_R)_{j,\alpha_2} + \\
& \sum_{n=1}^{\infty} (U_L^{\dagger})_{\alpha_1,i} f^{L,c_B^i}_{(++)}(0,1) Y^{d}_{ij} f^{R,c_T^j}_{(++)}(y^{c_T^j(n)}_{(\mp\mp)},1)(D_R)_{(9n+j),\alpha_2} + \\
& \sum_{n,n'=1}^{\infty} (U_L^{\dagger})_{\alpha_1,(15n-12+i)} f^{L,c_B^i}_{(++)}(y^{c_B^i(n)}_{(\pm\pm)},1) Y^{d}_{ij} f^{R,c_T^j}_{(++)}(y^{c_T^j(n')}_{(\mp\mp)},1)(D_R)_{(9n'+j),\alpha_2} + \\
& \sum_{n,n'=1}^{\infty} (U_L^{\dagger})_{\alpha_1,(15n-3+i)} f^{L,c_B^i}_{(-+)}(y^{c_B^i(n)}_{(\mp\pm)},1) Y^{d}_{ij} f^{R,c_T^j}_{(-+)}(y^{c_T^j(n')}_{(\pm\mp)},1)(D_R)_{(9n'-3+j,\alpha_2} \Big\}
\end{aligned}
$$

$$
\begin{aligned}
(\eta^{L}_{H_0})_{\alpha_1,\alpha_2} = \sum_{i,j=1}^{3} \Big\{ & -(D_R^{\dagger})_{\alpha_1,i} f^{R,c_T^i}_{(++)}(0,1) Y^{d\dagger}_{ij} f^{L,c_B^j}_{(++)}(0,1)(D_L)_{j,\alpha_2} - \\
& \sum_{n=1}^{\infty} (D_R^{\dagger})_{\alpha_1,(9n+i)} f^{R,c_T^i}_{(++)}(y^{c_T^i(n)}_{(\mp\mp)},1) Y^{d\dagger}_{ij} f^{L,c_B^j}_{(++)}(0,1)(D_L)_{j,\alpha_2} - \\
& \sum_{n=1}^{\infty} (D_R^{\dagger})_{\alpha_1,i} f^{R,c_T^i}_{(++)}(0,1) Y^{d\dagger}_{ij} f^{L,c_B^j}_{(++)}(y^{c_B^j(n)}_{(\pm\pm)},1)(D_L)_{(9n-6+j),\alpha_2} - \\
& \sum_{n,n'=1}^{\infty} (D_R^{\dagger})_{\alpha_1,(9n+i)} f^{R,c_T^i}_{(++)}(y^{c_T^i(n)}_{(\mp\mp)},1) Y^{d\dagger}_{ij} f^{L,c_B^j}_{(++)}(y^{c_B^j(n')}_{(\pm\pm)},1)(D_L)_{(9n'-6+j),\alpha_2} + \\
& \sum_{n=1}^{\infty} (D_R^{\dagger})_{\alpha_1,(9n-3+i)} f^{R,c_T^i}_{(-+)}(y^{c_T^i(n)}_{(\pm\mp)},1) Y^{d\dagger}_{ij} f^{L,c_B^j}_{(++)}(0,1)(D_L)_{j,\alpha_2} + \\
& \sum_{n,n'=1}^{\infty} (D_R^{\dagger})_{\alpha_1,(9n-3+i)} f^{R,c_T^i}_{(-+)}(y^{c_T^i(n)}_{(\pm\mp)},1) Y^{d\dagger}_{ij} f^{L,c_B^j}_{(++)}(y^{c_B^j(n')}_{(\pm\pm)},1)(D_L)_{(9n'-6+j),\alpha_2} \Big\}
\end{aligned}
$$

$$
(\eta^{R}_{H_0})_{\alpha_1,\alpha_2} = (\eta^{L}_{H_0})^{\dagger}_{\alpha_1,\alpha_2}
$$

$$(\eta_{G_0}^L)_{\alpha_1,\alpha_2}=\sum_{i,j=1}^{3}\{(D_R^\dagger)_{\alpha_1,i}f_{(++)}^{R,c_T^i}(0,1)Y_{ij}^{d\dagger}f_{(++)}^{L,c_B^j}(0,1)(D_L)_{j,\alpha_2}+$$

$$\sum_{n=1}^{\infty}(D_R^\dagger)_{\alpha_1,(9n+i)}f_{(++)}^{R,c_T^i}(y_{(\mp\mp)}^{c_T^i(n)},1)Y_{ij}^{d\dagger}f_{(++)}^{L,c_B^j}(0,1)(D_L)_{j,\alpha_2}+$$

$$\sum_{n=1}^{\infty}(D_R^\dagger)_{\alpha_1,i}f_{(++)}^{R,c_T^i}(0,1)Y_{ij}^{d\dagger}f_{(++)}^{L,c_B^j}(y_{(\pm\pm)}^{c_B^j(n)},1)(D_L)_{(9n-6+j),\alpha_2}+$$

$$\sum_{n,n'=1}^{\infty}(D_R^\dagger)_{\alpha_1,(9n+i)}f_{(++)}^{R,c_T^i}(y_{(\mp\mp)}^{c_T^i(n)},1)Y_{ij}^{d\dagger}f_{(++)}^{L,c_B^j}(y_{(\pm\pm)}^{c_B^j(n')},1)(D_L)_{(9n'-6+j),\alpha_2}+$$

$$\sum_{n=1}^{\infty}(D_R^\dagger)_{\alpha_1,(9n-3+i)}f_{(-+)}^{R,c_T^i}(y_{(\pm\mp)}^{c_T^i(n)},1)Y_{ij}^{d\dagger}f_{(++)}^{L,c_B^j}(0,1)(D_L)_{j,\alpha_2}+$$

$$\sum_{n,n'=1}^{\infty}(D_R^\dagger)_{\alpha_1,(9n-3+i)}f_{(-+)}^{R,c_T^i}(y_{(\pm\mp)}^{c_T^i(n)},1)Y_{ij}^{d\dagger}f_{(++)}^{L,c_B^j}(y_{(\pm\pm)}^{c_B^j(n')},1)(D_L)_{(9n'-6+j),\alpha_2}\}$$

$$(\eta_{G_0}^R)_{\alpha_1,\alpha_2}=-(\eta_{G_0}^L)_{\alpha_1,\alpha_2}^\dagger$$

◆◇ 附录 C　流的 Wilson 系数

$$C_{u,1}^{LL}(\mu_W)=\frac{32\pi m_Z^2 s_W^2 c_W^2 g_s^2}{\Lambda_{KK}^2 e^2(kr\epsilon)^2}\sum_{i,j=1}^{3}(D_L^{(0)})_{si}^\dagger(D_L^{(0)})_{ib}(U_L^{(0)})_{uj}^\dagger(U_L^{(0)})_{ju}\times$$

$$\int_\epsilon^1 dt\int_\epsilon^1 dt'[f_{(++)}^{L,c_B^i}(0,t)]^2[\sum{}_{(++)}^{G}(t,t')][f_{(++)}^{L,c_B^i}(0,t')]^2$$

$$C_{u,2}^{LL}(\mu_W)=-\frac{1}{2}\left(1-\frac{2}{3}s_W^2\right)\left(1-\frac{4}{3}s_W^2\right)[(\delta Z_L^d)_{sb}+(\delta Z_L^d)_{sb}^\dagger+\frac{v^2}{2\Lambda_{KK}^2}(\Delta_Z^L)_{sb}]+$$

$$\frac{32\pi m_Z^2}{\Lambda_{KK}^2(kr\epsilon)^2}\sum_{i,j=1}^{3}(D_L^{(0)})_{si}^\dagger(D_L^{(0)})_{ib}(U_L^{(0)})_{uj}^\dagger(U_L^{(0)})_{ju}\int_\epsilon^1 dt\int_\epsilon^1 dt'\times$$

$$[f_{(++)}^{L,c_B^i}(0,t)]^2\left\{-\left[\frac{(3-2s_W^2)(3-4s_W^2)}{18}+\frac{s_W^2c_W^2}{9}\left(4+\frac{3g_s^2}{e^2}\right)\right][\sum{}_{(++)}^{G}(t,t')]+\right.$$

$$\left.\frac{(3-2s_W^2)^2}{18(1-2s_W^2)}[\sum{}_{(-+)}^{G}(t,t')]\right\}[f_{(++)}^{L,c_B^j}(0,t')]^2$$

$$C_{u,1}^{LR}(\mu_W)=\frac{32\pi m_Z^2 s_W^2 c_W^2 g_s^2}{\Lambda_{KK}^2 e^2(kr\epsilon)^2}\sum_{i,j=1}^{3}(D_L^{(0)})_{si}^\dagger(D_L^{(0)})_{ib}(U_R^{(0)})_{uj}^\dagger(U^{(0)R})_{ju}\times$$

$$\int_\epsilon^1 dt\int_\epsilon^1 dt'[f_{(++)}^{L,c_B^i}(0,t)]^2[\sum{}_{(++)}^{G}(t,t')][f_{(++)}^{R,s_S^i}(0,t')]^2$$

$$C_{u,2}^{LR}(\mu_W)=\frac{2s_W^2}{3}\left(1-\frac{2}{3}s_W^2\right)\left[(\delta Z_L^d)_{sb}+(\delta Z_L^d)_{sb}^\dagger+\frac{v^2}{2\Lambda_{KK}^2}(\Delta_Z^L)_{sb}\right]+$$

$$\frac{32\pi m_Z^2}{\Lambda_{KK}^2(kr\epsilon)^2}\sum_{i,j=1}^{3}(D_L^{(0)})_{si}^\dagger(D_L^{(0)})_{ib}(U_R^{(0)})_{uj}^\dagger(U_R^{(0)})_{ju}\int_\epsilon^1 dt\int_\epsilon^1 dt'\times$$

$$[f^{L,c_B^i}_{(++)}(0,t)]^2\left\{\left[\frac{2s_W^2(3-2s_W^2)}{9}-\frac{s_W^2c_W^2}{9}\left(4+\frac{3g_s^2}{e^2}\right)\right][\sum{}^G_{(++)}(t,t')]+\right.$$

$$\left.\frac{2s_W^2(3-2s_W^2)}{9(1-2s_W^2)}[\sum{}^G_{(-+)}(t,t')]\right\}[f^{R,c_S^i}_{(++)}(0,t)]^2$$

$$C^{RL}_{u,1}(\mu_W)=\frac{32\pi m_Z^2s_W^2c_W^2g_s^2}{\Lambda_{KK}^2e^2(kr\epsilon)^2}\sum_{i,j=1}^3(D_R^{(0)})^\dagger_{si}(D_R^{(0)})_{ib}(U_L^{(0)})^\dagger_{uj}(U^{(0)L})_{ju}\times$$

$$\int_\epsilon^1\mathrm{d}t\int_\epsilon^1\mathrm{d}t'[f^{R,c_T^i}_{(++)}(0,t)]^2[\sum{}^G_{(++)}(t,t')][f^{L,c_B}_{(++)}(0,t')]^2$$

$$C^{RL}_{u,2}(\mu_W)=\frac{s_W^2}{3}\left(1-\frac{4}{3}s_W^2\right)[(\delta Z_R^d)_{sb}+(\delta Z_R^d)^\dagger_{sb}+\frac{v^2}{2\Lambda_{KK}^2}(\Delta_Z^R)_{sb}]+$$

$$\frac{32\pi m_Z^2}{\Lambda_{KK}^2(kr\epsilon)^2}\sum_{i,j=1}^3(D_R^{(0)})^\dagger_{si}(D_R^{(0)})_{ib}(U_L^{(0)})^\dagger_{uj}(U_L^{(0)})_{ju}\int_\epsilon^1\mathrm{d}t\int_\epsilon^1\mathrm{d}t'\times$$

$$[f^{R,c_T^i}_{(++)}(0,t)]^2\left\{\left[\frac{s_W^2(3-4s_W^2)}{9}-\frac{s_W^2c_W^2}{9}\left(4+\frac{3g_s^2}{e^2}\right)\right][\sum{}^G_{(++)}(t,t')]-\right.$$

$$\left.\frac{(3-2s_W^2)(3-4s_W^2)}{18(1-2s_W^2)}[\sum{}^G_{(-+)}(t,t')]\right\}[f^{L,c_B^b}_{(++)}(0,t')]^2$$

$$C^{RR}_{u,1}(\mu_W)=\frac{32\pi m_Z^2s_W^2c_W^2g_s^2}{\Lambda_{KK}^2e^2(kr\epsilon)^2}\sum_{i,j=1}^3(D_R^{(0)})^\dagger_{si}(D_R^{(0)})_{ib}(U_R^{(0)})^\dagger_{uj}(U_R^{(0)})_{ju}\times$$

$$\int_\epsilon^1\mathrm{d}t\int_\epsilon^1\mathrm{d}t'[f^{R,c_T^i}_{(++)}(0,t)]^2[\sum{}^G_{(++)}(t,t')][f^{R,c_S^i}_{(++)}(0,t')]^2$$

$$C^{RR}_{u,2}(\mu_W)=-\frac{4s_W^4}{9}[(\delta Z_R^d)_{sb}+(\delta Z_R^d)^\dagger_{sb}+\frac{v^2}{2\Lambda_{KK}^2}(\Delta_Z^R)_{zb}]-$$

$$\frac{32\pi m_Z^2}{\Lambda_{KK}^2(kr\epsilon)^2}\sum_{i,j=1}^3(D_R^{(0)})^\dagger_{si}(D_R^{(0)})_{ib}(U_R^{(0)})^\dagger_{uj}(U_R^{(0)})_{ju}\int_\epsilon^1\mathrm{d}t\int_\epsilon^1\mathrm{d}t'\times$$

$$[f^{R,c_T^i}_{(++)}(0,t)]\left\{\left[\frac{4s_W^4}{9}+\frac{s_W^2c_W^2}{9}\left(4+\frac{3g_s^2}{e^2}\right)\right][\sum{}^G_{(++)}(t,t')]+\right.$$

$$\left.\frac{2s_W^2(3-4s_W^2)}{9(1-2s_W^2)}[\sum{}^G_{(-+)}(t,t')]\right\}[f^{R,c_S^i}_{(++)}(0,t')]^2$$

$$C^{LL}_{d,1}(\mu_W)=\frac{32\pi m_Z^2s_W^2c_W^2g_s^2}{\Lambda_{KK}^2e^2(kr\epsilon)^2}\sum_{i,j=1}^3(D_L^{(0)})^\dagger_{si}(D_L^{(0)})_{ib}(D_L^{(0)})^\dagger_{dj}(D_L^{(0)})_{jd}\times$$

$$\int_\epsilon^1\mathrm{d}t\int_\epsilon^1\mathrm{d}t'[f^{L,c_B^i}_{(++)}(0,t)]^2[\sum{}^G_{(++)}(t,t')][f^{L,c_B^j}_{(++)}(0,t')]^2$$

$$C^{LL}_{d,2}(\mu_W)=\frac{1}{2}\left(1-\frac{2}{3}s_W^2\right)^2[(\delta Z_L^d)_{sb}+(\delta Z_L^d)^\dagger_{sb}+\frac{v^2}{2\Lambda_{KK}^2}(\Delta_Z^L)_{sb}]+$$

$$\frac{32\pi m_Z^2}{\Lambda_{KK}^2(kr\epsilon)^2}\sum_{i,j=1}^{3}(D_L^{(0)})_{si}^{\dagger}(D_L^{(0)})_{ib}(D_L^{(0)})_{dj}^{\dagger}(D_L^{(0)})_{jd}\int_{\epsilon}^{1}\mathrm{d}t\int_{\epsilon}^{1}\mathrm{d}t'\times$$

$$[f_{(++)}^{L,c_B^i}(0,t)]^2\left\{\left[\frac{(3-2s_W^2)^2}{18}+\frac{s_W^2c_W^2}{9}\left(2-\frac{3g_s^2}{e^2}\right)\right][\sum{}_{(++)}^{G}(t,t')]+\right.$$

$$\left.\frac{(3-2s_W^2)^2}{18(1-2s_W^2)}[\sum{}_{(-+)}^{G}(t,t')]\right\}[f_{(++)}^{L,c_B^i}(0,t')]^2$$

$$C_{d,1}^{LR}(\mu_W)=\frac{32\pi m_Z^2s_W^2c_W^2g_s^2}{\Lambda_{KK}^2e^2(kr\epsilon)^2}\sum_{i,j=1}^{3}(D_L^{(0)})_{si}^{\dagger}(D_L^{(0)})_{ib}(D_R^{(0)})_{dj}^{\dagger}(D_R^{(0)})_{jd}\times$$

$$\int_{\epsilon}^{1}\mathrm{d}t\int_{\epsilon}^{1}\mathrm{d}t'[f_{(++)}^{L,c_B^i}(0,t)]^2[\sum{}_{(++)}^{G}(t,t')][f_{(++)}^{R,c_T^i}(0,t')]^2$$

$$C_{d,2}^{LR}(\mu_W)=-\frac{s_W^2}{3}\left(1-\frac{2}{3}s_W^2\right)[(\delta Z_L^d)_{sb}+(\delta Z_L^d)_{sb}^{\dagger}+\frac{v^2}{2\Lambda_{KK}^2}(\Delta_Z^L)_{sb}]+$$

$$\frac{32\pi m_Z^2}{\Lambda_{KK}^2(kr\epsilon)^2}\sum_{i,j=1}^{3}(D_L^{(0)})_{si}^{\dagger}(D_L^{(0)})_{ib}(D_R^{(0)})_{dj}^{\dagger}(D_R^{(0)})_{jd}\int_{\epsilon}^{1}\mathrm{d}t\int_{\epsilon}^{1}\mathrm{d}t'\times$$

$$[f_{(++)}^{L,c_B^i}(0,t)]^2\left\{\left[-\frac{s_W^2(3-2s_W^2)}{9}+\frac{s_W^2c_W^2}{9}\left(2-\frac{3g_s^2}{e^2}\right)\right][\sum{}_{(++)}^{G}(t,t')]-\right.$$

$$\left.\frac{(3-2s_W^2)(3-4s_W^2)}{18(1-2s_W^2)}[\sum{}_{(-+)}^{G}(t,t')]\right\}[f_{(++)}^{R,c_T^i}(0,t')]^2$$

$$C_{d,1}^{RL}(\mu_W)=\frac{32\pi m_Z^2s_W^2c_W^2g_s^2}{\Lambda_{KK}^2e^2(kr\epsilon)^2}\sum_{i,j=1}^{3}(D_R^{(0)})_{si}^{\dagger}(D_R^{(0)})_{ib}(D_L^{(0)})_{dj}^{\dagger}(D_L^{(0)})_{jd}\times$$

$$\int_{\epsilon}^{1}\mathrm{d}t\int_{\epsilon}^{1}\mathrm{d}t'[f_{(++)}^{R,c_T^i}(0,t)]^2[\sum{}_{(++)}^{G}(t,t')][f_{(++)}^{L,c_B^i}(0,t')]^2$$

$$C_{d,2}^{RL}(\mu_W)=-\frac{s_W^2}{3}\left(1-\frac{2}{3}s_W^2\right)[(\delta Z_R^d)_{sb}+(\delta Z_R^d)_{SB}^{\dagger}+\frac{v^2}{2\Lambda_{KK}^2}(\Delta_Z^R)_{sb}]+$$

$$\frac{32\pi m_Z^2}{\Lambda_{KK}^2(kr\epsilon)^2}\sum_{i,j=1}^{3}(D_R^{(0)})_{si}^{\dagger}(D_R^{(0)})_{ib}(D_L^{(0)})_{dj}^{\dagger}(D_L^{(0)})_{jd}\int_{\epsilon}^{1}\mathrm{d}t\int_{\epsilon}^{1}\mathrm{d}t'\times$$

$$[f_{(++)}^{R,c_T^i}(0,t)]^2\left\{\left[-\frac{s_W^2(3-2s_W^2)}{9}+\frac{s_W^2c_W^2}{9}\left(2-\frac{3g_s^2}{e^2}\right)\right][\sum{}_{(++)}^{G}(t,t')]-\right.$$

$$\left.\frac{(3-2s_W^2)(3-4s_W^2)}{18(1-2s_W^2)}[\sum{}_{(-+)}^{G}(t,t')]\right\}[f_{(++)}^{L,c_B^i}(0,t')]^2$$

$$C_{d,1}^{RR}(\mu_W)=\frac{32\pi m_Z^2s_W^2c_W^2g_s^2}{\Lambda_{KK}^2e^2(kr\epsilon)^2}\sum_{i,j=1}^{3}(D_R^{0})_{si}^{\dagger}(D_R^{(0)})_{ib}(D_R^{(0)})_{dj}^{\dagger}(D_L^{(0)})_{jd}\times$$

$$\int_{\epsilon}^{1}\mathrm{d}t\int_{\epsilon}^{1}\mathrm{d}t'[f_{(++)}^{R,c_T^i}(0,t)]^2[\sum{}_{(++)}^{G}(t,t')][f_{(++)}^{R,c_T^i}(0,t')]^2$$

$$
\begin{aligned}
C_{d,2}^{RR}(\mu_{\mathrm{W}}) = {} & \frac{2s_{\mathrm{W}}^4}{9}\left[(\delta Z_R^d)_{sb}+(\delta Z_R^d)_{sb}^{\dagger}+\frac{v^2}{2\Lambda_{KK}^2}(\Delta_Z^R)_{sb}\right]+ \\
& \frac{32\pi m_Z^2}{\Lambda_{KK}^2(kr\epsilon)^2}\sum_{i,j=1}^{3}(D_R^{(0)})_{si}^{\dagger}(D_R^{(0)})_{ib}(D_R^{(0)})_{dj}^{\dagger}(D_R^{(0)})_{jd}\int_{\epsilon}^{1}\mathrm{d}t\int_{\epsilon}^{1}\mathrm{d}t'\times \\
& [f_{(++)}^{R,c_T^i}(0,t)]^2\left\{\left[\frac{2s_{\mathrm{W}}^4}{9}+\frac{s_{\mathrm{W}}^2c_{\mathrm{W}}^2}{9}\left(2-\frac{3g_s^2}{e^2}\right)\right][\sum{}_{(++)}^{G}(t,t')]- \right. \\
& \left.\frac{(3-4s_{\mathrm{W}}^2)^2}{18(1-2s_{\mathrm{W}}^2)}[\sum{}_{(-+)}^{G}(t,t')]\right\}[f_{(++)}^{R,c_T^i}(0,t')]^2
\end{aligned}
$$